Drukarczyk / Schüler

Akquisitionen, Börsengänge und Restrukturierungen

Akquisitionen, Börsengänge und Restrukturierungen: Fallstudien zur Unternehmensbewertung

von

Dr. Dr. h.c. Jochen Drukarczyk

Professor em. für Betriebswirtschaftslehre
an der Universität Regensburg

und

Dr. Andreas Schüler

Professor für Betriebswirtschaftslehre
an der Universität der Bundeswehr München

Verlag Franz Vahlen München

VERLAG
VAHLEN
MÜNCHEN
www.vahlen.de

ISBN 978-3-8006-3528-3

Satz: mediaTEXT Jena GmbH
Druck und Bindung: Druckhaus „Thomas Müntzer“ GmbH
Neustädter Str. 1–4, 99947 Bad Langensalza
Gedruckt auf säurefreiem, alterungsbeständigem Papier
(hergestellt aus chlorfrei gebleichtem Zellstoff)

Für Ursula und Maja, Laura und Katharina,
Oliver und Johannes

J. D. und A. S.

Vorwort

Unternehmens- und Projektbewertungen haben uns in den vergangenen Jahren intensiv beschäftigt. Wir haben u. a. drei Erfahrungen gemacht: Die Beschäftigung mit realen Fällen zwingt den Bewerter wegen deren hoher Komplexität zu konzeptionellen Weiterentwicklungen und damit zum Verlassen des Standardweges zur Unternehmensbewertung. Zweitens sind Fallstudien in der Lehre, also der Wissensvermittlung unschlagbar, wenn sie die Wirkung theoretischer Bewertungsprinzipien unterstreichen. Sie verdeutlichen dann die Wucht dieser Prinzipien im wirklichen Leben viel eindringlicher als dies die Herleitung einer Bewertungsformel vermag und bewirken, dass Zuhörer – seien es Studierende oder Praktiker – die über Fallstudien hervorgehobenen Botschaften viel länger behalten. Drittens bieten Fallstudien Anschauungsmaterial dafür, dass sich Bewerter nicht vorschnell auf einfache Daumenregeln einlassen sollten.

Sondiert man den Markt für Fallstudien zur Unternehmensbewertung, so wird man vorwiegend im angelsächsischen Raum fündig, in dem Fallstudien und Case Books, wie „Case Problems in Finance“ (Fruhan, Kester e. a.), „Case Studies in Finance“ (Bruner) oder „Creating Value through Corporate Restructuring” (Gilson), eine lange Tradition haben. Diese Bücher enthalten neben Standardfällen Sachverhalte, die sich durch Komplexität, Aktualität und konfligierende Sichtweisen von handelnden Personen auszeichnen. Sie sind aber nicht immer auf die Unternehmensbewertung fokussiert und liefern keine Lösungshinweise oder gar ausgearbeitete Lösungen. Letztere findet man, wenn überhaupt und auch nur in unterschiedlicher Qualität, in einem Teacher's Manual, zu dem die Leser keinen Zugang haben sollen. Im deutschen Sprachraum gibt es eine Reihe von Übungsaufgaben, die zum Teil als „Fallstudien“ oder „Cases“ etikettiert werden. Nun ist der didaktische Nutzen von Übungsaufgaben unbestritten; allerdings können sie nur partiell vorbereiten auf die Lösung praktischer Bewertungsfälle, die oftmals nicht geradlinig verlaufen und häufig eine weit höhere Komplexität enthalten, als sie ein Aufgabensteller entwickeln kann. Unsere Fallstudiensammlung schließt deshalb eine Lücke.

Wir haben zehn Fallstudien ausgesucht. Allen Studien liegen reale Sachverhalte zugrunde; an den Lösungen einiger Fälle haben wir mitgewirkt. Wir liefern für jeden Fall einen detaillierten Lösungsvorschlag; es muss sich um einen Vorschlag handeln, da man im Laufe der Bewertung auf diverse Weggabelungen stößt und zum Teil auch ein Schuss Pragmatismus gefordert ist. Das Buch sehen wir als gute Ergänzung unserer „Unternehmensbewertung“ an und verweisen daher regelmäßig auf die entsprechenden Kapitel der „Unternehmensbewertung“.

Die zehn Fälle behandeln verschiedene Bewertungsanlässe, was uns zu folgender Gruppierung veranlasst: fünf ordnen wir dem Abschnitt Akquisition, zwei dem Kapitel Börsengang und drei dem Abschnitt Restrukturierung zu. Wir gehen so vor: Der erste Teil präsentiert den Sachverhalt mit allen für eine Lösung erforderlichen Daten. Der

Leser wird explizit aufgefordert, vorgegebene Fragen zu beantworten, bevor er sich mit dem zweiten Teil befasst, der eine ausführlich begründete Lösung bietet. Der volle Nutzen des Buches erschließt sich also dann, wenn der Leser zunächst Selbstbeherrschung an den Tag legt und sich um eigene Lösungen bemüht, bevor er nachschlägt.

Teil A: Akquisitionen

Der Fall „Deckel AG" ist sehr lehrreich. Ausgangspunkt ist eine dem Verschmelzungsgutachten entnommene Stand-Alone-Bewertung für einen der Verschmelzungspartner. Dieses Gutachten enthält einige sehr begründungsbedürftige Annahmen, deren Korrektur nicht unerhebliche Wertänderungen auslöst. Deutlich wird auch, dass bewertungsrelevante Überschüsse nicht isoliert, sondern immer im Verbund mit GuV-Rechnungen und Bilanzen zu planen sind.

Das Projekt „Airbus A380" erfreut sich nicht zuletzt aufgrund des beeindruckenden Produkts und des Investitionsvolumens hoher Aufmerksamkeit. Unsere Fallstudie „Airbus A380", die wir – den Begriff etwas dehnend – dem Teil „Akquisitionen" zuordnen, zeigt beginnend mit einer Marktanalyse, welche Parameter für die Investitionsentscheidung relevant sind und wie geänderte Erwartungen z. B. über den Investitionsbedarf und den Termin der Markteinführung auf die Ergebnisse wirken. Zudem fragen wir, welche Handlungsalternativen sich dem Management nach Projektstart bieten. Die Studie illustriert an einem spannenden Fall die Anwendung des Instrumentariums der Investitionsrechnung bei sich ändernden Rahmenbedingungen und Perspektiven.

Die „Werkzeug GmbH" ist ein mittelständisches Unternehmen, das prächtige Renditen erzielt und den Satz „small is beautiful" auf angenehme Weise bestätigt. Der Weg zum Unternehmenswert ist mit sehr vielen Detailinformationen ausgestattet, die nicht verdecken können, dass letztlich eine beschränkt erscheinende Zahl von Parametern über das Ergebnis entscheidet. Aber bescheiden anmutende Variationen von Parametern haben überaus relevante Ergebniswirkungen. Zudem unterstreicht der Fall die Bedeutung von Geschäftsfeldkenntnissen.

Ausgangspunkt der Fallstudie „Gas GmbH" ist ein Bewertungsgutachten, das Schiedscharakter haben soll. Es löst nach Vorlage beim Verkäufer eine Reihe von Vorbehalten bzw. Ansprüchen an eine revidierte Bewertung aus, die vom Leser zu beurteilen sind. Es versteht sich, dass Verkäufer vorwiegend Argumente vortragen, die – setzte man sie um – eine Erhöhung des Bewertungsergebnisses zur Folge hätten. Der Fall zeigt, dass Verkäuferargumente ganz unterschiedliche Auswirkungen nach sich ziehen können.

Die Fallstudie „Optimale Leasing GmbH" behandelt die Frage nach den Vorteilen eines Finanzierung-Leasing-Vertrages im Vergleich zum fremdfinanzierten Kauf, der im Rahmen der Errichtung einer Profilstahlanlage zum Einsatz kommen soll. Der Sachverhalt ist schnell berichtet; der Leser wird den einen oder anderen Lapsus des potentiellen Leasinggebers bald entdecken. Eine Lösung, die Anspruch auf Vollständigkeit erheben könnte, liegt indessen nicht auf der Hand. Auch das korrigierte Ergebnis ist von Interesse: Finanzierungs-Leasing-Verträge können für den Leasingnehmer sehr vorteilhaft sein. Ob sie es dann auch für den Leasinggeber sind, ist eine andere Frage.

Teil B: Börsengänge

In der Fallstudie „Fraport“ diskutieren wir die Bewertung des Fraport Konzerns zum Zeitpunkt des Börsengangs im Sommer 2001. Die Bewertung erfolgt sowohl durch Multiples als auch durch DCF-Verfahren. Die Lösung über Multiplikatoren wirft eine Reihe von Fragen auf, die ihre Grobkörnigkeit verdeutlichen. Die auf die Planzahlen rekurrierende DCF-Bewertung ermöglicht zudem eine Sensitivitätsanalyse zur Verdeutlichung des Einflusses zentraler Variablen.

Der erste Teil unser Fallstudie zum Eurotunnel – „Eurotunnel: Börsengang 1987“ – beschäftigt sich mit der Bewertung dieser Projektfinanzierung kurz nach Projektstart: Im Herbst 1987 wurde potentiellen Investoren ein Emissionsprospekt vorgelegt, der eine Fülle von Informationen, u. a. eine Cashflow-Prognose und eine Sensitivitätsanalyse enthielt. Wir verarbeiten diese Informationen zu einer DCF-Bewertung nach allen gängigen Varianten. Die von den Initiatoren publizierte Sensitivitätsanalyse nehmen wir zum Anlass, die finanzielle Belastbarkeit des Projektes mithilfe von Simulationsanalysen zu testen.

Teil C: Restrukturierungen

Die im ersten Teil der Fallstudie zu Eurotunnel aufgespürten feinen Risse im finanziellen Fundament haben sich im Laufe der Jahre geweitet und das Projekt mehrfach an den Rande des Zusammenbruchs geführt. Im Kapitel „Eurotunnel: Restrukturierung 2007“ beschäftigen wir uns mit der kürzlich nur durch erhebliche Zugeständnisse der Gläubiger ermöglichten (einstweiligen?) Sanierung des Projektes. Die Details des Sanierungspakets wie Umwandlungen von Fremdkapitalansprüchen in Eigenkapital (Debt-Equity-Swaps) betten wir in die Bewertung ein. Der Fall zeigt, welche Bedeutung die Verschuldungskapazität hat, wie sie zu berechnen ist und wie die Ansprüche einzelner Gläubigergruppen bewertet werden können.

„Philipp Holzmann stellt erweitertes Sanierungskonzept vor.“ So beschönigend überschrieb das Holzmann-Management die Ad-hoc-Meldung, die im November 1999 die überraschte Öffentlichkeit über die Überschuldung der Gesellschaft informierte. Im Zentrum unserer Fallstudie stehen zwei Fragen: 1. Ab wann signalisieren finanzwirtschaftliche Kennzahlen, einschließlich der Unternehmenswertänderung, eine Krise des Unternehmens? Damit steht auch die Leistungsfähigkeit verschiedener Kennziffern auf dem Prüfstand. 2. Wie aussichtsreich ist das Sanierungspaket? Diese Frage ist mittlerweile beantwortet; lehrreich ist die Suche nach der Antwort dennoch.

Die Fallstudie „Continental Airlines“ hat einen US-amerikanischen Hintergrund: Wie viele andere Wettbewerber befand sich diese Gesellschaft in einem Chapter-11-Verfahren, also dem Ast des Bankruptcy Code, der zur Auferstehung und Fortführung den Weg weisen soll. Der Text referiert die relevanten finanziellen Daten, entwickelt eine Bewertung der Gesellschaft (nach Ausbootung der Alteigentümer) und zeigt die Befriedigung der Ansprüche unter den verbliebenen Financiers. Der Leser ist aufgefordert zu prüfen, wie eine Lösung der Insolvenz im Schatten der deutschen Insolvenzordnung für diesen Fall aussehen könnte.

Wir danken herzlich den Damen und Herren, die uns die Verwendung von Daten in zum Teil anonymisierter Form für dieses Buch gestattet haben. Auch danken wir dem Verlag für die komplikationsfreie Abwicklung. Unseren Mitarbeiterinnen und Mitarbeitern in München und Regensburg – Karin Kellner, Ingrid Gassner, Jessica Hospotka, Gerald Feslmeier, Maximilian Groß, Holger Seidenschwarz, Patrick Siklóssy und Hans-Jürgen Straßer – danken wir ebenfalls herzlich. Alle verbliebenen Fehler gehen natürlich zu unseren Lasten.

September 2008

Jochen Drukarczyk
Universität Regensburg

Andreas Schüler
Universität der Bundeswehr München

Inhaltsübersicht

Teil C: Restrukturierungen

Inhaltsverzeichnis

Teil B: Börsengänge

Symbolverzeichnis

Ab_t	Abschreibung der Periode t
BS_t	Bilanzsumme der Periode t
b	Thesaurierungs- bzw. Nettoinvestitionsquote
β^E	Beta-Wert eines nur eigenfinanzierten Unternehmens
β^F	Beta-Wert eines auch fremdfinanzierten Unternehmens
CF_t	Cashflow der Periode t
Div_t	Dividende der Periode t
E, E^F	Eigenkapital, Wert
EBIAT	Earnings Before Interest After Taxes
EBIT	Earnings Before Interest and Taxes
EBITDA	Earnings Before Interest, Taxes, Depreciation and Amortization
EBT	Earnings Before Taxes
EK	Eigenkapital, Betrag (Buchwert)
ESt	Einkommensteuer
EW_t^{Eig}	Ertragswert für die Eigentümer der Periode t
F	Fremdkapital, Wert
F_t^*	belastungsäquivalente Fremdkapitalvolumen
FCF_t	entziehbarer Überschuss (= Free Cashflow) der Periode t
FK	Fremdkapital, Betrag (Buchwert)
g	Wachstumsrate
H	gewerbesteuerlicher Hebesatz
I_t	Investitionsauszahlungen der Periode t
i	Fremdkapitalzinssatz bzw. risikoloser Anlagezinssatz
$i_{V,S}$	Verschuldungszinssatz bzw. geforderte Rendite der Gläubiger nach Steuern
inf	Inflationsrate
JÜ	Jahresüberschuss
KSt	Körperschaftsteuer
k	geforderte Rendite der Eigentümer bei ausschließlicher Eigenfinanzierung
k^F	geforderte Rendite der Eigentümer bei Mischfinanzierung
k^{real}	realer Kapitalkostensatz

LR_t	Leasingrate der Periode t
MRP	Marktrisikoprämie
NKW	Nettokapitalwert
NOPAT	Net Operating Profit After Taxes
NVC	Net Value Created
NWC	Net Working Capital
OCF_t	operativer Cashflow vor Abschreibungen und Kapitaldienst
RBW_t	Restbuchwert der Periode t
ROIC	Return On Invested Capital
RSt	Rückstellungen
RVE_t	Restverkaufserlös der Periode t
$\overline{r_M}$	erwartete Marktrendite
r_I	Reinvestitionsrendite
r_I^{real}	reale Reinvestitionsrendite
SBG_t	Steuerbemessungsgrundlage der Periode t
s_A	Abgeltungsteuersatz
s_I	Einkommensteuersatz
s_K	Körperschaftsteuersatz
s_K^A	Körperschaftsteuersatz für Ausschüttung
s_K^T	Körperschaftsteuersatz für Thesaurierung
s^0	Kombinierter Ertragsteuersatz
t	Periode t
V^E	Unternehmenswert bei reiner Eigenfinanzierung
$V^{ESt\ I}$	Wert des Einkommensteuereffektes I
$V^{ESt\ II}$	Wert des Einkommensteuereffektes II
V^F	Unternehmenswert bei anteiliger Fremdfinanzierung
$V^{Liqu.}$	Liquidationswert
V^{St}	Wert der Steuereffekte
V^{USt}	Wert der Unternehmensteuereffekte
VV	Verlustvortrag
WACC	durchschnittlicher gewogener Kapitalkostensatz (= weighted average cost of capital)
WB^F	periodischer Steuereffekt

Abbildungsverzeichnis

Eurotunnel: Restrukturierung 2007

Philipp Holzmann AG

Tabellenverzeichnis

Friedrich Deckel AG

Airbus A380

Gas-GmbH

Werkzeug GmbH

Optimale Leasing GmbH

Fraport

Eurotunnel: Restrukturierung 2007

Philipp Holzmann AG

Continental Airlines

Teil A: Akquisitionen

1. Friedrich Deckel AG

1.1 Vorgeschichte

Das Unternehmen Deckel wurde 1903 in München gegründet. Gefertigt wurden Zentralverschlüsse für Kameras. Da es hochpräzise Fräs- und Graviermaschinen nicht gab, fertigte Deckel diese selbst. Dies war der Einstieg in das Werkzeugmaschinengeschäft. 1914 hatte das Unternehmen bereits 500 Mitarbeiter. 1918 brachte Deckel eine Univeral-Fräs- und Bohrmaschine auf den Markt, die die Reputation des Unternehmens nachhaltig stärkte. 1972 entwickelte Deckel die erste NC-gesteuerte Univeral-Fräs- und Bohrmaschine. Im gleichen Jahr wurde die Rechtsform der AG angenommen. Die Börsenführung erfolgte 1981; das Grundkapital betrug 60 Mio. DM. Hauptkunden des Unternehmens waren Werkzeug- und Formenbauer sowie Produktionsbetriebe mit flexibler Serienfertigung.

1989 weist das Unternehmen erstmals einen Verlust bei 482 Mio. Umsatz in der AG von 45 Mio. DM aus. Der Verschmelzungsbericht sieht die Ursache in Fehlern in der Marktpolitik und einer expansiven Strategie ab 1985. Der Verlust war Auslöser für ein Sanierungsprogramm, das innerhalb von zwei Jahren umgesetzt werden sollte:

- Konzentration auf Kernkompetenzen im Bereich Fräsen und Bohren,
- Verkauf von verlustbringenden Geschäften,
- Schließung der Werke in Holzkirchen und in Oftringen (Schweiz),
- Übertragung des aktiven Geschäfts der Wanderer GmbH auf die Friedrich Deckel AG,
- Vertriebskooperation (ab 1993) mit dem Drehmaschinenhersteller Gildemeister AG (Bielefeld).

Im März 1993 beschäftigte Deckel 939 Mitarbeiter (982 in der Gruppe). Ausländische Produktionsstätten bestehen nicht mehr. Vertriebsniederlassungen finden sich in den Niederlanden, Spanien, Singapur und in der Schweiz.

Die negative Geschäftsentwicklung machte Eigenkapitalmaßnahmen erforderlich. Das Grundkapital von 70,3 Mio. DM (60,0 Mio. DM verbrieft durch Stammaktien, 10,3 Mio. DM verbrieft durch Vorzugsaktien ohne Stimmrecht) wurde 1992 herabgesetzt auf 14,06 Mio. DM, also im Verhältnis 5:1. Anschließend wurde das Grundkapital durch Bareinlage von 28,12 Mio. DM auf 42,18 Mio. DM erhöht. Es ist eingeteilt in 802.400 Stammaktien im Nennwert von 50 DM und 41.200 Vorzugsaktien im Nennwert von 50 DM. Die Vorzugsaktien sind mit einer nachzahlbaren Vorzugsdividende von 5 % und einer nicht nachzahlbaren Mehrdividende von 2 % gegenüber den Stammaktien ausgestattet. Der Großaktionär W. Eder hält nach der Kapitalerhöhung mehr als 75 % der Stammaktien.

Die Abbildung 1-1 und die Abbildung 1-2 illustrieren die negative Entwicklung der Jahre 1989 - 1992 anhand des Rückgangs der Eigenkapitalquote (Eigenkapital in % der Bilanzsumme) und des ROIC (Rate of Return on Invested Capital) sowie anhand der Verschlechterung der EBITDA-Marge.[1]

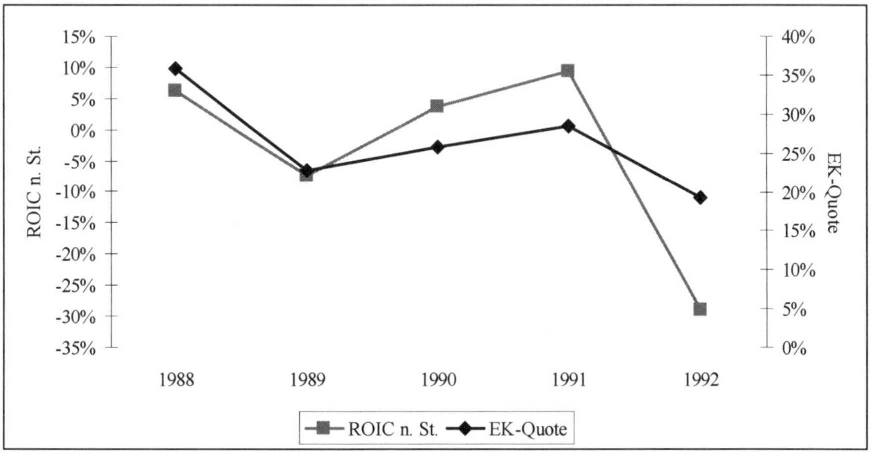

Abbildung 1-1: ROIC und EK-Quote im Zeitablauf

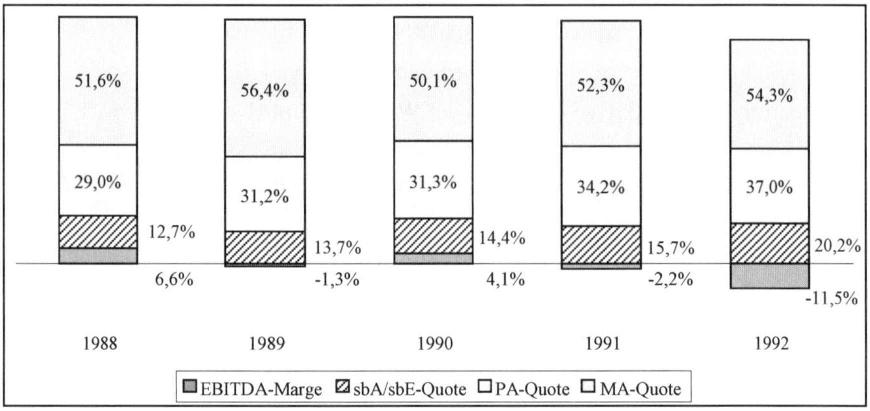

Abbildung 1-2: Aufwand in % der Gesamtleistung und EBITDA-Marge im Zeitablauf

Die Eigenkapitalquote sinkt von 36 % im Jahr 1988 auf knapp unter 20 % im Jahr 1992. Ohne Kapitalerhöhung wäre der Rückgang noch deutlicher ausgefallen. Der ROIC nach Steuern – definiert als Quotient des Jahresüberschusses plus Zinsaufwand und der Bilanzsumme ohne Rückstellungen, erhaltene Anzahlungen sowie ohne Ver-

1 Die Jahresabschlüsse der Jahre 1987 bis 1992 finden sich im Anhang.

bindlichkeiten aus Lieferungen und Leistungen – sinkt ebenfalls deutlich. Zudem folgt der positive ROIC 1991 nur nach außerordentlichen Erträgen, die zu einem Jahresüberschuss von genau Null führen; der ROIC ist dann der Quotient aus Zinsaufwand und investiertem Kapital. Die schwache operative Performance verdeutlicht auch der Rückgang der EBITDA-Marge, wie Abbildung 1-2 zeigt. Die Abbildung enthält zudem einige Aufwandsquoten, die für die Bewertung gemäß Verschmelzungsbericht fortgeschrieben werden. Auffällig ist die deutlich gestiegene Personalaufwandsquote.

1.2 Verschmelzung mit der Maho AG

Die Idee, die Friedrich Deckel AG mit der Maho AG zu verschmelzen, wurde von den Hausbanken bzw. Großaktionären der beiden Unternehmen entwickelt und favorisiert: Deutsche Bank und Dresdner Bank halten fast 50 % der Anteile der Maho AG. Der Verschmelzungsbericht vom 30. Juni 1993 führt folgende Argumente für das Konzept an:

- Beide Unternehmen hätten ein fast identisches Produktionsprogramm und stießen auf die gleichen Probleme (Rezession, starke Wettbewerber).
- Beide Unternehmen stießen insbesondere auf die Konkurrenz japanischer Werkzeugmaschinenhersteller, die einen Anteil von 30 % am Weltmarkt hielten, seien aber deutlich kleiner als diese Wettbewerber, die somit Kostenvorteile und größere Entwicklungspotenziale hätten. Man müsse folglich eine schlagkräftige Firmengruppe bilden.
- Der Zusammenschluss lasse beträchtliche Synergien erwarten. Abbildung 1-3 zeigt die jährlichen Einsparpotenziale und Fusionskosten bis zum Jahr 1997. Nach Abzug der Kosten werden Vorteile von 222 Mio. DM erwartet. Die Einsparpotenziale sollen aus einem effizienteren Vertrieb, einer Bereinigung von Redundanzen in der aggregierten Produktpalette, besseren Einkaufskonditionen sowie durch Produktions- und Verwaltungskosteneinsparungen verbunden mit einem Personalabbau resultieren.

Im Bericht heißt es denn auch:

Die Verschmelzung erfolgt mit dem Ziel, „zwei traditionsreiche und innovative Hersteller von Werkzeugmaschinen in einem national wie international außerordentlich schwierig gewordenen Markt zusammenzuführen“, um damit den gewandelten Erfordernissen des Marktes mit einer schlagkräftigen Einheit zu begegnen und das langfristige Überleben des zusammengeführten Unternehmens sicherzustellen.

Die Zusammenführung beider Unternehmen erfolgt auf der Grundlage eines von den Vorständen beider Unternehmen gemeinsam entwickelten Konzepts, das von beiden Seiten „als vorteilhaft und zukunftssichernd“ angesehen wird. Das fusionierte Unternehmen wird „die gewachsene Identität“ von Deckel und Maho widerspiegeln, „so dass Aktionäre und Mitarbeiter das neue Unternehmen als ihr Unternehmen begreifen können“.

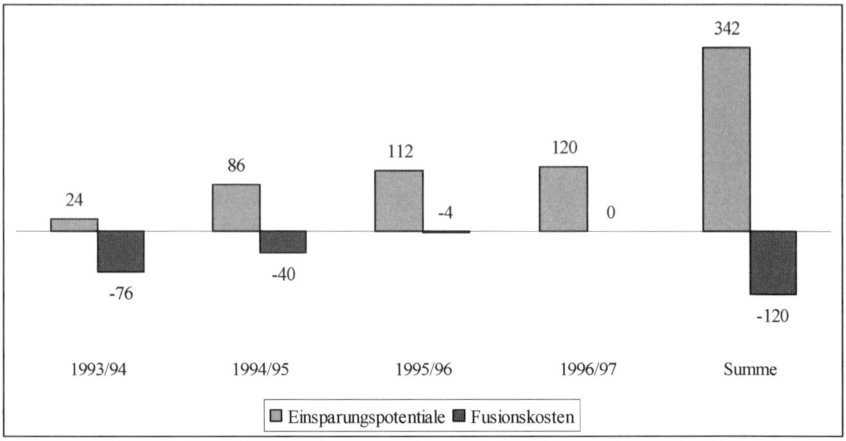

Abbildung 1-3: Geplante Synergieeffekte nach Fusionskosten

Der Vertrag bestimmt u. a.:

§1 Vermögensübertragung

1. Die Friedrich Deckel AG (im Folgenden „Deckel") überträgt ihr Vermögen als Ganzes mit allen Rechten und Pflichten unter Ausschluss der Abwicklung gemäß § 339 Abs. 1 Satz 2 Nr. 1 AktG auf die Maho AG (im Folgenden „Maho") gegen Gewährung von Aktien dieser Gesellschaft (Verschmelzung durch Aufnahme).
2. Der Verschmelzung wird die mit dem uneingeschränkten Bestätigungsvermerk der C&L Treuhand-Vereinigung Deutsche Revision AG Wirtschaftsprüfungsgesellschaft Steuerberatungsgesellschaft, München, versehene Bilanz von Deckel zum 31. März 1993 als Schlussbilanz zugrunde gelegt.
3. Die Übernahme des Vermögens von Deckel erfolgt im Innenverhältnis mit Wirkung zum Ablauf des 31. März 1993. Vom Beginn des 1. April 1993 an gelten alle Handlungen und Geschäfte von Deckel als für Rechnung von Maho vorgenommen.

§2 Gegenleistung

1. Maho gewährleistet mit Wirksamwerden der Verschmelzung den Aktionären von Deckel als Gegenleistung kostenfrei:
   - für je 6 Inhaberstammaktien von Deckel im Nennbetrag von je DM 50 7 neue Inhaberstammaktien von Maho im Nennbetrag von je DM 50 mit Gewinnbezugsberechtigung ab 1. Juli 1993;
   - für je 6 Inhabervorzugsaktien von Deckel im Nennbetrag von DM 50 7 neue Inhaberstammaktien von Maho im Nennbetrag von je DM 50 mit Gewinnbezugsberechtigung ab 1. Juli 1993 sowie eine bare Zuzahlung von DM 18 je Inhabervorzugsaktie von Deckel im Nennbetrag von DM 50.
2. Bewertungsstichtag für die Berechnung des Umtauschverhältnisses ist der Tag der Hauptversammlung von Deckel (23. August 1993).

3. Falls ein Gericht auf Antrag eines Stamm- oder Vorzugsaktionärs von Deckel rechtskräftig einen weiteren Ausgleich durch bare Zuzahlung anordnet oder sich Maho gegenüber einem solchen Aktionär von Deckel in einem Vergleich zu einer solchen Zuzahlung verpflichtet, wird Maho im Rahmen des rechtlich Zulässigen eine entsprechende Zuzahlung auch allen übrigen Aktionären von Deckel mit der gleichen Aktiengattung gewähren, die an dem gerichtlichen Verfahren oder dem Vergleich nicht beteiligt waren.
4. Besondere Rechte für einzelne Aktionäre oder besondere Vorteile für Vorstands- oder Aufsichtsratsmitglieder der beiden Gesellschaften oder für den Verschmelzungsprüfer werden, außer der in Abs. 1 erwähnten Gewährung von baren Zuzahlungen an Inhaber von Vorzugsaktien von Deckel, nicht gewährt.

§3 Kapitalerhöhung

„Zur Durchführung der Verschmelzung wird die Maho AG das Grundkapital von bislang DM 50.000.000 auf DM 99.210.000 durch Ausgabe von 984.200 Stück neuen Inhaberstammaktien im Nennbetrag von je DM 50 erhöhen“.

Die Umtauschbedingungen bewerten also eine Aktie der Deckel AG höher als eine Aktie gleichen Nennwerts der Maho AG. Die Börse dagegen bewertete das Eigenkapital von Maho mit etwa 114 Mio. DM um 25 % höher als das von Deckel (ca. 91 Mio. DM).

1.3 Bewertungsgrundsätze und -methode

Die geplante Verschmelzung verlangt, dass beide Unternehmen auf Stand-Alone-Basis zu bewerten sind. In dieser Fallstudie wird nur die Bewertung der Deckel AG besprochen.

Dem Verschmelzungsbericht ist zu entnehmen:

1. Wertrelevant ist der Barwert der erwarteten Nettoausschüttungen einschließlich des Wertes des gesondert zu bewertenden nicht betriebsnotwendigen Vermögens. Zum Einsatz kommt die Ertragswert-Methode.
2. Soweit bei der Schätzung von Ertragsüberschüssen ausgegangen wird, ist der Unterschied zwischen Zahlungs- und Erfolgswirksamkeit durch eine Finanzbedarfsrechnung auszugleichen.
3. Vermögensteuer, die auf diese entfallende definitive Körperschaftsteuer und Gewerbesteuer sind als Abzugsposten zu behandeln. Wir lassen Substanzsteuern im Folgenden unbeachtet.
4. Der gewerbesteuerliche Hebesatz beträgt 450.
5. Synergie-Effekte, die aus dem Zusammengehen mit Maho zu erwarten sind, sind in die Bewertung nicht einzubeziehen, da die Unternehmen auf Stand-Alone-Basis zu bewerten sind.
6. Bewertungsstichtag ist der 23. August 1993.[2]

---

[2] Wir werden in der Folge – wie die Autoren des Verschmelzungsberichts im ersten Schritt – lediglich auf den 01.01.1993 diskontieren.

7. Die Ergebnisse der Vergangenheit wurden analysiert und um außerordentliche Aufwendungen und Erträge bereinigt. Die Ergebnisse wurden vor Abschreibungen, Zinsen, Beteiligungsergebnis und Ertragsteuern (= bereinigtes Bruttoergebnis I) ermittelt.
8. Die Planungsrechnungen des Unternehmens wurden für den Prognosezeitraum 1993-1998 analysiert. Ab 1999 wird ein nachhaltiges Bruttoergebnis veranschlagt, das grundsätzlich dem des letzten Planungsjahres entspricht (Phasenmethode). Tabelle 1-1 zeigt die Ergebnisse.
9. Grundlage für die Schätzung zukünftiger Abschreibungen/Reinvestitionen sind die Planungsrechnungen der Gesellschaft. Unterschiede zwischen der handelsrechtlichen Abschreibung und den geplanten Reinvestitionen werden ausgewiesen und in Tabelle 1-1 als Minderauszahlungen erfasst.
10. Die Position „Zinsergebnis" berücksichtigt die zu verzinsenden Fremdmittel und die Deckung künftiger Finanzierungslücken durch Fremdmittel. Im Verschmelzungsbericht heißt es (S. 52), das Zinsergebnis berücksichtige auch die Unterdeckung des Unterstützungsvereins der Friedrich Deckel AG. Da die Passage nicht aufgehellt werden kann, betrachten wir das „Zinsergebnis" i. S. v. Zinsaufwand für Fremdkapital.
11. Für die Beteiligungsgesellschaften wird unterstellt, dass sie mit ausgeglichenem Ergebnis abschließen. Die Bewertung erfolgt somit allein für die Deckel AG.
12. Der Gewerbeertragsteuersatz beträgt 18,37 %.[3]
13. Die in Tabelle 1-1 ausgewiesenen „zu kapitalisierenden Ergebnisse" enthalten Ausschüttung und Körperschaftsteuergutschrift.
14. Als Diskontierungssatz wird 11 % angesetzt. Dieser Satz setzt sich zusammen aus einem Basiszins (i) von 7 % und einem Risikozuschlag von 4 %.[4]

Tabelle 1-1 zeigt die prognostizierten Daten für die Deckel AG. Sie enthält – neben dem Diskontierungssatz – den Kern des Bewertungsproblems.

Diese Rechnung interpretiert das Bruttoergebnis I als bilanziellen Fehlbetrag bzw. Überschuss vor Zinsen, Steuern und Abschreibungen (EBITDA). Der vorgesehene Abschlag von 10 % für die Periode 1993-1998 (und von 20 % nach 1998) ist ein Bewertungsabschlag, der die Prognosedaten des Managements auf ein von den Bewertern akzeptiertes Vertrauensniveau heben soll.[5] Warum die Korrektur nicht an den einzelnen Komponenten des bereinigten Bruttoergebnisses I ansetzt, warum negative Ergebnisse nicht korrigiert werden und warum die Korrekturfaktoren 10 % bzw. 20 % betragen, bleibt unerläutert.

---

3 $s_{GE} = \frac{450}{2.000 + 450} = 0{,}1837.$

4 Der Risikozuschlag von 4 % ist definiert nach Abzug eines Abschlags „für die unterschiedliche Geldwertsicherheit von Unternehmensergebnis und Kapitalmarkterträgen ..., der mit einem Prozentpunkt veranschlagt wurde". Unklar bleibt dabei u. a., wie dieser Effekt bei den bewertungsrelevanten Überschüssen der Rentenphase abgebildet wurde. Wir blenden das Problem aus.

5 Sicherheitsäquivalente werden mit diesem Vorgehen nicht ermittelt, da ansonsten der verwendete Diskontierungssatz unbegründet wäre.

Die Positionen Abschreibungen und die Differenz „Abschreibungen – Investitionen" beschreiben zusammen die Höhe der reinvestierten Mittel. Im Jahr 1993 werden Abschreibungen von 8.000 TDM belastet und eine Differenz „Abschreibungen – Investitionen" in Höhe von 5.500 TDM gutgeschrieben. Die Reinvestitionen betragen also 2.500 TDM. Für den expliziten Planungszeitraum betragen die Investitionsauszahlungen:

1993	1994	1995	1996	1997	1998	1999 ff.
2.500	4.000	4.000	3.100	3.100	3.100	3.100

Vom bereinigten Bruttoergebnis II werden Abschreibungen, Zinsaufwendungen und Gewerbeertragsteuer abgesetzt. Substanzsteuern werden explizit nicht ausgewiesen; sie sind wohl in den sonstigen Aufwendungen enthalten. Wegen negativer Bemessungsgrundlagen sind die Gewerbeertragsteuerzahlungen im Zeitraum 1993 - 1996 Null. Dass die Gewerbeertragsteuerzahlungen in 1997 mit 1.376 TDM einsetzen,[6] ist auf den ersten Blick unplausibel, da das Unternehmen auf Stand-Alone-Basis einen erheblichen ertragsteuerlichen Verlustvortrag hat. Gewerbeertragsteuern werden somit faktisch erst sehr viel später, nach Abarbeitung des Verlustvortrages, gezahlt. Der gewerbesteuerliche Verlustvortrag zum 1.1.1993 wird von den Bewertern aber getrennt berechnet und mit ca. 12 Mio. DM veranschlagt.

Nach Berücksichtigung der geplanten Reinvestitionsauszahlungen befindet sich die Ergebnisplanung der Bewerter auf der Liquiditätsebene.[7] Finanzielle Unterdeckungen werden durch Kredite aufgefüllt. Es wird also unterstellt, dass die Verschuldung des Unternehmens im Zeitraum 1993 - 1996 um 110 Mio. DM ansteigt.

Ab 1999 liegt gemäß der Ergebnisplanung ein entziehbarer Überschuss vor. Vom bereinigten Bruttoergebnis I wird – wie oben schon erwähnt – ein Abschlag von 20 % vorgenommen; Reinvestition und Zinslast werden als unverändert angenommen. Nach Gewerbeertragsteuer wird ein bilanzieller Überschuss von 6.776 TDM erwartet, der gemäß Tabelle 1-1 ausgeschüttet werden soll.[8] Bezogen auf den 1.1.1993 berechnet sich bei einem Diskontierungssatz von 11 % ein Ertragswert in Höhe von 32.934 TDM.

6 $S_{GE} = 0{,}184 \cdot [28.260 - 3.100 - 0{,}5 \cdot a \cdot 21.473 - (1 - a) \cdot 21.473] = 1.376$. Die Rechnung impliziert, dass ein Anteil a von 0,353 des Fremdkapitals Dauerschuldcharakter hat. Nahezu 2/3 der Fremdmittel hätten kurzfristigen Charakter. Plausibel ist dies nicht.

7 Das impliziert, dass die Positionen Gesamtleistung, Materialeinsatz, Personalaufwand, der Saldo übrige Aufwendungen und Erträge, Zinsaufwand, Steuern und Reinvestitionen zahlungsgleich sind.

8 Es galt das Anrechnungsverfahren. Der Betrag 6.776 stellt Ausschüttung (Div) *und* Körperschaftsteuergutschrift dar. Die Ausschüttung Div beträgt nur $\mathrm{Div} = 6.776 \cdot \left(1 - s_K^A\right) = 6.776 \cdot (1 - 0{,}3) = 4.743{,}2.$ s_K^A steht für den Körperschaftsteuersatz auf ausgeschüttete Überschüsse, der ab 1994 30 % beträgt. Die Ausschüttungsbelastung beträgt 2.032,8: Tabelle 1-1 zeigt also den gesamten Vorteil der Eigentümer bei Vollausschüttung vor Einkommensteuer.

	1993		1994		1995		1996		1997		1998		nachhaltig
	TDM	%	TDM	%	TDM	%	TDM	%	TDM	%	TDM	%	TDM
Gesamtleistung	193.200	100,0	210.700	100,0	244.000	100,0	292.000	100,0	340.500	100,0	381.000	100,0	
Materialeinsatz	99.500	51,5	111.300	52,8	128.900	52,8	156.200	53,3	181.500	53,3	202.800	53,2	
Rohertrag	93.700	48,5	99.400	47,2	115.100	47,2	135.800	46,5	159.000	46,7	178.200	46,8	
Personalaufwand	65.000	33,6	57.900	27,5	55.900	22,9	59.000	20,2	63.100	18,5	67.200	17,6	
Saldo übrige Aufwendungen/Erträge	48.300	25,0	58.000	27,5	58.600	24,0	61.400	21,1	64.500	18,9	70.100	18,4	
Bereinigtes Bruttoergebnis I	-19.600	-10,1	-16.500	-7,8	600	0,2	15.400	5,3	31.400	9,2	40.900	10,7	40.900
Abschlag (10%, nachhaltig 20%)					60		1.540		3.140		4.090		8.180
Bereinigtes Bruttoergebnis II	-19.600		-16.500		540		13.860		28.260		36.810		32.720
Abschreibungen	8.000		6.600		4.300		3.100		3.100		3.100		3.100
Zinsergebnis (Aufwand)	14.332		18.203		20.610		21.704		21.473		20.462		20.462
Ergebnis vor Ertragsteuern	-41.932		-41.303		-24.370		-10.944		3.687		13.248		9.158
Gewerbeertragsteuer	0		0		0		0		1.376		3.135		2.382
Über-/Unterdeckung (bilanziell)	-41.932		-41.303		-24.370		-10.944		2.311		10.113		6.776
+ nicht zahlungswirksame Aufwendungen (Differenz Abschreibungen/Investitionen)	5.500		2.600		300		0		0		0		0
Über-/Unterdeckung (Liquiditätsebene)	-36.432		-38.703		-24.070		-10.944		2.311		10.113		6.776
Neuverschuldung/Schuldentilgung (-)	36.432		38.703		24.070		10.944		-2.311		-10.113		0
Zu kapitalisierende Ergebnisse	0		0		0		0		0		0		6.776

Tabelle 1-1: Ergebnisplanung für die Jahre 1993 bis 1998 und zu kapitalisierende Ergebnisse für die Friedrich Deckel AG

Der Wert des nicht betriebsnotwendigen Vermögens (24.858 TDM), der Wert des gewerbesteuerlichen Verlustvortrages (11.977 TDM) und der den Ertragswert mindernde Wert der Belastungen aus dem Besserungsschein (23.717 TDM) sollen im Folgenden unbeachtet bleiben. Nur die Bewertung des operativen Vermögens soll analysiert werden.

1.4 Fragen

1. Berechnen Sie den Eigenkapitalbestand und den Bestand an Verbindlichkeiten der Friedrich Deckel AG zum 31.12.1998 unter den im Verschmelzungsbericht gesetzten Prämissen! Was folgern Sie?
2. Gewähren Kreditgeber die erforderlichen Neukredite?
3. Nehmen Sie nun an, die Eigentümer führten der Friedrich Deckel AG in den Jahren 1994, 1995 bzw. 1996 Eigenkapital in Höhe von 40, 40 bzw. 17 Mio. DM zu! Was folgern Sie?

   Treffen Sie für Ihre Berechnungen folgende Annahmen:

   - Der Zinssatz für Fremdkapital beträgt 8,5 %. Sie können vereinfachend das gesamte Fremdkapitalvolumen als verzinslich unterstellen.
   - Das Fremdkapital hat steuerlich Dauerschuldcharakter.
   - Die geforderte Rendite der Eigentümer bei ausschließlicher Eigenfinanzierung liege bei 9,4 %.
   - Thesaurierungen finden nicht statt; die Körperschaftsteuer ist also unbeachtlich.
   - Die Einkommensteuer bleibt unbeachtet.
4. Sind die von den Gutachtern unterstellten Ausschüttungen zulässig und begründbar?

1.5 Anhang

Mio. DM		1987	1988	1989	1990	1991	1992
A.	Eigenkapital	138,4	134,8	87,6	78,0	78,0	53,7
I.	Gezeichnetes Kapital	70,3	70,3	70,3	70,3	70,3	42,2
II.	Kapitalrücklage	45,9	45,9	45,9	45,9	45,9	11,5
III.	Gewinnrücklagen	16,4	16,4	16,4	16,4	16,4	
IV.	Bilanzgewinn	5,8	2,3	-44,9	-54,5	-54,5	
B.	Rückstellungen	52,4	38,8	32,6	55,9	41,2	44,1
1.	Rückstellungen für Pensionen und ähnliche Verpflichtungen	25,3	17,0	11,9	16,5	16,5	17,6
2.	Steuerrückstellungen	2,80	1,08	0,30	0,30	0,36	0,31
3.	Sonstige Rückstellungen	24,3	20,8	20,4	39,0	24,3	26,2
C.	Verbindlichkeiten	134,8	203,7	265,5	168,1	155,3	180,7
1.	Verbindlichkeiten gegenüber Kreditinstituten	65,9	105,9	171,6	84,9	89,9	134,4
2.	Erhaltene Anzahlungen auf Bestellungen	2,71	0,59	2,55	2,43	2,69	1,99
3.	Verbindlichkeiten aus Lieferungen und Leistungen	21,4	26,6	20,7	29,7	18,5	14,5
4.	Wechselverbindlichkeiten	23,5	37,2	35,0	24,1	15,5	9,0
5.	Verbindlichkeiten gegenüber verbundenen Unternehmen	0,40	3,34	1,59	1,91	1,86	2,74
6.	Verbindlichkeiten gegenüber Untern., mit denen ein Bet.verh. besteht	0,28	0,67	0,18	0,49	0,18	-
7.	Sonstige Verbindlichkeiten	20,6	29,3	33,9	24,5	26,7	18,1
Bilanzsumme		325,6	377,3	385,7	302,0	274,6	278,5

Tabelle 1-2: Passiva im Zeitraum 1987 - 1992

Mio. DM	1987	1988	1989	1990	1991	1992
Umsatzerlöse	525,0	527,1	482,3	601,9	405,9	291,4
Bestandsänderungen	-7,62	12,56	55,10	-45,34	-14,70	4,26
Aktivierte Eigenleistungen	3,47	4,16	4,44	3,30	1,36	0,94
Gesamtleistung	520,9	543,8	541,8	559,9	392,5	296,6
Sonstige betriebliche Erträge	4,07	6,40	7,96	3,93	7,67	4,23
Materialaufwand	250,0	280,7	305,4	280,4	205,2	161,1
Personalaufwand	159,0	157,9	169,1	175,3	134,2	109,7
Sonstige betriebliche Aufwendungen	68,2	75,5	82,1	84,8	69,4	64,0
EBITDA	47,7	36,1	-6,9	23,2	-8,6	-34,0
Abschreibungen auf immaterielle VG, Sachanl. und Finanzanl.	17,7	19,8	17,3	15,8	12,5	10,0
EBIT	30,0	16,3	-24,2	7,4	-21,1	-44,0
Beteiligungsergebnis			2,06			0,00
Erträge aus anderen Wertpapieren und Ausleihungen des FinAV						0,45
Sonstige Zinsen und ähnliche Erträge	0,89	1,48	1,32	1,56	1,23	1,80
Abschreibungen auf Finanzanlagen und Wertpapiere des UV	0,27	0,01				2,95
Zinsen und ähnliche Aufwendungen	9,4	13,0	22,0	21,7	19,9	16,3
Ergebnis der gewöhnlichen Geschäftstätigkeit	21,2	4,8	-42,7	-12,8	-39,8	-61,0
Außerordentliche Erträge				49,30	54,19	6,17
Außerordentliche Aufwendungen	2,89			44,31	12,94	22,31
Ergebnis vor Steuern	18,27	4,76	-42,74	-7,77	1,43	-77,15
Steuern vom Einkommen und Ertrag	8,86	0,23				
Sonstige Steuern	1,58	2,23	2,17	1,84	1,43	0,63
Jahresüberschuss/-fehlbetrag	7,83	2,30	-44,91	-9,60	0,00	-77,78

Tabelle 1-3: GuV im Zeitraum 1987 - 1992

2. Friedrich Deckel AG – Lösungsvorschlag

2.1 Droht der Eintritt der Überschuldung im expliziten Planungszeitraum?

Die zentralen Bestandteile des von den Gutachtern aufgemachten Bewertungskalküls sind der Inhalt von Tabelle 1-1 und die Festlegung des Diskontierungssatzes. Wie die Jahresabschlussdaten verdeutlichen, durchschritt die Friedrich Deckel AG eine Periode hoher bilanzieller Verluste, die 1992 durch eine Kapitalherabsetzung und Zufuhr von neuem Eigenkapital vorläufig abgeschlossen wurde. Nach der finanziellen Sanierung verfügt die Deckel AG über ein bilanzielles Eigenkapital von 53,66 Mio. DM.

Gemäß Tabelle 1-1 erwarten Management und Gutachter weitere bilanzielle Defizite im Zeitraum 1993 - 1996, die sich in der Summe auf 118,55 Mio. DM belaufen, ehe die Erholungsphase in 1997 beginnen soll. Die finanziellen Defizite, die die bilanziellen Verluste begleiten, belaufen sich auf 110,1 Mio. DM und sollen gemäß Tabelle 1-1 durch Neukredite gedeckt werden.

Weil die Deckel AG, sollten sich die Erwartungen realisieren, ab Mitte 1994 keine positiven Bestände an Eigenkapital mehr ausweisen könnte, muss die Frage gestellt werden, ob der Insolvenztatbestand der Überschuldung erfüllt sein könnte. In diesem Fall bestünde für das Management Auslösepflicht für ein Insolvenzverfahren und die gemäß Tabelle 1-1 intendierte Finanzierungsstrategie käme zu einem abrupten Ende.

Der BGH hatte mit Urteil vom 13.7.1992[1] zugunsten eines zweistufigen Überschuldungsbegriffes entschieden. Demnach sollte Überschuldung dann vorliegen, wenn „das Vermögen der Gesellschaft bei Ansatz von Liquidationswerten die bestehenden Verbindlichkeiten nicht decken würde („rechnerische Überschuldung“) und die Finanzkraft der Gesellschaft mittelfristig nicht zur Fortführung des Unternehmens ausreicht“.

Diese Entscheidung wäre bei der Beurteilung des Sachverhaltes prinzipiell zu beachten. Aber dieses Urteil des BGH ist auf intensive Kritik gestoßen und vom Gesetzgeber bei der Neufassung der Insolvenzordnung (InsO) 1999 gänzlich unberücksichtigt geblieben.

Die Kritik an der Entscheidung des BGH zielt auf die vorgenommene Entwertung des Vergleichs von Vermögen und Schulden. Das Urteil des BGH ist nämlich so zu lesen, dass beide Kriterien erfüllt sein müssen, damit „Überschuldung“ vorliegt. Das hat zur Folge, dass eine ausreichende, die Fortführung erlaubende Finanzkraft einen Vergleich von Vermögen und Schulden erübrigt. Damit wird der (historische) Kern des Tatbestandes der Überschuldung, der in einem Test der Vermögenssuffizienz besteht, entwertet.

---

[1] BGH (1992). Seit 1999 gilt § 19 InsO.

§ 19 InsO heilt diesen Mangel, indem ein Vergleich von Vermögen und Verbindlichkeiten generell gefordert wird. Zwei Prüfungsstufen sind zu unterscheiden:

(1) Eine Fortführungsprognose in Form einer mittelfristigen Finanzplanung für einen Zeitraum von höchstens 2 Jahren ist zu erstellen; dann folgt

(2) die Prüfung, ob das Vermögen die „bestehenden Verbindlichkeiten" deckt.

Das Ergebnis der Prüfung auf Stufe 1 bestimmt, wie das Vermögen auf Stufe 2 zu bewerten ist:

- Ist die Fortführung im Prüfzeitraum „überwiegend wahrscheinlich", ist das Vermögen zu Fortführungswerten („Betriebsbestehenswerten") zu bewerten.
- Ist die Fortführung im Prüfzeitraum nicht „überwiegend wahrscheinlich", ist das Vermögen zu Liquidationswerten zu bewerten.

Wendet man diese Vorschrift auf den Sachverhalt an, gibt es zwei mögliche Fälle.

Fall 1:

Angenommen, es sei „überwiegend wahrscheinlich", dass Kreditgeber die in Tabelle 1-1 ausgewiesenen und von den Bewertern angenommenen „Neuverschuldungen" ermöglichen, womit die Fortführung finanzierbar wäre, müssten dennoch periodisch Vergleiche von Vermögen und „bestehenden Verbindlichkeiten" stattfinden, um das Urteil „Überschuldung liegt vor" auszuschließen. Wie dieses Urteil ausfiele, ist aus mehreren Gründen nicht exakt beantwortbar:

- Der Verschmelzungsbericht enthält keine Planbilanzen für den Zeitraum 1993 - 1996.
- Buchwerte von Vermögensgegenständen sind nur Startpunkt für die Begründung von „Bestehenswerten" oder Fortführungswerten von Vermögensgegenständen, die in einer Überschuldungsbilanz anzusetzen wären.
- Die zeitliche Entwicklung der Rückstellungen und deren „Schuldcharakter" ist unklar.

Dennoch ist die Vermutung, dass „Überschuldung" eintreten könnte, begründbar:

- Die Verbindlichkeiten Ende 1992 betragen 180,7 Mio. Tilgungen sind in den Jahren 1993 - 1996 nicht geplant.
- Die Rückstellungen Ende 1992 betragen 44,1 Mio. Sie könnten vereinfachend konstant gehalten werden.
- Gemäß Tabelle 1-1 sollen bis 1996 einschließlich 110,1 Mio. Neukredite aufgenommen werden. Die Verbindlichkeiten ab 1998 beliefen sich dann auf 278,4 Mio. DM.
- Der Buchwert des Eigenkapitals beträgt Ende 1998 -52,5 Mio. DM.
- Da die Investitionen im Zeitraum 1993 - 1996 hinter den Abschreibungen zurückbleiben, ist ein Anwachsen des Bilanzvermögens, ausgehend vom Buchwert Ende 1992 (278,5 Mio.) nicht zu erwarten.

Fall 2:

Angenommen, es sei nicht „überwiegend wahrscheinlich", dass Kreditgeber die in Tabelle 1-1 ausgewiesenen Neukredite gewähren, dann fehlt es an der Fortführungsfähigkeit. Das Vermögen ist dann zu Liquidationswerten zu bewerten. Nur wenn das so bewertete Vermögen die jeweils bestehenden Verbindlichkeiten erreichte oder überstieg, könnte der Eintritt des Insolvenztatbestands Überschuldung ausgeschlossen werden. Folglich ist die Frage, ob Kreditgeber bereit sein werden, die in Tabelle 1-1 ausgewiesenen Neuverschuldungen zu finanzieren, von Bedeutung.

2.2 Gewähren Kreditgeber die gemäß Tabelle 1-1 erforderlichen Neukredite?

Die Deckel AG soll gemäß Tabelle 1-1 eine heftige Krise erfolgreich durchschreiten. Der bilanzielle EK-Bestand und die finanziellen Defizite bzw. Überschüsse entwickeln sich gemäß Tabelle 2-1.

Mio. DM	1992	1993	1994	1995	1996	1997	1998
Bilanzielles Eigenkapital	53,7	11,7	-29,7	-53,9	-64,9	-62,6	-52,5
Finanzierungsbedarf bzw. -überschuss	n. b.	36,4	38,7	24,1	10,9	+2,3	+10,1

Tabelle 2-1: Eigenkapitalbestände und finanzielle Defizite bzw. Überschüsse

Tabelle 1-1 unterstellt, dass das Niveau der 1998 erreichten Verbindlichkeiten von ca. 280 Mio. während der pauschal skizzierten zweiten Phase des Bewertungskalküls erhalten bleibt: Finanzielle Überschüsse werden annahmegemäß ab 1999 voll ausgeschüttet; Tilgungszahlungen sind nicht vorgesehen.

Ein professioneller Kreditgeber wird sich in vergleichbaren Situationen drei Fragen stellen:

(1) Die gewünschten Kredite sind Sanierungskredite. Die Rechtsprechung des BGH zu Sanierungskrediten ist zu beachten:[2] Kann der Kreditgeber mit guten Gründen von einer Sanierungsfähigkeit der Deckel AG überzeugt sein? Andernfalls drohen Schadenersatzansprüche von Insolvenzverwaltern.

(2) Sind die neuen Kredite auf dem Vermögen der Deckel AG besicherbar?

(3) Ist die Deckel AG tilgungsfähig? Wie sähe ein Tilgungsplan ggf. aus?

Frage (1) hat erhebliche empirische Bedeutung: Im Fall der Insolvenz des Schuldners muss das Kreditinstitut Schadenersatzansprüche, die der Insolvenzverwalter im Interesse von Gläubigern geltend macht, abwehren. Das gelingt nur, wenn es vom positiven Ausgang des Sanierungsversuchs überzeugt sein konnte und dies belegen kann.

Auf dem Vermögen der Deckel AG, das in Buchwerten Ende 1992 278,5 Mio. beträgt und in der Krise zwischen 1993 - 1996 schrumpft, können Verbindlichkeiten von rund 280 Mio. nicht insolvenzfest besichert werden. Folglich wären die Sanierungskredite zu einem Teil ungesichert.

---

2 Vgl. z. B. Drukarczyk, J. (1995).

Tabelle 1-1 enthält keinen Tilgungsplan oder jedenfalls keinen, der Gläubiger zufrieden stellen könnte. Das Management und die Bewerter wollen die bis 1999 aufgelaufenen Verbindlichkeiten mit Zinsen bedienen, aber nicht durch Tilgungen auf ein akzeptables Maß zurückfahren. Die finanziellen Überschüsse in Höhe von 6,776 Mio. DM sollen nicht etwa thesauriert und für Tilgungszwecke verwendet, sondern ausgeschüttet werden. Damit wird unterstellt, dass die Kombination von 278,4 Mio. DM Verbindlichkeiten und einem nicht durch Eigenkapital gedeckten Fehlbetrag von -52,5 Mio. DM auf Dauer beibehalten werden soll. Das ist eine Sicht, die professionelle Gläubiger nicht teilen werden. Unter diesen Bedingungen sind die in Tabelle 1-1 ausgewiesenen Neuverschuldungen nicht finanzierbar. Damit liegt drohende Zahlungsunfähigkeit (Stufe 1) vor. Vermögen wäre in der Überschuldungsbilanz zu Liquidationswerten anzusetzen.

2.3 Bewertung bei Einhaltung einer vorgegebenen bilanziellen Eigenkapitalquote

2.3.1 Zu diskontierende finanzielle Überschüsse

Tabelle 1-1 ist eine ungeeignete Basis, um einen Ertragswert (Wert des Eigenkapitals) abzuleiten, weil die dort unterstellte Fremdfinanzierung als nicht realisierbar erscheint. Die Deckel AG ist ein im internationalen Wettbewerb stehendes Maschinenbau-Unternehmen, ist börsennotiert und kann mit negativem Eigenkapitalbestand über längere Zeitspannen nicht bestehen. Folglich sind Zuführungen von Eigenkapital notwendig. Wir formulieren hier ad hoc, dass die bilanzielle Eigenkapitalquote nicht wesentlich unter 20 % liegen sollte. Wir unterstellen im Folgenden Zuführungen von Eigenkapital im Zeitraum 1993 - 1995 von insgesamt 97 Mio. DM, die in Tranchen von 40 (1993), 40 (1994) und 17 (1995) realisiert werden.[3] Daraus folgt, dass

- das Insolvenzrisiko (Risiko der Überschuldung) deutlich sinkt,
- die erforderliche Neuverschuldung schrumpft,
- die Zinsaufwendungen deutlich fallen,
- die Zahlungen für Gewerbeertragsteuern steigen und
- die Struktur der zu „kapitalisierenden" Ergebnisse sich erheblich verändert.

Tabelle 2-2 zeigt die Entwicklung der Kapitalstruktur der Deckel AG. Die bilanzielle Eigenkapitalquote in 1998 beträgt 17,3 % und ist damit nicht wesentlich von der Zielvorstellung (20 %) entfernt. Der Bestand an Rückstellungen wird vereinfachend konstant gehalten. Das Niveau der Verbindlichkeiten zum Ende 1992 bleibt nahezu konstant.

---

[3] Auch diese Zerlegung der EK-Zufuhr in drei Tranchen erfolgt ad hoc. Die periodische Zufuhr ist so dimensioniert, dass der durch bilanzielle Verluste bewirkte EK-Verzehr in etwa kompensiert wird.

TDM	1992	1993	1994	1995	1996	1997	1998	Strukturen 1998
(1) Eigenkapital								
Stammaktien	40.120	40.120						
Vorzugsaktien	2.060	2.060						
Kapitalrücklage	11.480	11.480						
Gewinnrücklage								
Bilanzverlust		-42.961	-38.245	-18.535	-4.120			
Eigenkapitalzuführungen	0	40.000	40.000	17.000	0	0	0	
Eigenkapitalbestand	53.660	50.699	52.454	50.919	46.799	46.799	46.799	17,3%
(2) Rückstellungen								
Pensionen	17.591							
Steuern	310							
Sonstige	26.196							
Summe der Rückstellungen	44.097	44.097	44.097	44.097	44.097	44.097	44.097	16,3%
(3) Verbindlichkeiten								
Verbindl. ggü. KI	134.408	134.408						
Erhaltene Anzahlungen	1.986	1.986						
Verb. aus Lief. und Leist.	14.477	14.477						
Verb. aus gezogenen und eigenen Wechseln	8.968	8.968						
Verb. ggü. verb. Unternehmen	2.738	2.738						
Sonstige Verbindlichkeiten	18.141	18.141						
Neuverschuldung (+)/Tilgung (-)		-2.539	-4.355	1.235	4.120	0	0	
Summe der Verbindlichkeiten	180.718	178.179	173.824	175.059	179.179	179.179	179.179	66,3%
(4) Summe	278.475	272.975	270.375	270.075	270.075	270.075	270.075	100%

Tabelle 2-2: Entwicklung der Passivseite unter Beachtung der Eigenkapitalzuführungen

Tabelle 2-3 weist die zu kapitalisierenden Ergebnisse aus, unter der Prämisse, dass die in Tabelle 2-2 präsentierten Eigenkapitalzuführungen stattfänden. Der für Kredite zu zahlende Zinssatz beträgt 0,085. Wir unterstellen, dass die Zinszahlungen durch steuerliche Dauerschulden ausgelöst sind.[4] Tabelle 2-3 weist keine Gewerbeertragsteuerzahlungen aus. Ursache sind die steuerlichen Verlustvorträge, die im Zeitraum 1993 - 1996 aufgebaut werden und erst zu einem (zu bestimmenden) Zeitpunkt zu Zahlungen für Gewerbeertragsteuer führen. Wann die Gewerbesteuerzahlung einsetzt, wird in Tabelle 2-4 berechnet, die die Entwicklung der gewerbesteuerlichen Verlustvorträge zeigt. Zeile (1) wiederholt das Ergebnis vor Ertragsteuern aus Tabelle 2-3. Dieses bilanzielle Ergebnis kommt unter vollständigem Abzug des Zinsaufwandes zustande. Da Dauerschulden unterstellt werden, sind für die Zwecke der Gewerbeertragsteuer die Zinsaufwendungen nur hälftig abzugsfähig. Folglich sind die gewerbesteuerlichen Verlustvorträge kleiner als die in Zeile (1) ausgewiesenen bilanziellen Defizite. Die zum Ende 1992 bestehenden Verlustvorträge sind nicht bekannt und bleiben deshalb unbeachtet.

TDM	1993	1994	1995	1996	1997	1998	nachhaltig
Bereinigtes Bruttoergebnis II	-19.600	-16.500	540	13.860	28.260	36.810	32.720
Abschreibungen	8.000	6.600	4.300	3.100	3.100	3.100	3.100
Zinsaufwand[a]	15.361	15.145	14.775	14.880	15.230	15.230	15.230
Ergebnis vor Ertragsteuern	-42.961	-38.245	-18.535	-4.120	9.930	18.480	14.390
Gewerbeertragsteuer	0	0	0	0	0	0	0
Über-/Unterdeckung (bilanziell)	-42.961	-38.245	-18.535	-4.120	9.930	18.480	14.390
nicht zahlungswirksame Aufwendungen	0	0	0	0	0	0	0
Differenz Abschreibungen/ Investitionen	5.500	2.600	300	0	0	0	0
Über-/Unterdeckung (Liquiditätsebene)	-37.461	-35.645	-18.235	-4.120	9.930	18.480	14.390
Neuverschuldung/ Schuldentilgung (-)	-2.539	-4.355	1.235	4.120			
Zuführung von Eigenkapital	40.000	40.000	17.000	0	0	0	0
zu kapitalisierende Ergebnisse	-40.000	-40.000	-17.000	0	9.930	18.480	14.390

[a] Die Gutachter arbeiten in Tabelle 1-1 mit variierenden Zinssätzen:
1993: $14.332/(180.718-14.477-1.986)=0,0873$.
1994: $18.203/(180.718-14.477-1.986+36.432)=0,0907$.
Für unsere Rechnungen wird der Zinssatz mit 8,5 % veranschlagt. Dieser Zinssatz wird vereinfachend auf den gesamten Bestand an Fremdmitteln am Ende der Vorperiode angewendet.

Tabelle 2-3: Zu kapitalisierende Ergebnisse bei geplanten EK-Zuführungen in 1993, 1994 und 1995

[4] Der veröffentlichte Verschmelzungsbericht enthält keine Hinweise zur steuerlichen Qualifikation von bestehenden Verbindlichkeiten. Unsere Annahme überschätzt vermutlich etwas die fälligen Gewerbesteuerzahlungen.

Aus Tabelle 2-4 folgt, dass die Deckel AG bei der jetzt unterstellten Finanzierungspolitik bis 1999 einschließlich keine Gewerbesteuerzahlungen zu leisten hat. Gewerbesteuerzahlungen setzen erstmals im Jahr 2000 ein. Tabelle 2-5 weist die Steuerzahlungen aus. Um diese Steuerzahlungen sind die in Tabelle 2-3 ausgewiesenen „zu kapitalisierenden Ergebnisse" zu verkürzen. Bewertungsrelevant sind somit die in der Tabelle 2-5 ausgewiesenen Überschüsse.

Mio. DM	1993	1994	1995	1996	1997	1998	1999	2000	2001
Ergebnis vor Ertragsteuern	-42,96	-38,25	-18,54	-4,12	9,93	18,48	14,39	14,39	14,39
(1) + 0,5 · Zinsaufwand	-35,28	-30,67	-11,15	3,32	17,55	26,10	22,01	22,01	22,01
Verlustvorträge, kumuliert	35,28	65,95	77,10	73,78	56,24	30,14	8,14	0	0
Gewerbesteuerlich zu versteuernde Überschüsse	0	0	0	0	0	0	0	13,87	22,01

Tabelle 2-4: Gewerbesteuerlich zu versteuernde Überschüsse

TDM	1993	1994	1995	1996	1997	1998	1999	2000	2001 ff.
Ergebnis gemäß Tabelle 2-3	-40.000	-40.000	-17.000	0	9.930	18.480	14.390	14.390	14.390
Gewerbeertragsteuer	0	0	0	0	0	0	0	2.547	4.042
Überschüsse	-40.000	-40.000	-17.000	0	9.930	18.480	14.390	11.843	10.348

Tabelle 2-5: Bewertungsrelevante Zahlungen nach Gewerbeertragsteuer

Tabelle 2-6 zeigt die Entwicklung des zu verzinsenden Fremdkapitals im Zeitablauf und das Zustandekommen der in Tabelle 2-3 aufgeführten Zinsaufwendungen.

Mio. DM	1992	1993	1994	1995	1996	1997	1998
FK zu Beginn der Periode	155,3	180,7	178,2	173,8	175,1	179,2	179,2
Neuaufnahme	n. b.	0	0	1,235	4,120	0	0
Tilgung	n. b.	2,539	4,355	0	0	0	0
FK am Ende der Periode	180,7	178,2	173,8	175,1	179,2	179,2	179,2
Zinsaufwand der Periode ($i_V = 0{,}085$)		15,36	15,15	14,78	14,88	15,23	15,23

Tabelle 2-6: Entwicklung des Verschuldungsvolumens zwischen 1992 und 1998 unter Beachtung der Zuführungen von Eigenkapital

2.3.2 Diskontierungssatz

Die Gutachter benutzen eine zeitunabhängige geforderte Rendite der Eigentümer in Höhe von 0,11 und bewerten die Eigentumsrechte zum 1.1.1993 mit 32,9 Mio. DM. Wenn eine geforderte Rendite von 0,11 für die Tabelle 1-1 entsprechende Kapitalstrukturplanung angemessen gewesen wäre, könnte man erwarten, dass der Diskontierungssatz nach mehrmaligem Aufstocken des Eigenkapitals und damit reduziertem Finanzierungsrisiko unter 0,11 liegen könnte. Bewertet man die in Tabelle 2-5 ausgewiesenen Überschüsse mit alternativen Diskontierungssätzen, erhält man folgende Ertragswerte:

Diskontierungssatz in %	Ertragswert zum 1.1.1993
11	-12.268
10	-4.414
9,4	1.245
9	5.500
8,5	11.459

Tabelle 2-7: Ertragswerte bei alternativen Diskontierungssätzen

Ein risikoangemessener Diskontierungssatz müsste somit unter 0,10 liegen, wenn negative Werte für das Eigenkapital (bei Bewertung des operativen Geschäfts) vermieden werden sollen. Dass die soeben ausgewiesenen Ertragswerte im Vergleich zu dem von den Gutachtern berechneten Wert in Höhe von 32,9 Mio. DM so deutlich abstürzen, mag auf den ersten Blick überraschen, weil – wenn auch in deutlichem Umfang – lediglich Eigenkapital zugeführt wurde, um das Wachstum des Fremdkapitalvolumens zu stoppen. Lässt man die Reduzierung des Insolvenzrisikos unbeachtet, bewirkt dieser Tausch den Verlust von steuerlichen Vorteilen, die aber die deutliche Differenz zwischen den berechneten Ertragswerten nicht erklären können. Was ist also die Ursache des prägnanten Absturzes? Die Gutachter haben einen zu niedrigen Diskontierungssatz verwendet, was gleich verdeutlicht werden soll. Dann aber ist der von den Gutachtern berechnete Wert keine Bezugsgröße, die für die Ableitung von Folgerungen geeignet wäre. Der dokumentierte Absturz des Ertragswertes bestätigt m. a. W. nur Zweifel an den gutachterlichen Berechnungen.

Um zu belegen, dass die Gutachter einen zu niedrigen Diskontierungssatz benutzten, könnte man so vorgehen: Der risikolose Zinssatz für langlaufende Anleihen erster Bonität, den die Gutachter mit 7 % ansetzen, wird übernommen.[5] Die Marktrisikoprämie (MRP) wird mit 4 % angesetzt. Der Betawert für das operative Geschäft der Deckel AG unter der Prämisse ausschließlicher Eigenfinanzierung ($€^E$) wird mit 0,6

[5] Die Spotrate $i_{0,15}$ beträgt im Januar 1993 7,04 %. Spotrates für längere Laufzeiten liegen nicht vor.

angenommen.[6] Aus diesen Annahmen lässt sich auf die geforderte Rendite bei ausschließlicher Eigenfinanzierung schließen, die hier mit dem Symbol k belegt wird. Sie beträgt $k = 0{,}07 + 0{,}6 \cdot 0{,}04 = 0{,}094$. Folglich kann eine der in Tabelle 2-3 unterstellten Kapitalstruktur entsprechende geforderte Rendite der Eigentümer, die 9,4 % übersteigen muss, nicht zu einem positiven Ertragswert führen.

Berechnete man nämlich die Rendite, die Eigentümer fordern würden, wenn die zum Startpunkt der Rentenphase in 2001 realisierte Kapitalstruktur bestünde, also die geforderte Rendite k^F, erhält man die Ergebnisse, die Tabelle 2-8 ausweist und die den Satz k = 0,094 auch dann übersteigen, wenn man die Marktrisikoprämie mit lediglich 0,03 und β^E mit 0,5 ansetzt. Man kann also den Schluss ziehen, dass der Bewertungskalkül von Grund auf neu aufzuziehen ist. Da die in Tabelle 1-1 implizierten Fremdkapitalbestände nicht finanzierbar sind, sollen nur die Fremdkapitalbestände zugelassen werden, die neben den in Tabelle 2-3 angenommenen Eigenkapitalzuführungen notwendig sind. Die Bewertung erfolgt mittels des APV-Ansatzes.

i	MRP	β^E	$k = i + MRP \cdot \beta^E$	$k^F = k + (k - i)(1 - 0{,}5 s_{GE}) \frac{F}{E}$
0,07	0,03	0,5	0,085	0,1112[a]
0,07	0,03	0,6	0,088	0,1227[b]
0,07	0,035	0,5	0,0875	0,1207
0,07	0,035	0,6	0,091	0,1359
0,07	0,04	0,5	0,09	0,1313
0,07	0,04	0,6	0,094	0,1510

a $F_{2001} = 179{,}2$; $E_{2001} = 93{,}0$; $F/E = 1{,}9261$.
b $F_{2001} = 179{,}2$; $E_{2001} = 84{,}3$; $F/E = 2{,}1253$.

Tabelle 2-8: Diskontierungssätze für den Fall der unendlichen Rente (ab 2001)

6 Der historische Beta-Wert der Aktie der Deckel AG lag im Dezember 1993 für den vorgelagerten 60-Monatszeitraum bei 1,475; im August 1993 lag er bei 1,579; im Dezember 1992 lag er bei 1,337. Diese Werte sind $ß^F$-Werte, schließen also Risiko- und Steuereffekte, ausgelöst durch verzinsliches Fremdkapital ein. Das Fremdkapitalvolumen Ende 1992 betrug (ohne Rückstellungen) rund 181 Mio. Der Wert des Eigenkapitals, der benötigt wird, um mittels einer geeigneten Umrechnungsformel zu einer Schätzung von $ß^E$ zu gelangen, ist für die hier beabsichtigte Rechnung nur mit erheblichen Schwierigkeiten ermittelbar:
(1) Die Deckel AG hat 802.400 Stammaktien und 41.200 Vorzugsaktien emittiert. Die Kurse der Aktien Ende 1992 sind nicht relevant: Der ableitbare Wert des Eigenkapitals ist für die Umrechnung nicht geeignet, da dieser Wert den Wert des nicht betriebsnotwendigen Vermögens (im Bewertungsgutachten veranschlagt mit 24,9 Mio.) und den Wert des im Kalkül nicht beachteten Verlustvortrages (im Bewertungsgutachten veranschlagt mit 12,0 Mio.) enthält.
(2) Wir benötigen den Beta-Wert für die Bewertung des Eigenkapitals des operativen Geschäfts der Gesellschaft unter der Prämisse der oben in Tabelle 2-3 unterstellten Eigenkapitalzuführungen. Für diesen Fall sind die oben berichteten Beta-Werte kein geeigneter Startpunkt, da es keine Anhaltspunkte dafür gibt, dass Marktteilnehmer diese (hier unterstellte) Finanzierungsstrategie erwarten konnten.

2.4 Bewertung und APV – Ansatz

Der Wert des operativen Geschäfts der Deckel AG soll mittels des APV – Ansatzes bewertet werden. Wir folgen den Bewertern, indem wir nur die Gewerbeertragsteuer beachten. Körperschaftsteuer für Thesaurierung ist nicht relevant, da nicht thesauriert wird. Einkommensteuer bleibt – insoweit den Gutachtern folgend – unbeachtet.

Folgende Vorgehensweise wird eingeschlagen:

- Bewertung des operativen Geschäfts bei ausschließlicher Eigenfinanzierung; der Ende 1992 vorliegende steuerliche Verlustvortrag bleibt unbeachtet, da er nicht beziffert ist.
- Berechnung der gewerbesteuerlichen Vorteile aus dem Einsatz von verzinslichem Fremdkapital, das notwendig wäre, wenn die Eigenkapitalzuführungen gemäß Tabelle 2-3 stattfänden.
- In der Berechnung des Wertes des eigenfinanzierten Unternehmens (V^E) auf Stufe 1 sind die Vorteile von durch gewerbesteuerliche Verlustvorträge ausgelösten späteren Gewerbesteuerzahlungen bereits erfasst, wie die Berechnungen zu Tabelle 2-9 zeigen. Folglich kommt es nach Einführung von Fremdkapital nur auf die zusätzlichen steuerlichen Vorteile an, die eine Tabelle 2-3 entsprechende Finanzierungspolitik auslöste. Zu diesem Zweck ist die zeitliche Entwicklung der Verlustvorträge bei ausschließlicher Eigenfinanzierung mit der bei geplanter Kapitalstruktur gemäß Tabelle 2-4 zu vergleichen.
- Eine Berechnung der gewerbesteuerlichen Vorteile aus den Zuführungen zu Pensionsrückstellungen kann explizit nicht stattfinden, da diese Zuführungen ununterscheidbar in der Position „Personalaufwand“ enthalten sind.

TDM	1993	1994	1995	1996	1997	1998	nachhaltig
Bereinigtes Bruttoergebnis II	-19.600	-16.500	540	13.860	28.260	36.810	32.720
Abschreibungen	8.000	6.600	4.300	3.100	3.100	3.100	3.100
Ergebnis vor Ertragsteuern	-27.600	-23.100	-3.760	10.760	25.160	33.710	29.620
Gewerbeertragsteuer	0	0	0	0	0	2.786	5.440
Über-/Unterdeckung (bilanziell)	-27.600	-23.100	-3.760	10.760	25.160	30.924	24.180
Differenz Abschreibungen/ Investitionen	5.500	2.600	300	0	0	0	0
Über-/Unterdeckung (Liquiditätsebene)	-22.100	-20.500	-3.460	10.760	25.160	30.924	24.180
Zuführung von Eigenkapital	22.100	20.500	3.460	0	0	0	0
Entziehbare Überschüsse bzw. Einlagen der Eigentümer	-22.100	-20.500	-3.460	10.760	25.160	30.924	24.180

Tabelle 2-9: Entziehbare Überschüsse bei ausschließlicher Eigenfinanzierung

Auch bei ausschließlicher Eigenfinanzierung entstehen in den Perioden 1993 - 1998 bilanzielle Fehlbeträge und finanzielle Defizite, die durch Einlagen der Eigentümer auszugleichen sind. Vor dem Hintergrund der oben angenommenen Werte für i, β^E und MRP folgen die in Tabelle 2-10 ausgewiesenen Werte bei ausschließlicher Eigenfinanzierung zum 1.1.1993.

i	MRP	β^E	$k = i + MRP \cdot \beta^E$	V^E
0,07	0,03	0,5	0,085	177.325
0,07	0,03	0,6	0,088	168.162
0,07	0,035	0,5	0,0875	169.643
0,07	0,035	0,6	0,091	159.634
0,07	0,04	0,5	0,09	162.410
0,07	0,04	0,6	0,094	151.679

Tabelle 2-10: Werte des operativen Geschäfts bei vollständiger Eigenfinanzierung zum 1.1.1993

Im zweiten Schritt sind die steuerlichen Vorteile zu berechnen, die aus dem Einsatz verzinslichen Fremdkapitals folgen. Basis sind die in Tabelle 2-6 ausgewiesenen Fremdkapitalbestände, die in Tabelle 2-11 in Zeile (1) übernommen sind. Der gesamte Fremdkapitalbestand wird – wie schon gesagt – als verzinslich betrachtet.[7]

Vergleicht man Zeile (4) mit Zeile (6), erkennt man den Effekt der höheren Zinsaufwendungen bei der Finanzierungspolitik gemäß Tabelle 2-3: Die Gewerbeertragsteuerzahlungen beginnen später und liegen auf niedrigerem Niveau. In Zeile (7) der Tabelle 2-11 werden die Differenzen bis zum Jahr 2001 explizit zusammengestellt.

Unterstellt man vereinfachend risikolose steuerliche Vorteile und diskontiert die steuerlichen Auswirkungen der Finanzierungsstrategie gemäß Tabelle 2-4 mit i = 0,07, ergibt sich ein Wertbeitrag zum 1.1.1993 von V^{St}= 18.558.[8] In Abhängigkeit von der Parameter-Konstellation (i, β^E, MRP) liegt der Unternehmensgesamtwert somit zwischen 177.325 + 18.558 = 195.883 und 151.679 + 18.558 = 170.237. Nach Abzug der Verbindlichkeiten von 180.700 liegt der Wert des Eigenkapitals des operativen Geschäfts nur bei günstiger Parameter-Konstellation im positiven Bereich. Für i = 0,07, β^E = 0,5 und einer MRP von 0,03 folgt ein Ertragswert in Höhe von rund 15 Mio. DM. Setzte man die MRP mit 0,04 an, ist der Ertragswert fast Null.

---

7 Diese Annahme überschätzt die zu leistenden Zinszahlungen und damit die gewerbesteuerlichen Vorteile etwas. Diese Überschätzung wird durch die Annahme des – angesichts der Verschuldung – moderaten Fremdkapitalzinssatzes von 8,5 % gedämpft.

8 Benutzte man i_V = 0,085 als Diskontierungssatz, folgt V^{St} = 14.855.

Mio. DM	1992	1993	1994	1995	1996	1997	1998	1999	2000	2001
(1) Fremdkapital am Ende der Periode	180,7	178,2	173,8	175,1	179,2	179,2	179,2	179,2	179,2	179,2
(2) Zinsaufwand iV = 0,085	-	15,36	15,15	14,78	14,88	15,23	15,23	15,23	15,23	15,23
(3) Verlustvorträge bei ausschließlicher EF gemäß Tabelle 2-9	-	27,6	50,7	54,46	43,70	18,54	0	0	0	0
(4) Gewerbeertragsteuer bei ausschließlicher EF gemäß Tabelle 2-9	-	0	0	0	0	0	2,786	5,440	5,440	5,440
(5) Verlustvorträge bei Finanzierung gemäß Tabelle 2-4	-	35,28	65,95	77,10	73,78	56,24	30,14	8,14	0	0
(6) Gewerbeertragsteuer bei Finanzierung gemäß Tabelle 2-5		0	0	0	0	0	0	0	2,547	4,042
(7) Differenz zugunsten der Finanzierung-politik gemäß Tabelle 2-3	0	0	0	0	0	0	2,786	5,440	2,893	1,398

Tabelle 2-11: Entwicklung der gewerbesteuerlichen Verlustvorträge bei reiner Eigenfinanzierung bzw. einer Finanzierungspolitik gemäß Tabelle 2-3

2.5 Sind die ab 1998 unterstellten Ausschüttungen zulässig und begründbar?

Zum Schluss soll eine für die Bewertung sehr relevante Frage beleuchtet werden: Dürfte die Friedrich Deckel AG die in Tabelle 1-1 als bewertungsrelevant ausgewiesenen Ausschüttungen überhaupt ausschütten?[9]

Entziehbare Überschüsse müssen ausschüttungsfähig i. S. gesellschaftsrechtlicher Bestimmungen sein: Sie setzen positive Jahresüberschüsse oder entsprechende Kapitalherabsetzungen voraus. Die in Tabelle 1-1 ab 1999 geplanten „zu kapitalisierenden Ergebnisse“ sind nicht ausschüttungsfähig, da keine Jahresüberschüsse vorliegen bzw. der Eigenkapitalbestand negativ ist.

Entziehbare Überschüsse müssen finanzierbar sein. Die in Tabelle 1-1 ausgewiesenen Ausschüttungen ab 1999 sind nicht finanzierbar, weil Gläubiger diesen Ausschüttungen nie zustimmen würden. Sie würden vielmehr in Kreditverträgen strenge Ausschüttungsbegrenzungen durchsetzen.

Der Ansatz entziehbarer Überschüsse muss ökonomisch sinnvoll sein. Ausgeschüttet wird, wenn Überschüsse auf Unternehmensebene entweder nicht werterhöhend eingesetzt werden können oder zum Abbau überhöhter Verschuldung nicht benötigt werden.

---

9 Der Verschmelzungsbericht unterstellt auf S. 55, dass ab 1999 keine bilanziellen Hindernisse für die Ausschüttung bestehen.

Bei der in Tabelle 1-1 unterstellten Finanzplanung ist ein Abbau der Verschuldung dringend geboten.

Eine Ausschüttungspolitik muss auch steuerlich begründbar sein. Unter Beachtung von The-saurierungssatz und Einkommensteuersatz (s_I) der Ausschüttungsempfänger ist eine die Steuerbelastung minimierende Politik zu suchen. Da die Bewerter den Steuersatz der Eigentümer s_I nicht erwähnen, kann zur Ausschüttungspolitik keine Aussage gemacht werden.

Die Deckel AG hat erhebliche gewerbesteuerliche und körperschaftsteuerliche Verlustvorträge. Die körperschaftsteuerlichen Verlustvorträge könnten durch Thesaurierung der Überschüsse abgearbeitet werden: Pro Einheit thesaurierte Mittel entfällt die Thesaurierungsbelastung in Höhe von $s_K^T = 0{,}40$.

Die geplanten Ausschüttungen, die Tabelle 1-1 ausweist, sind somit nicht ausschüttungsfähig, nicht finanzierbar, steuerlich nachteilig und würden weder von Gläubigern zugelassen noch vom Management vorgenommen und zwar auch dann nicht, wenn die Ausschüttungen zulässig wären.

2.6 Ergebnisse

Der Fall der Friedrich Deckel AG ist ein lehrreicher Fall. Potenzielle Angriffsflächen des Bewertungskalküls der Gutachter sind:

- nicht begründete Annahmen über die Verschuldungsfähigkeit der AG,
- nicht begründbare Annahmen über die Ausschüttungsfähigkeit von finanziellen Überschüssen,
- Außerachtlassung gesellschaftsrechtlicher Ausschüttungssperren,
- Außerachtlassung des Überschuldungs- und Insolvenzrisikos,
- der Ansatz einer nicht begründeten, zeitlich invarianten geforderten Rendite der Eigentümer.

Erörtert wurden verschiedene Wege, auf denen die Angriffsflächen entschärft werden könnten.

2.7 Literatur

BGH (1992): Urteil vom 13.7.1992, BGHZ 119,201=WM 1992, 1650=NJW 1992, 2891.

Drukarczyk, J. (1995): Ökonomische Analyse der Rechtsprechung des BGH zur Sittenwidrigkeit von Sanierungskrediten. In: Kapitalmarkt und Finanzierung, D. Schneider (Hrsg.), Berlin 1995, S. 379-397.

Drukarczyk, J./Schüler, A. (2007): Unternehmensbewertung, 5. A., München, Kapitel 5.

Friedrich Deckel AG (Hrsg.) (1993): Verschmelzungsbericht der Friedrich Deckel AG mit der Maho AG, München, Pfronten.

3. Airbus A380

3.1 Vorbemerkung

Am 27.04.2005 startete die von Airbus entwickelte A380, das größte Passagierflugzeug der Welt, zu ihrem Jungfernflug. Im Rahmen dieser Fallstudie soll untersucht werden, ob die Entwicklung der A380 finanzwirtschaftlich als Erfolg eingestuft werden könnte. Die Beurteilung des Projekts erfolgt hierbei aus drei unternehmensexternen Perspektiven. Zunächst soll betrachtet werden, ob die Entscheidung für den Start des A380-Projekts, die Ende 2000 getroffen wurde, im Interesse der Eigentümer war. Darauf aufbauend wollen wir – hypothetisch – fragen, wie die Entscheidung ausfallen würde, wenn man die weitere Entwicklung geahnt hätte. Und schließlich ist das Projekt aus heutiger Sicht (Anfang 2007) zu analysieren.[1]

3.2 Unternehmensgründung

Um 1960 begannen die europäischen Flugzeughersteller ein Passagierflugzeug als Konkurrenzprodukt zu den Modellen der US-amerikanischen Hersteller Boeing, Lockheed und McDonnel Douglas, die zusammen eine marktbeherrschende Stellung einnahmen, zu entwickeln. Die Dominanz der US-amerikanischen Flugzeughersteller äußerte sich darin, dass sie 85 % aller Verkehrsflugzeuge produzierten, während die europäischen Hersteller nur einen Marktanteil von 10 % hatten. Das Vorhaben der europäischen Flugzeughersteller war anfangs jedoch nicht durchführbar, da es an Know-how und Kapital mangelte. Die US-amerikanischen Hersteller erhielten bei der Entwicklung von neuen Modellen Subventionen, die einen erheblichen Wettbewerbsnachteil für die europäischen Flugzeughersteller darstellten. Aus diesem Grund nahmen Regierungsvertreter aus Frankreich, Großbritannien und Deutschland im Januar 1966 Gespräche über eine europäische Zusammenarbeit auf, um die Grundlagen für ein staatlich gefördertes, konkurrenzfähiges Passagierflugzeug zu schaffen.

Als Ergebnis dieser Bemühungen wurde Airbus Industrie am 18.12.1970 in Form einer wirtschaftlichen Interessensgemeinschaft von deutschen und französischen Unternehmen nach französischem Recht gegründet (GIE).[2] Durch diese Rechtsform konnten die beteiligten Unternehmen im Flugzeugbau eng zusammenarbeiten, ohne ihre rechtliche Unabhängigkeit aufzugeben. Die Gründungsmitglieder waren auf französischer Seite die aus einer Fusion zwischen der Nord- und Sud-Aviation hervorgegangene Aérospatiale Group und auf deutscher Seite die Deutsche Airbus, bestehend aus Messerschmitt-Bölkow-Blohm und VFW-Fokker. 1971 trat die spanische CASA (Construc-

---

1 Wir erheben nicht den Anspruch, die realen Daten gut zu schätzen. Unsere Berechnungen basieren auf Annahmen und haben daher nur Beispielscharakter.

2 GIE : groupement d'intérêt économique.

ciones Aeronauticas S.A.) der Interessensgemeinschaft bei, während die British Aerospace, ein neu geschlossener Verbund britischer Flugzeughersteller, erst 1979 offizielles Mitglied wurde. Abbildung 3-1 zeigt die Anteile der einzelnen Mitglieder der Interessensgemeinschaft auf.

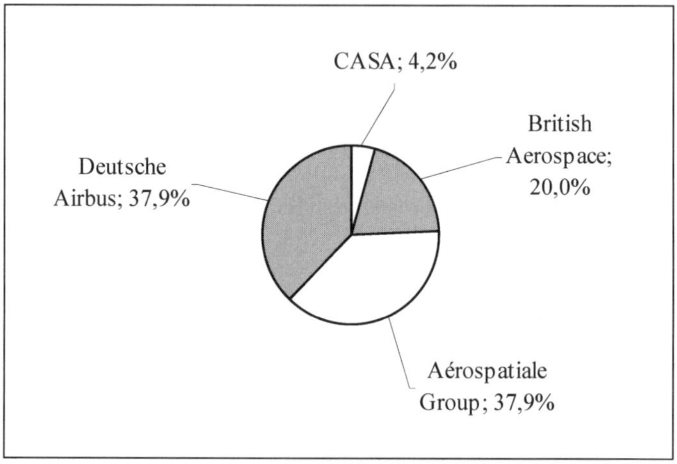

Abbildung 3-1: Anteile der Mitglieder an Airbus Industrie

Anfang 2001 erfolgte die Umwandlung von Airbus in einen eigenständigen und vollintegrierten Konzern (AIC).[3] Diese Umwandlung einschließlich der Einbringung der wesentlichen Betriebsstätten und dem damit verbundenen Abbau des bisher bestehenden Dezentralisierungsproblems, sollte die Effizienz von Airbus erhöhen und somit einen Wettbewerbsnachteil gegenüber dem Konkurrenten Boeing beseitigen. An dem neu gegründeten Konzern ist zum Entstehungszeitpunkt die holländische, börsennotierte EADS N. V. (European Aeronautic Defense and Space Company), die am 10.07.2000 durch die Fusion der französischen Aerospatiale Matra S.A., der spanischen Construcciones Aeronáuticas S.A. und der deutschen DaimlerChrysler Aerospace AG[4] entstand, zu 80 % beteiligt. Die restlichen 20 % der Anteile am Konsortium hält die britische BAE Systems.[5]

Anfang 2001 halten DaimlerChrysler und SOGEADE jeweils 30,3 % der EADS-Anteile. SOGEADE ist eine französische Holdinggesellschaft, an der Désirade und SOGEPA jeweils mit 50 % der Anteile beteiligt sind. Désirade wiederum gehört zu 100 % der französischen Lagardère Group zusammen mit französischen Finanzinstitutionen und SOGEPA ist im alleinigen Besitz des französischen Staats. Weitere 5,5 %

---

3 AIC : Airbus Integrated Company.

4 Die deutschen Gründungsmitglieder wurden im Zeitablauf von der Daimler-Benz AG akquiriert und anschließend zur Deutschen Aerospace AG fusioniert. Die Deutsche Aerospace AG wird 1995 in Daimler-Benz Aerospace AG umbenannt. 1998 erfolgt eine erneute Umbenennung in DaimlerChrysler Aerospace AG.

5 BAE Systems (British Aerospace Electronic Systems) entstand 1999 durch die Fusion von British Aerospace und Marconi Electronic Systems.

der Anteile an EADS werden von SEPI gehalten, einer Holdinggesellschaft des spanischen Staats. Die restlichen 33,9 % der EADS-Anteile sind im Streubesitz, u. a bei EADS-Mitarbeitern. Innerhalb des Streubesitzes sind ca. 3 % der gesamten EADS-Anteile enthalten, die außerhalb der Vertragspartnerschaft direkt von DaimlerChrysler und dem französischen Staat gehalten werden.

Im März 2007 ist DaimlerChrysler nur noch mit 22,46 % an EADS beteiligt. SOGEADE besitzt zu diesem Zeitpunkt 29,95 % und SEPI 5,48 % der Anteile. 41,05 % der gesamten Anteile werden von Institutionen, Privatanlegern und Mitarbeitern sowie vom französischen Staat außerhalb der Vertragspartnerschaft direkt gehalten. Die restlichen Anteile (1,06 %) sind zurückgekaufte eigene Aktien.

3.3 Geschichte der A380

Anfang der 90er Jahre begannen Airbus, Boeing und McDonnel Douglas mit den Planungen für den Bau eines Großraumflugzeugs. McDonnel Douglas verwarf diese Idee 1993, da kein Partner für die defizitäre Zivilflugzeug-Division gefunden werden konnte. Boeing verhandelte, ebenso wie Airbus, mit Kooperationspartnern aus der Flugzeugbaubranche in Japan. Darüber hinaus suchte Boeing auch Gespräche mit den Airbus-Mitgliedern Deutsche Aerospace AG und British Aerospace. Auf diese Gespräche folgte die Initiierung von Machbarkeitsstudien. Boeing verlor jedoch bald das Interesse, in Zusammenarbeit mit den Europäern ein vollständig neues Flugzeug zu entwickeln. Die Hauptgründe für Boeings Rückzug waren die zu hohen Entwicklungskosten sowie die Einschätzung, dass im Markt für Großraumflugzeuge nur ein einziger Flugzeugtyp erfolgreich existieren könnte. Boeing entschied sich daher für eine Weiterentwicklung seiner 747-Produktpalette. Aus einer 1996 veröffentlichten Studie der Investmentbank Lehman Brothers geht hervor, dass Boeing 1995 über 75 % seines Gewinns mit der 747 erzielte. Zudem hatte Boeing mit der 747 eine Monopolstellung inne, die den Absatz anderer Flugzeugtypen im Paket mit der 747 erleichterte. Airbus hätte nach dieser Studie nur eine Wettbewerbschance, wenn ein noch größerer Flugzeugtyp als die 747-600 am Markt angeboten werden könnte. Im Airbus-Konsortium wurden ähnliche Überlegungen angestellt, die zu einer intensiven Beschäftigung mit der Idee eines eigenen Großraumflugzeugs führten. Um den Entwicklungsaufwand und das damit verbundene Risiko zu verringern, suchte Airbus weitere Partner. So gelang es, die belgische Belairbus und die niederländische Fokker Aviation für die Entwicklung eines Großraumflugzeugs mit dem Arbeitstitel A3XX zu gewinnen.

Am 23.06.2000 genehmigte der Aufsichtsrat von Airbus Industries die Freigabe für den kommerziellen Verkaufsstart („Authorization to Offer") der A3XX. Diese Genehmigung ermöglichte es, verbindliche Lieferverträge abzuschließen.

Ein halbes Jahr später, am 19.12.2000, beschließt der Aufsichtsrat den Produktionsbeginn der A3XX, die nun die Bezeichnung A380 erhält. Die A380 ist als doppelstöckiges Flugzeug konzipiert, das in fünf verschiedenen Passagiervarianten angeboten werden soll. Je nach Variante kann sie zwischen 481 und 656 Passagiere transportieren. Mit dieser Kapazität nimmt das Flugzeug weltweit den Spitzenplatz ein. Weiterhin ist geplant, die A380 aufgrund ihres großen Transportvolumens auch in einer Frachtversion anzubieten. Die Transportkapazität soll 150t betragen.

Die Entwicklungskosten beziffert Airbus zunächst auf 10,7 Mrd. $. Wir nehmen an, dass neben den Forschungs- und Entwicklungskosten jeweils 1 Mrd. $ an Investitionen in das Sachanlagevermögen und an Net Working Capital[6] benötigt werden. Weiterhin planen wir mit jährlichen Ersatzinvestitionen in Höhe von 100 Mio. $, beginnend mit dem Folgejahr der ersten Auslieferung der A380 an die Kunden.[7] Außerdem gehen wir davon aus, dass rund 30 % der Entwicklungskosten nach IAS 38 aktiviert werden, d. h. 70 % der Entwicklungskosten einer Periode werden unmittelbar erfolgswirksam erfasst. Die Abschreibung der aktivierten Entwicklungskosten erfolgt über die während der gesamten Projektlaufzeit voraussichtlich produzierte Anzahl von Flugzeugen:

$$\text{Abschreibung in t} = \frac{\text{Anzahl produzierter A380 in t}}{\text{geplante Gesamtproduktion}} \cdot \text{aktivierte Entwicklungskosten}$$

Zur Vereinfachung schreiben wir Sachanlagen linear über zehn Jahre ab. Wir nehmen an, dass das (materielle) Anlage- und Umlaufvermögen am Projektende zum Buchwert veräußert wird. Als Break-Even-Volumen werden bei einem Listenpreis von 220 Mio. $ 250 Flugzeuge genannt. Dieses Volumen soll nach 11 Jahren erreicht sein.[8] Die Auslieferung des ersten Flugzeugs ist in 2006 vorgesehen. Der Anteil der operativen Kosten an den (Brutto-) Umsatzerlösen schließen wir aus den Angaben von Airbus über die Höhe der Entwicklungskosten (10,7 Mrd. $), der Gewinnschwelle (250 verkaufte Flugzeuge) und dem Listenpreis (220 Mio. $):[9]

$$\text{Anteil der operativen Kosten am Umsatz} = 1 - \frac{\frac{\text{Entwicklungskosten}}{\text{Gewinnschwelle}}}{\text{Listenpreis}}$$

$$= 1 - \frac{\frac{10{,}7\text{ Mrd. \$}}{250}}{220\text{ Mio. \$}} = 80{,}5\%$$

Die Finanzierung der Entwicklungskosten erfolgt zum einen durch zinsgünstige Staatsdarlehen in Höhe von 2,5 Mrd. $.[10] Weitere 3,1 Mrd. $ werden von zehn verschiedenen Zulieferern übernommen, die Bauteile für die A380 entwickeln (F&E-Outsourcing). Man kann dieses Arrangement als eine „indirekte" Finanzierung interpretieren, bei der Zins- und Tilgungszahlungen in den später an die Zulieferer zu zahlenden Prei-

---

6 Der genannte Betrag für das Net Working Capital enthält nicht die erhaltenen Anzahlungen. Wir nehmen vereinfachend an, dass die Anzahlungen drei Jahre vor Lieferung fällig werden. Die Zahlung des Restbetrags erfolgt im Jahr der Auslieferung.

7 Vgl. zu diesen Annahmen auch Esty, B. (2001), S. 24.

8 Wir nehmen an, dass das von Airbus bekanntgegebene Break-Even-Volumen die Zahl an Flugzeugen bezeichnet, ab der die gesamten Entwicklungskosten in Höhe von 10,7 Mrd. $ durch die operativen Ertragsüberschüsse vor Abschreibungen (EBITDA) aus dem A380-Verkauf gedeckt werden, wenn man Rabatte für Erstkunden vereinfachend ausblendet.

9 Gemäß den Geschäftsberichten von EADS schwankt der Anteil der Umsatzkosten an den Umsatzerlösen im Zeitraum 2001 bis 2005 zwischen 80,32 % und 81,94 %. 2006 springt die Kostenquote auf 88,05 %. In der im Anhang zitierten Tri Star-Analyse werden bei einem Absatz von 300 Tri Star-Flugzeugen durchschnittliche Stückkosten von 12 Mio. $ geschätzt. Bei einem Stückabsatzpreis von 15 Mio. $ ergibt sich ebenfalls eine Kostenquote von 80,00 %.

10 Man könnte annehmen, dass die jährlichen Kreditziehungen proportional zu den jährlichen Entwicklungskosten erfolgen.

sen enthalten sind. Eine explizite Betrachtung dieser 3,1 Mrd. $ kann dann unterbleiben. Der Rest wird von den beiden Airbus-Anteilseignern EADS und BAE Systems eigenfinanziert. In einem bilateralen Abkommen zwischen den USA und der Europäischen Union aus dem Jahr 1992 wurde festgelegt, dass staatliche Unterstützungen innerhalb von 17 Jahren (ab der ersten Unterstützungszahlung) zurückgezahlt werden müssen. Die Höhe der insgesamt gewährten Subventionen darf nicht über 33 % der Entwicklungskosten hinausgehen.[11] Die jährliche Tilgung wird an die verkauften Stückzahlen gekoppelt. Wir nehmen an, dass nach 500 verkauften Flugzeugen der gesamte Bestand an staatlichen Darlehen getilgt ist. Der Darlehenszinssatz (zugleich risikoloser Zinssatz) beträgt 5 %. Auf dem Kapitalmarkt erhält die EADS ordentliche Ratings.[12] Für alternative Kreditfinanzierungen könnte man von einem Aufschlag auf den risikolosen Zinssatz i. H. v. 100 Basispunkten ausgehen.

Gemäß dem zum Projektstart Ende 2000 gültigen Airbus-Auslieferungsplan sollen im zweiten Quartal 2006 bis zu 14 A380 an Kunden übergeben werden. 2007 ist eine Auslieferungszahl von 35 Flugzeugen dieses Typs eingeplant und bereits 2008 soll die Produktion die auch für die Folgejahre geplante jährliche Stückzahl von 45 erreichen. Die Geschäftsleitung von Airbus Deutschland schätzt die Lebensdauer des Modells auf 25 bis 30 Jahre.

Die Co-Chief Executive Officers der EADS, Philippe Camus und Rainer Hertrich, prognostizieren zum Start der Produktion: „Mit den Technologien des 21. Jahrhunderts wird die A380 ein langfristiger Garant für Zehntausende von Arbeitsplätzen in Europa sein. Die zahlreichen Vorbestellungen zeigen, dass wir den Bedarf richtig beurteilt haben. Die A380 wird ein großer wirtschaftlicher Erfolg und die EADS in eine neue Dimension profitablen Wachstums führen."

3.4 Der Markt für Zivilflugzeuge

3.4.1 Erwartetes Marktvolumen

Bei der Schätzung der Nachfrage nach Großraumflugzeugen kommen Airbus und Boeing zu unterschiedlichen Ergebnissen. Die Prognosen, die jedes Jahr erstellt werden und sich über einen Zeitraum von zwanzig Jahren erstrecken, heißen bei Airbus Global Market Forecast (GMF) und bei Boeing Current Market Outlook (CMO).

Im Jahr 2000, dem Zeitpunkt des Beschlusses über den Produktionsbeginn der A380, gehen beide Firmen davon aus, dass der Luftverkehr in den nächsten 20 Jahren stark wachsen wird.[13] Airbus prognostiziert eine jährliche Wachstumsrate von 4,9 %, Boeing von 4,7 %. Zudem sprechen beide Unternehmen dem asiatisch-pazifischen Markt das größte Wachstumspotential zu.

---

11 Vgl. Rat der EU (1992).

12 Anfang 2007 stufte die Ratingagentur Standard & Poor´s die EADS als „A- mit negativen Ausblick„ ein.

13 Vgl. Airbus (2000) und Boeing (1999). Da uns der CMO 2000 von Boeing nicht vorliegt, greifen wir auf den CMO 1999 zurück.

Airbus schätzt im GMF 2000, dass innerhalb der nächsten 20 Jahre 15.364 neue Flugzeuge, davon 1.235 Passagier- und 315 Frachtflugzeuge im VLA-Segment,[14] abgesetzt werden können. Boeing hingegen kalkuliert im CMO 1999 mit 20.150 Flugzeugen. Von diesen Flugzeugen sollen 933 Maschinen in die Klasse „747 und größer" fallen (Tabelle 3-1 und Tabelle 3-2).

	70- & 85-seater regional jets	Mainline single-aisle	200/250-seaters	Larger twin-aisles	VLA	Freighters	Total
Total	692[a]	7.570	3.046	2.118	1.235	703	15.364

[a] Weitere Regionalflugzeuge werden von kleineren Fluggesellschaften benötigt, die nicht im GMF erfasst werden.

Tabelle 3-1: Auslieferungen von neuen Passagier- und Frachtflugzeugen gemäß GMF 2000

	Single-aisle and regional jets	Intermediate twin-aisle	747 and larger	Total
Africa	315	122	20	457
Asia-Pacific & Southwest Asia	2.393	1.564	551	4.508
Europe	4.563	1.244	208	6.015
Middle East	298	236	21	555
Latin America	1.166	216	4	1.386
North America	6.069	1.031	129	7.229
Total	14.804	4.413	933	20.150

Tabelle 3-2: Auslieferungen von neuen Passagier- und Frachtflugzeugen gemäß CMO 1999

In den neueren Prognosen, die den Zeitraum von 2006 bis 2025 umfassen,[15] wird weiterhin ein starkes Wachstum angenommen. Airbus prognostiziert für diesen Zeitraum eine jährliche Wachstumsrate von 4,8 %, Boeing von 4,9 %. Zudem sehen beide Unternehmen unverändert das größte Wachstumspotenzial im asiatisch-pazifischen Markt.

Gemäß dem in Tabelle 3-3 dargestellten GMF 2006 geht Airbus davon aus, dass zwischen 2006 und 2025 21.860 Passagierflugzeuge mit mindestens 100 Sitzplätzen ausgeliefert werden. Weiterhin rechnet Airbus mit einer Auslieferung von 3.580 Frachtflugzeugen, von denen aber nur 803 bereits ab Werk als Frachtflugzeuge konstruiert sind; die restlichen 2.777 entstehen durch den Umbau von Passagierflugzeugen. 1.665 von den insgesamt 22.663 neuen Passagier- und Frachtflugzeugen sollen in das VLA-

[14] Flugzeuge mit mehr als 400 Sitzplätzen oder mehr als 80 t Ladegewicht werden als VLA (Very Large Aircraft) bezeichnet.

[15] Vgl. Airbus (2006) und Boeing (2006).

Segment fallen. Hieraus kann abgeleitet werden, dass neben 1.263 Passagier- auch 402 Frachtflugzeuge in diesem Segment geschätzt werden.

	100 seater	125-210 seater	Small twin aisle	Intermediate twin aisle	VLA	Total
Africa	73	317	152	47	29	618
Asia-Pacific	173	3.759	1.367	735	708	6.742
CIS	46	387	65	43	7	548
Europe	625	3.407	885	358	292	5.567
Latin America & Caribbean	275	916	169	30	8	1.398
Middle East	42	305	339	138	116	940
North America	772	4.233	768	171	103	6.047
Total	2.006	13.324	3.745	1.522	1.263	21.860

Tabelle 3-3: Auslieferungen von neuen Passagierflugzeugen mit mindestens 100 Sitzplätzen gemäß GMF 2006

Nach dem CMO von Boeing sollen zwischen 2006 und 2025 – wie Tabelle 3-4 zeigt – insgesamt 27.210 Flugzeuge ausgeliefert werden; davon 9.490 Flugzeuge in Nordamerika. Für Flugzeuge in der Klasse „747 und größer“ prognostiziert Boeing einen weltweiten Absatz von 990 Maschinen; davon mehr als die Hälfte für den asiatisch-pazifischen Markt.

	Regional jets	Single aisle	Twin aisle	747 and larger	Total
Asia-Pacific	580	4.230	2.520	570	7.900
North America	2.040	5.880	1.410	160	9.490
Europe	450	4.530	1.460	160	6.600
Middle East	60	430	540	80	1.110
Latin America	260	1.220	190	10	1.680
Africa	60	250	110	10	430
Total	3.450	16.540	6.230	990	27.210

Tabelle 3-4: Auslieferungen von neuen Passagier- und Frachtflugzeugen gemäß CMO 2006

Vergleicht man die Entwicklung beider Prognosen über die Zeit, fällt der deutliche Anstieg der Gesamtstückzahlen von 1999 bzw. 2000 auf 2006 auf, wobei das VLA-Segment deutlich geringer wächst.

Weiterhin fällt auf, dass Airbus im VLA-Segment insgesamt mit 1.665 neuen Maschinen rechnet, Boeing hingegen nur mit 990. Wie kann es zu solch unterschiedlichen Prognosen kommen? Airbus geht davon aus, dass eine erhöhte Flugfrequenz oder Punkt-zu-Punkt-Verbindungen, also Direktverbindungen kleinerer Flughäfen, nur

Teillösungen zur Bewältigung der erhöhten Nachfrage sein können. Ballungszentren und deren Großflughäfen werden weiterhin den Großteil des erhöhten Verkehrsaufkommens meistern müssen. Da die Kapazitäten der Flughäfen begrenzt sind, seien größere Flugzeuge nötig. Boeing hingegen prognostiziert in den nächsten Jahren eine stärkere Entlastung der Großflughäfen, die als Drehkreuze genutzt werden, durch Direktverbindungen zwischen kleineren Flughäfen, die mit kleineren Flugzeugen als der 747 oder der A380 durchgeführt werden. Ein Großteil der 747 sei nur aufgrund der größeren Reichweite und nicht wegen der Kapazität verkauft worden. Deshalb sieht Boeing den Hauptwachstumsmarkt für Flugzeuge mit großer Reichweite, wie der Boeing 787 oder der Airbus A350, deren Kapazität unter der 747 liegen.

3.4.2 Modellpaletten von Airbus und Boeing

Die aktuell von Airbus und Boeing am Markt angebotenen Modelle können aus Tabelle 3-5 ersehen werden. Die (Passagier-) Kapazität der Airbusmodelle entspricht der typischen Kapazität, während die Boeingmodelle mit ihrer minimalen und maximalen Kapazität angegeben werden.

Die gesamten Auslieferungen und Bestellungen seit der Erstauslieferung – die Differenz zwischen Bestellungen und Auslieferungen ist der aktuelle Auftragsbestand – zeigen die Anhänge 1 (Airbus) und 2 (Boeing).

Airbus			Boeing		
Typ	Reichweite	Kapazität	Typ	Reichweite	Kapazität
A318	5.950	107	737-600	5.648	110-132
A319	6.800	124	737-700	5.940-10.200	126-149
A320	5.700	150	737-800	5.665	162-189
A321	5.600	185	737-900	5.925	180-215
A300	7.700	266	767-200	12.200	181-255
A310	9.600	220	767-300	11.065	218-350
A330-200	12.500	253	767-400	10.415	245-375
A330-300	10.500	295	777-200	9.695-17.500	301-440
A340-200	14.800	239	777-300	11.135-14.685	368-550
A340-300	13.700	295	787-3	4.650-5.650	290-330
A340-500	16.700	313	787-8	14.200-15.200	210-250
A340-600	14.600	380	787-9	14.800-15.750	250-290
A350-800	15.400	270	747-400	13.450-14.205	416-524
A350-900	15.000	314	747-8	14.815	467
A350-1.000	14.800	350			
A380	15.200	555			

Tabelle 3-5: Modellpalette von Airbus und Boeing

3.5 Die A380

3.5.1 Technische Aspekte

Die A380 bietet deutlich mehr Passagieren Platz als bisherige Modelle und weist zudem niedrigere Betriebskosten auf. Da im Flugzeugbau nach einer Daumenregel eine Verdopplung der Passagierzahl zu einer Vervierfachung des Flugzeuggewichts führt, gewichtssparende Materialien sind nötig. 3 % der Außenhaut der A380 sind aus glasfaserverstärkten Aluminium, kurz GLARE. Es handelt sich dabei um eine Werkstoffkombination, die abwechselnd aus Aluminium und Glasfaserschichten besteht und die speziell für die Anforderungen im Flugzeugbau entwickelt worden ist. GLARE ist leichter als Aluminium und resistenter gegenüber Korrosion. Ggf. auftretende Schäden können mit konventionellen Techniken aus der Aluminiumreparatur behoben werden. Zudem kommt Karbonfiber zum Einsatz. Der Anteil dieses Materials am Gesamtmaterial beträgt 22 %. Karbonfiber ist 60 % leichter als Stahl und erhöht zudem die Stabilität des Flugzeugs. Die A380 ist das erste Flugzeug dessen Tragflächenbefestigung aus Karbonfiber besteht. Der Anteil aller Karbonverbundstoffe wird auf insgesamt 40 % geschätzt. Um die Betriebskosten zu senken, ist neben einem geringen Gewicht auch der Einsatz treibstoffsparender Triebwerke notwendig. Die gewählten Trent 900-Triebwerke von Rolls-Royce sind die größten in einem Passagierflugzeug eingebauten Triebwerke und tragen dazu bei, dass der Pro-Kopf-Verbrauch an Kerosin bei voller Bestuhlung weniger als drei Liter auf 100 Kilometer beträgt.[16]

Des Weiteren enthält die A380 Technologien wie Integrated Modular Avionics (IMA), Network Systems Servers (NSS), Power-by-Wire Flight Controls und das 350 Bar Hydraulic System. Eine Avionik bezeichnet die Gesamtheit aller elektrischen und elektronischen Geräte in einem Fluggerät. Mit Hilfe der IMA, die der militärischen Luftfahrt entstammt, werden mehrere dieser Geräte in einem Modul zusammengefasst. Diese Art der Systemarchitektur reduziert die Anzahl an unterschiedlichen Geräten; dies erleichtert die Wartung und reduziert die Kosten. Der NSS ermöglicht ein papierfreies Cockpit. Auf dem Server lassen sich Materialien wie Karten, benötigtes Equipment oder das Logbuch des Flugzeugs vom Arbeitsplatz des Piloten elektronisch abrufen. Die Power-by-Wire Flight Controls ermöglichen den Weiterflug im elektronischen Modus, falls die Hydraulik ausfällt. Unter dem 350 Bar Hydraulic System ist ein hydraulisches System zu verstehen, das mit einem überdurchschnittlich hohen Druck arbeitet. Dies ermöglicht die Verkleinerung von Steuerungselementen, Leitungen und anderen Elementen und verringert so das Flugzeuggewicht.

3.5.2 Airbus A380 vs. Boeing 747

Boeing hat mit der 747 im VLA-Markt seit 1969 eine Monopolstellung. Diese versucht Airbus mit Einführung der A380 zu brechen. Es liegt daher nahe, die Eigenschaften beider Flugzeugmodelle zu vergleichen. Tabelle 3-6 enthält die entsprechenden Daten.

Die A380 bietet in einer Drei-Klassen-Konfiguration Platz für bis zu 555 Passagiere, in einer Ein-Klassen Konfiguration sogar für 840 Passagiere. Die 747-400ER, die neueste

[16] A380-Kunden können alternativ zu den Trent 900-Triebwerken auch die GP7200-Triebwerke der Engine Alliance, einem Joint Venture von General Electric und Pratt & Whitney, wählen.

im Flugbetrieb befindliche 747-Variante, bietet dagegen in der Drei-Klassen-Konfiguration Platz für nur 416 Passagiere und kann maximal 568 Passagiere transportieren.

Der Kapazitätsunterschied wirkt sich u. a. im maximal zulässigen Startgewicht aus, das bei der A380 mit 560t deutlich über dem der 747 mit 413t liegt. Trotz des höheren Gewichts hat die A380 eine größere Reichweite als die 747. Die Kapazität (3 Klassen) der A380 ist über 33 % größer als jene der 747, aber die Betriebskosten sind nur 12 % höher als die der 747. Daraus lässt sich ableiten, dass die A380 bei hochgerechnet gleichen Betriebskosten über rund 19 % mehr Kapazität als die 747 verfügt. Der Verbrauch von weniger Treibstoff pro Sitz mindert die Emission umweltschädlicher Stoffe, weshalb die A380 aus ökologischer Sicht Vorzüge hat. Die Gewinnschwelle pro Flug soll bei 232 Passagieren liegen, die der 747 bei 290. Dies entspricht – ausgehend von der üblichen Drei-Klassen-Bestuhlung – einer Auslastung von 42 % bei der A380 und von 70 % bei der 747. Die A380 deckt daher lt. Airbusangaben auf der einen Seite schon bei geringerer Auslastung die Kosten, während auf der anderen Seite bei voller Auslastung deutlich mehr Gewinn erwirtschaftet werden könnte als bei der 747.

	A380	747-400ER	747-8
Passagiere (3 Klassen)	555	416	467
Passagiere maximal	840	568	Nicht bekannt
Maximales Startgewicht	560t	413t	440t
Reisegeschwindigkeit	0,89 Mach	0,855 Mach	0,855 Mach
Reichweite	15.200 km	14.205 km	14.815 km
Spannweite	79,8 m	64,4 m	68,5 m
Länge	73 m	70,6 m	76,4 m
Höhe	24,1 m	19,4 m	19,5 m
Kabinenbreite	Main deck: 6,85 m Upper deck: 5,92 m	6,1 m	6,1 m
Listenpreis	319,2 Mio. $	260 Mio. $	300 Mio. $

Tabelle 3-6: A380 vs 747

Aufgrund ihres deutlich größeren Innenraums soll die A380 neben den ökonomischen Vorteilen auch einen höheren Komfort bieten können durch z. B. große Sitzabstände, leise Triebwerke und Unterhaltungseinrichtungen wie Fitnessräume oder Lounges.

Flughäfen haben nur begrenzte Start- und Landekapazitäten. Prognosen gehen von steigenden Passagiervolumen aus. Die A380 kann mehr Passagiere befördern als die 747 und ist aus diesem Grund aus der Sicht eines Flughafenbetreibers attraktiv. Um aber ein so großes Flugzeug zügig be- und entladen zu können, bedarf es doppelstöckiger Gangways, von denen es derzeit erst wenige gibt. Da die 747 keine doppelstöckigen Gangways voraussetzt, ist dies ein Argument für das Boeingmodell.

Die A380 hat also einige attraktive Eigenschaften. Mit der Entwicklung der 747-8, deren offizieller Projektstart am 14.11.2005 erfolgte, versucht Boeing auf die Einführung der A380 zu reagieren. Durch die erhöhte Zahl an Passagieren soll vor allem die Effizienz erhöht werden, um gegenüber der A380 konkurrenzfähig zu bleiben. Dass aber auch die geplante Kapazität der 747-8 nicht annähernd an die der A380 heranreicht, kann mit Boeing's verhaltenerer Einschätzung der Nachfrage nach Flugzeugen dieser Größenordnung begründet werden.

3.5.3 Vorbestellungen

Bereits im Juli 2000 bei der jährlich in England stattfindenden Farnborough Air Show gab die Emirates Airlines als erster Kunde eine Vorbestellung auf. Namhafte Airlines wie z. B. Singapore Airlines, Qantas, Air France, Virgin Atlantic sowie die US-Leasinggesellschaft ILFC folgten. Zum Zeitpunkt des Beschlusses über den Produktionsbeginn im Dezember 2000 liegen bereits 50 Vorbestellungen von sechs Airlines vor. Weitere Fluggesellschaften wie die Deutsche Lufthansa prüfen zu dieser Zeit noch eine Bestellung.

Mit dem Logistikkonzern FedEx gewinnt Airbus am 16.01.2001 den ersten Kunden aus den USA und den ersten Käufer der Frachterversion. Der Auftrag umfasst zehn Maschinen. Der geschätzte Gesamtlistenpreis liegt bei 2,3 Mrd. $. Branchenüblich erhalten Erstkunden, sowohl bei Fracht- als auch bei Passagiermaschinen, aber erhebliche Rabatte, die bei rund 25 %, teilweise auch bei bis zu 50 % liegen. Man könnte davon ausgehen, dass die Erstkundenrabatte mindestens auf die Flugzeuge gewährt werden, die innerhalb der ersten vier Jahre ab Auslieferungsbeginn an die Kunden übergeben werden. In den Jahren 2008 bis 2010 soll FedEX je drei Maschinen erhalten. Die Lieferung der zehnten Maschine soll 2011 erfolgen. FedEx sieht die Vorteile der Frachtversion der A380 vor allem in seiner Größe. Denn so sei es möglich, statt auf bestimmten Langstrecken täglich mehrere MD-11 einzusetzen, die entsprechenden Transporte zu bündeln und durch Einsatz einer A380 billiger abzuwickeln. FedEx erwartet ungefähr 20 % geringere „Tonne je Meile“-Kosten. Mit dem Großauftrag will sich FedEx auf das kommende Wachstum im Frachtmarkt vorbereiten. Branchenexperten erwarten für den internationalen Luftfrachtmarkt ein jährliches Wachstum von 7 % über die nächsten 20 Jahre.
Ende 2001 liegen Airbus insgesamt 85 Festbestellungen und 12 Kaufabsichtserklärungen vor. Am 23.01.2002 beginnt die Produktion der Airbus A380 in Nantes. Im selben Jahr erhöht sich die Anzahl an Festbestellungen auf 95 Flugzeuge, verteilt auf 10 Kunden. Bis zum Jahresende 2003 wächst die Zahl der Festaufträge durch Bestellungen namhafter Fluggesellschaften auf 129 an. Die Anzahl der Bestellungen steigt 2004 schließlich auf 139 Maschinen. Am 18.01.2005 wird die A380 in Toulouse unter großem Medieninteresse der Öffentlichkeit präsentiert und startet am 27.04.2005 zu ihrem Jungfernflug. Bis Ende des Jahres 2005 liegen 159 Bestellungen vor, darunter 17 in der Frachterversion.

Am 10.03.2006 absolviert die A380 im Rahmen ihrer Testflüge die 1000. Flugstunde. Kurze Zeit später, am 26.03.2006, gelingt ein von der Europäischen Agentur für Flugsicherheit und der US-Luftfahrtbehörde Federal Aviation Administration im Rahmen der Zulassungsprüfung geforderter Evakuierungstest. Unberührt von den Schwierigkeiten bei der Fertigung (siehe Kapitel 3.6.2) schließt die A 380 im November 2006 eine Reihe von Testflügen ab und erhält im Dezember 2006 die Zulassung für Europa und die USA. Trotz der erhaltenen Zulassungen führen Verzögerungen aufgrund von Fertigungsschwierigkeiten dazu, dass der US-Logistikkonzern Fedex seinen Auftrag storniert und stattdessen fünfzehn Boeing 777 bestellt. Die US-Leasinggesellschaft ILFC wandelt die fünf Bestellungen der Frachtversion in Bestellungen der Passagierversion um. Am 02.03.2007 storniert mit UPS schließlich der letzte Interessent seine Bestellung der Frachtversion, nachdem kurz vorher Airbus bekanntgegeben hat, alle Arbeiten am Bau und der Entwicklung der Frachtvariante auf unbestimmte Zeit ruhen zu lassen, um die freiwerdenden Kapazitäten für die Passagierversion nutzen zu können. Nachdem trotz der Verzögerungen weitere Bestellungen für die Passagierversion eingehen, deren Listenpreis mittlerweile 319,2 Millionen $ beträgt,[17] umfasst der Auftragsbestand zum 31.05.2007 160 Bestellungen von 14 Kunden (Abbildung 3-2).

Der weitere Markterfolg der A380 hängt vor allem davon ab, in welchem Umfang die Großflughäfen zukünftig im internationalen Luftverkehr die Funktion als Drehscheibe übernehmen werden. Weiterhin ist für den Projekterfolg entscheidend, ob sich die versprochenen Betriebskostenersparnisse der A380 realisieren lassen und vor allem ob sich Fluggesellschaften, die ihre 747-Flotten in den nächsten Jahren erneuern müssen, nicht zuletzt aufgrund dieser Ersparnisse für die A380 entscheiden.

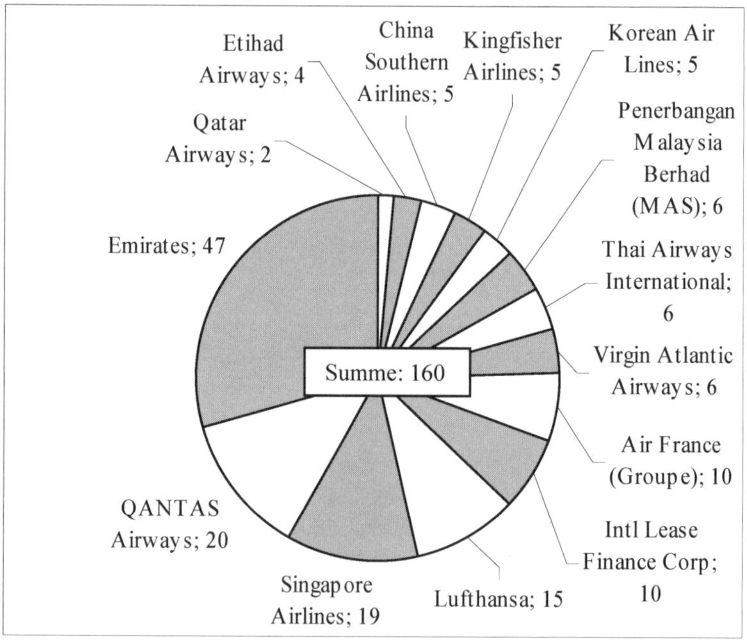

Abbildung 3-2: A380-Bestellungen (Stand Ende Mai 2007)

[17] Für die Jahre 2004 und 2005 gehen wir von einem Listenpreis i. H. v. 280 Mio. $ aus. Im Jahr 2006 unterstellen wir in unserem Kalkül einen Listenpreis von 300 Mio. $.

3.6 Produktionsplanung

3.6.1 Ursprüngliche Planung

Die Fertigung der A380 ist auf 16 Produktionsstätten in vier europäischen Ländern verteilt. Die Aufteilung der Produktion auf viele Standorte erfordert einen hohen logistischen Aufwand. Der komplexe Logistikprozess beginnt mit dem Lufttransport der Rumpfheckspitzen vom spanischen Getafe nach Hamburg, wo Airbus die Bug- und Rumpfsektion fertigt. Diese werden mit dem eigens dafür angefertigten Schiff „Ville de Bordeaux" zunächst nach Mostyn (Großbritannien) transportiert. Nach Zuladung der aus Broughton stammenden und per Flusskahn transportierten Tragflächen, steuert das Schiff Saint Nazaire an. In dieser französischen Stadt produziert Airbus die Rumpfmittelsektion und montiert das Cockpit. Diese Bauteile werden auch auf das Schiff verladen, das anschließend Kurs auf Bordeaux nimmt. Mit dem aus Spanien stammenden Höhenleitwerk und der Rumpfverkleidung, die Airbus ebenfalls nach Bordeaux verschifft, erfolgt anschließend der Weitertransport über den Fluss Garonne bis zum Hafen Langon. Per LKW-Schwertransport werden die Teile von dort aus nach Toulouse gefahren, dem Ort der Endmontage.

Aus Deutschland kommen neben der Bug- und Rumpfsektion auch das Seitenleitwerk (Stade), das von Hamburg nach Toulouse über den Luftweg transportiert wird, sowie die GLARE-Bauteile der Außenhaut (Nordenham) und die Landeklappen (Bremen). In Spanien werden neben dem Höhenleitwerk auch die Karbonfiberteile des Rumpfs (Illescas) und die Seitenruder (Puerto Real) gefertigt. Die Produktion der Cockpitsektion erfolgt im französischen Nantes, die Herstellung weiterer Bauteile für Rumpf und Cockpit in Meaulte. Die Fertigung der Flugsteuerung findet in Toulouse statt. Nach der Endmontage steht der Erstflug nach Hamburg an, wo die Lackierung und die Inneneinrichtung durchgeführt werden. Teile der Inneneinrichtung werden u. a. in den deutschen Airbuswerken Buxtehude und Laupheim produziert. Die Auslieferung an den Kunden ist sowohl in Hamburg als auch in Toulouse vorgesehen. In Tabelle 3-7 sind nochmals alle Fertigungsstätten und die dort produzierten Teile aufgeführt. Eine grafische Darstellung der Transportwege bietet Abbildung 3-3.

Ort	Teile
Hamburg	Rumpf- und Bugsektion, Lackierung, Innenausstattung
Stade	Seitenleitwerk
Bremen	Landeklappen
Nordenham	GLARE-Bauteile
Varel	Diverse Komponenten
Laupheim	Inneneinrichtung
Buxtehude	Inneneinrichtung
Broughton	Tragflächen
Filton	Tragflächen
Meaulte	Bauteile von Rumpf und Cockpit
Toulouse	Flugsteuerung, Endmontage
Saint Nazaire	Rumpfmittelsektion, Cockpit
Nantes	Cockpitsektion
Puerto Real	Rumpfverkleidung, Seitenruder, Höhenleitwerk
Getafe	Höhenleitwerk, Rumpfheck
Illescas	Karbonfiber-Rumpf

Tabelle 3-7: Produktionsstätten

Bei der Fertigung der A380 geht Airbus neue Wege. So werden die Rumpfversteifungen nicht mehr genietet, sondern mit einem Laser geschweißt. Die Umstellung auf die Laserschweißtechnik führt zu einem geringeren Flugzeuggewicht und zu niedrigeren Wartungskosten. Probleme bei der Fertigung bereiten die Bauteile, die für einen Lufttransport zwischen den europäischen Werken zu groß sind. Airbus muss diese Bauteile – wie eben beschrieben – größtenteils auf Schiffen transportieren. Boeing hingegen transportiert die Bauteile seiner Modelle per Lufttransport, wodurch neben einer Zeitersparnis auch Kostensenkungen von bis zu 40 % erzielt werden sollen. Um den Lagerbestand zu senken und eine geringere Kapitalbindung zu erreichen, will Airbus die Produktionszeit für alle ihrer Modelle um ein Drittel senken. Insbesondere die Produktionszeit in der Endlinie, d. h. von der Flügelmontage bis zur Auslieferung, soll reduziert werden.

Da in Europa produziert wird, fallen rund 50 % der Ausgaben in Euro an. Die Einnahmen erzielt Airbus aber – wie in der Luftfahrtindustrie üblich – in US-Dollar. Ein schwacher US-Dollar schadet Airbus. Deshalb schließt die EADS Währungssicherungskontrakte ab. Der von der EADS nicht durch Finanzinstrumente abgesicherte US-Dollar-Umsatz (rund 30 %) unterliegt Wechselkursschwankungen. Tabelle 3-8 zeigt die Entwicklung der Wechselkurse von 2000 bis 2006.

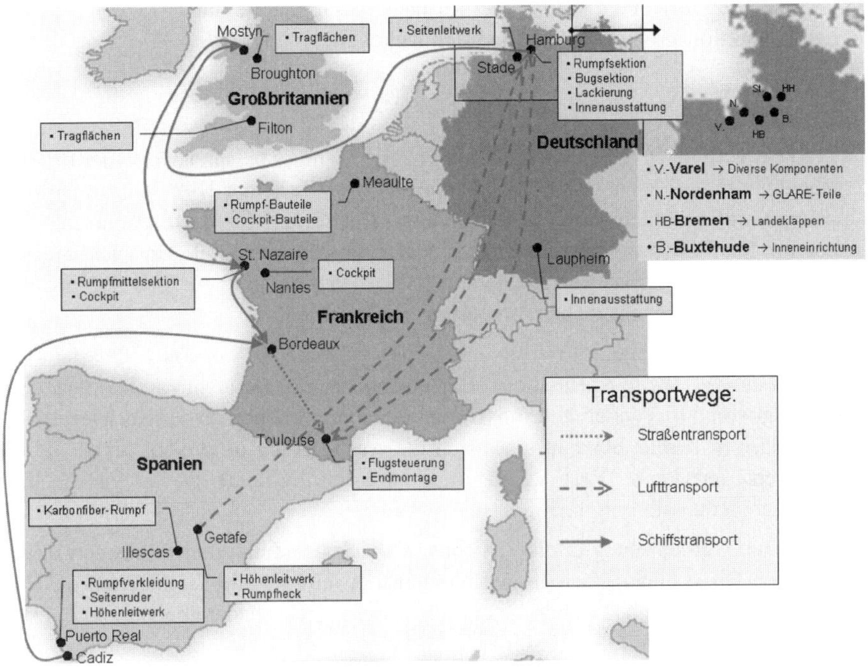

Abbildung 3-3: Transportwege

	2000	2001	2002	2003	2004	2005	2006
Euro/US-Dollar-Wechselkurs in Preisnotierung	1,06202	1,12892	0,95411	0,79669	0,73314	0,84441	0,75798

Tabelle 3-8: Stichtagswechselkurse zum Jahresende

Um die Präsenz in den jeweiligen Regionen zu erhöhen und zugleich die Abhängigkeit vom Euro zu senken, plant der Airbus-Mutterkonzern EADS eine Erweiterung der industriellen Produktion in sechs Ländern außerhalb Europas. Eine ähnliche Strategie verfolgt Boeing. So soll ein Drittel der geplanten 787, auch „Dreamliner" genannt, aus in Japan gefertigten Komponenten stammen. Bei der A380 hingegen werden bisher nur 5 % der Bauteile von japanischen Unternehmen gefertigt. Eine Präsenz im asiatisch-pazifischen Raum wird als wichtig angesehen, da gemäß Prognosen diese Region bis 2025 zum größten Absatzmarkt für Zivilflugzeuge mit einem Weltmarktanteil von rund 35,8 % wird. Zugleich wird der Produktionsprozess aber weiter zersplittert.

Zudem plant Airbus Produktionsprozesse auf Zulieferbetriebe auszulagern. Einerseits soll dadurch der Eigenfertigungsanteil von derzeit 40 % auf mittelfristig 30 % reduziert werden, womit sich die eigenen Risiken bei der Neuentwicklung verringern; auch Boeing hat den Eigenfertigungsanteil bei der 787 auf ein Drittel gesenkt. Andererseits will Airbus die Zulieferer als Türöffner für neue Absatzmärkte nutzen. Die Komplexität des Produktionsprozesses steigt dadurch weiter an.

3.6.2 Weitere Entwicklung

Das Projekt verläuft in der Folge nicht planmäßig. So muss beispielsweise der Produktionsbeginn um drei Monate verschoben werden, weil Teile der Klimaanlage nicht im Flugzeugrumpf untergebracht werden können. Der Grund für diese Panne ist, dass Ingenieure im 3-D-Computerprogramm CATIA, das eine parallele Entwicklung von Flugzeugkomponenten an verschiedenen Standorten ermöglichen soll, den entsprechenden Platzbedarf nicht rechtzeitig berücksichtigt haben.

Der für Ende 2004 geplante Erstflug der A380 wird zunächst auf das 1. Quartal 2005 und später auf die zweite Aprilhälfte 2005 verschoben. Das Gewicht einer unbeladenen A380 steigt von 540 Tonnen auf 565 Tonnen; dadurch erhöht sich der Spritverbrauch. Mitte 2005 gibt Airbus bekannt, dass sich die Auslieferung um bis zu sechs weitere Monate verzögern kann. Diese Verzögerung ist durch Probleme mit der Verkabelung und der Kabinenausstattung bedingt.

Einen weiteren Rückschlag erleidet Airbus, als sich bei Zulassungsprüfungen in den Tragflächen Risse bilden. Gemäß den Vorschriften müssen die Tragflächen das 1,5-fache der im Flugbetrieb üblichen Maximalbelastung unbeschadet überstehen. Bei vorausgegangenen Tests hat die A380 das 1,45-fache dieser Belastung problemlos standgehalten, weshalb Airbus optimistisch ist, die noch notwendigen Verbesserungen ohne Lieferverzögerungen durchführen zu können. Dennoch meldet Airbus Mitte 2006 eine weitere Verzögerung des Auslieferungstermins um bis zu sieben Monate. Lediglich die Auslieferung der ersten Maschinen an Singapore Airlines zum Jahresende könnten erfüllt werden. 2007 könnten 9 und 2008 bis zu 30 Stück ausgeliefert werden. 2009 wird mit 40 ausgelieferten Flugzeugen gerechnet. Als Grund für diese Verzögerung werden insbesondere Probleme mit der komplexen Bordelektronik genannt. Die Montage hat bis dahin noch keine Serienreife erlangt. Emirates, der größte A380-Kunde, kündigt daraufhin offiziell Schadensersatzansprüche gegenüber Airbus an. Auch andere Fluggesellschaften wie Singapore Airlines denken über diese Option nach. Eine Abbestellung ist für die Airlines hingegen nicht unproblematisch. So würde beispielsweise Thai Airways 97 Mio. $ an Anzahlungen verlieren, wenn die Airline ihren Auftrag über sechs A380 stornieren würde. Demzufolge gehen wir von einer prozentualen Höhe der Anzahlungen vom Nettoumsatz von 11,3 % aus:

$$\text{Prozentuale Höhe der Anzahlungen} = \frac{\text{Anzahlung pro A380}}{\text{Listenpreis} \cdot (\text{1-Rabattsatz})} = \frac{97/6}{220 \cdot (1\text{-}0{,}35)} = 11{,}3\%$$

Aufgrund der Entwicklungsprobleme treten Noël Forgeard, der mittlerweile den Posten des Co-Chefs von EADS übernommen hat, und Gustav Humbert, sein deutscher Nachfolger bei Airbus, zurück. Forgeard (und anderen) wird zudem vorgeworfen, bereits im März 2006 von den Produktionsschwierigkeiten bei der A380 Kenntnis gehabt und diese Informationen für Insidergeschäfte genutzt zu haben. Mit diesen Transaktionen hätten Forgeard und seine Familie rund 2,5 Mio. € verdient. Neuer Airbus-Chef wird der branchenfremde Franzose Christian Streiff, der zuletzt als stellvertretender Vorstandsvorsitzender des multinationalen Glas- und Baustoffherstellers Saint-Gobain tätig war. Streiff ersetzt den bisherigen A380-Projektchef Charles Champion durch Mario Heinen, der als Experte auf dem Gebiet der Serienfertigung gilt. Neben personellen Konsequenzen werden auch organisatorische Veränderungen angestrebt. Statt der bisherigen organisatorischen Trennung einzelner Arbeitsschritte sollen nun integrierte Teams zum Einsatz kommen. Zudem stehen ab sofort fast alle A380-Aktivitäten in Deutschland unter der einheitlichen Leitung von Rüdiger Fuchs.

Trotz dieser Maßnahmen muss Airbus am 21.09.2006 eine weitere Verzögerung der Auslieferung eingestehen, da „anhaltende Schwierigkeiten bei der Industrialisierung der Verkabelung der Serienflugzeuge identifiziert worden“ sind. Aus diesem Grund werden 2007 voraussichtlich nur eine A380 und 2008 13 Flugzeuge dieses Typs ausgeliefert. Bis 2010 ist eine Anhebung der jährlichen Produktion auf 45 Stück geplant.

Nach einer nur dreimonatigen Amtszeit reicht Christian Streiff nach internen Differenzen im EADS-Verwaltungsrat seinen Rücktritt ein. Seinen Posten übernimmt Louis Gallois, der zugleich auch den Co-Vorsitz des Mutterkonzerns EADS innehat.

Durch die Produktionsverzögerungen, die zum Anstieg der Entwicklungskosten auf 16 Mrd. $ und der Gewinnschwelle (von zuvor 250) auf 420 A380-Flugzeuge beigetragen haben,[18] sieht sich Airbus gezwungen, zunächst 1.000 Leiharbeiterstellen nicht zu verlängern. Des Weiteren will Airbus weltweit rund 10.000 Arbeitsplätze in der Verwaltung abbauen, die Zahl der Zulieferer von rund 3.000 auf 500 reduzieren und den Anteil der in Niedriglohnländern beschafften Komponenten um 50 % erhöhen.

Tabelle 3-9 zeigt die tatsächliche Entwicklung der in Anspruch genommenen subventionierten Kredite von 2001 bis heute.[19]

Jahr	2001	2002	2003	2004	2005	2006	2007
Kredit-bestand in Mrd. €	0,55	1,1	2,2	2,5	2,8	3,3	3,6

Tabelle 3-9: Gesamtbeträge der von europäischen Regierungen erhaltenen rückzahlbaren Zuschüsse

Der Verkauf der von der BAE Systems gehaltenen Airbus-Anteile im Oktober 2006 an die EADS ermöglicht der EADS eine stärkere Integration des Flugzeugherstellers in den Mutterkonzern. Die Integration soll einen besseren Informationsfluss und eine effektivere Kontrolle ermöglichen.

18 Wir nehmen an, dass die Investitionen in Sachanlagevermögen und in Net Working Capital sich gegenüber der ursprünglichen Planung (Projektstart Ende 2000) nicht verändert haben.

19 Die Werte für 2001 und 2007 haben wir geschätzt.

3.7 Fragen

1. War die Entscheidung für den Start des A380-Projekts, die Ende 2000 getroffen wurde, im Interesse der Eigentümer? Stellen Sie die Abhängigkeit Ihres Ergebnisses von Absatzmenge und Anteil der operativen Kosten an den Umsatzerlösen dar! Gehen Sie von einem Betawert bei Eigenfinanzierung i. H. v. 0,84,[20] einem französischen Unternehmensteuersatz von 37,8 % und einer Inflationsrate von 2 % aus.
2. Wäre die Entscheidung für den Start des A380-Projekts, die Ende 2000 getroffen wurde, im Interesse der Eigentümer, wenn die später eingetretenen Änderungen von der ursprünglichen Planung ex ante bekannt gewesen wären?[21]
3. Ist die Anfang 2007 (zumindest implizit) getroffene Entscheidung für die Fortführung des A380-Projekts im Interesse der Eigentümer?

3.8 Anhang

Anhang 1: Bestellungen und Auslieferungen der Airbusmodelle

	Erstauslieferung	Bestellungen	Auslieferungen
Gesamt		7.285	4.755
A318	2003	100	42
A319	1996	1.517	978
A320	1988	2.818	1.714
A321	1994	652	389
A300	1974	561	558
A310	1983	260	255
A330-200	1994	408	261
A330-200F	1994	18	0
A330-300	1998	281	214
A340-200/300	1993	252	242
A340-500	2003	32	26
A340-600	2002	122	76
A350-800	2013	71	0
A350-900	2013	33	0
A380	2007	160	0

Tabelle 3-10: Bestellungen und Auslieferungen der Airbusmodelle

[20] Esty, B. (2004), S. 8.
[21] Bei der Beantwortung der 2. und 3. Frage berücksichtigen wir das im Zeitablauf gesunkene Zinsniveau d. h. wir unterstellen einen risikolosen Zinssatz von 4 % (statt 5 %).

Anhang 2: Bestellungen und Auslieferungen der Boeingmodelle

	Erstauslieferung	Bestellungen	Auslieferungen
Gesamt		6.895	4.214
737-600	1998	69	69
737-700	1998	1.367	951
737-800	1998	2.208	1.205
737-900	2001	224	54
767-200	1984	121	119
767-300	1988	620	564
767-400	2000	38	37
777-200	1995	565	485
777-300	1998	326	149
777F	2008	72	0
787-3	2008	43	0
787-8	2008	426	0
787-9	2008	115	0
747-400	1989	614	581
747-8	2009	87	0

Tabelle 3-11: Bestellungen und Auslieferungen der Boeingmodelle

Anhang 3: Entwicklung der französischen Unternehmensteuersätze

Jahr	2001	2002	2003	2004	2005	2006
Steuersatz	36,4%	35,4%	35,4%	35,4%	34,9%	34,4%

Tabelle 3-12: Entwicklung der französischen Unternehmensteuersätze (einschließlich der Zuschläge)

3.9 Literatur

Airbus (2000): Global Market Forecast 2000-2019.

Airbus (2006): Global Market Forecast 2006-2025.

Boeing (1999): Current Market Outlook 1999-2018.

Boeing (2006): Current Market Outlook 2006-2025.

Edleson, M. E. (1993): Investment Analysis and Lockheed Tri Star, Case Study Harvard Business School, Boston 1993.

Esty, B. (2001): Airbus A3XX: Developing the World's Largest Commercial Jet (A&B), Case Study Harvard Business School, Boston 2001.

Esty, B. (2004): Airbus A3XX: Developing the World's Largest Commercial Jet (A), Case Study Harvard Business School, Boston 2004.

Rat der EU (1992): Abkommen zwischen der Europäischen Wirtschaftsgemeinschaft und der Regierung der Vereinigten Staaten von Amerika über die Anwendung des GATT-Übereinkommens über den Handel mit Zivilluftfahrzeugen auf den Handel mit Großraum-Zivilflugzeugen. In: Amtsblatt der EU Nr. L301 vom 17.10.1992, Brüssel.

Reinhardt, U. E. (1973): Break-Even Analysis for Lockheed's Tri Star: An Application of Financial Theory. In: Journal of Finance, Vol. 28, S. 821-838.

Sowie zahlreiche Artikel aus Zeitungen sowie Geschäfts- und Analystenberichte.

4. Airbus A380 – Lösungsvorschlag

4.1 Die Entscheidung für den Projektstart

Die Antwort auf die Frage, ob die Entscheidung für das A380-Projekt im Jahr 2000 im Interesse der Eigentümer war, liefert der Nettokapitalwert. Im ersten Schritt berechnen wir den Nettokapitalwert bei unterstellter Eigenfinanzierung. Anschließend untersuchen wir, wie sich die zinsgünstigen staatlichen Darlehen auf den Wertbeitrag des Projekts auswirken. Innerhalb dieses zweiten Schritts differenzieren wir zwischen der steuerlichen Abzugsfähigkeit der Fremdkapitalzinsen (Tax Shield) und dem Zinsvorteil der staatlichen Darlehen. Zur Anwendung kommt also ein um diesen „Subventionswertbeitrag" erweiterter APV-Ansatz.

In Tabelle 4-1 entwickeln wir die Cashflows bei Eigenfinanzierung für die Jahre 2001 bis 2030. Startpunkt der Prognose sind die Umsatzerlöse. Diese ergeben sich durch Multiplikation der Anzahl der verkauften Flugzeuge mit dem Listenpreis zum Zeitpunkt der Bestellung. Es ist zu beachten, dass Airbus ab 2008 jährlich 45 A380 produzieren will. Da in den Jahren 2006 und 2007 die Produktion erst anläuft, werden in diesen Jahren nur 14 bzw. 35 A380 ausgeliefert. Insgesamt gehen wir von 1.084 verkauften A380 bis zum Jahr 2030 aus. Der in der ursprünglichen Airbusplanung genannte Listenpreis beträgt – ohne Berücksichtigung der jährlichen Preissteigerungen – 220 Mio. \$. Bei einem Umrechnungskurs (Stichtag: 31.12.2000) von 1,06202 € je \$ ergibt sich demzufolge ein Listenpreis von rund 234 Mio. €. Inflationsbedingt steige der Listenpreis jährlich um 2 %.[1]

Nach Abzug von Erstkundenrabatten erhalten wir die Nettoumsatzerlöse. Wir nehmen an, dass die Rabatte 35 % des Listenpreises betragen und für Bestellungen bis einschließlich 2009 gewährt werden.

Die Lieferanten übernehmen 3,1 Mrd. \$ der ursprünglich veranschlagten Forschungs- und Entwicklungskosten i. H. v. 10,7 Mrd. \$. Von den restlichen 7,6 Mrd. \$ sind gemäß unserer Annahme 70 %, d. h. 5,32 Mrd. \$ bzw. 5,65 Mrd. €, sofort als Aufwand zu berücksichtigen. Weiterhin ist zu beachten, dass Forschungs- und Entwicklungskosten von 2001 bis einschließlich 2006 anfallen. Da die Entwicklung in 2001 erst beginnt und im 2. Halbjahr 2006 bereits die ersten A380 ausgeliefert werden sollen, nehmen wir für diese beiden Jahre – im Gegensatz zu den Jahren 2002 bis 2005 – hälftige Forschungs- und Entwicklungskosten an.

Die nach IAS 38 aktivierten Forschungs- und Entwicklungskosten sowie die Investitionen in das Sachanlagevermögen sind abzuschreiben. Die Berechnung der Abschreibungen erfordert die Aufstellung eines detaillierten Abschreibungsplans. Die Abschreibung der aktivierten Entwicklungskosten folgt der jährlichen Produktionsmenge. Sachanlagen schreiben wir vereinfacht über zehn Jahre linear ab. In der letzten

---

[1] Bruttoumsatzerlös im Jahr 2006: 220 Mio. $\$ \cdot 1{,}02^3 \cdot 1{,}06202$ je $\$ \cdot 14 = 3.471$ Mio. .

Periode des Projekts werden die materiellen Vermögenswerte im Anlage- und Umlaufvermögen lt. Angabe zum Buchwert veräußert. Die buchhalterische Abbildung dieses Vorgangs erfolgt über die Bruttomethode, d. h. es wird ein außerordentlicher Ertrag in Höhe des Buchwerts und eine außerordentliche Abschreibung in gleicher Höhe verbucht.

Zur Berechnung der Unternehmensteuerlast bei fiktiver Eigenfinanzierung verwenden wir den im Bewertungsjahr 2000 gültigen französischen Unternehmensteuersatz (einschließlich der Zuschläge) in Höhe von 37,8 %.[2] Diese Vorgehensweise stellt eine Vereinfachung dar, da Airbus international tätig ist und insbesondere in einigen anderen europäischen Staaten produziert. Die Vernachlässigung der Einkommensteuer und die Annahme einer Negativsteuer sind weitere Vereinfachungen.

Um von den EBIAT (Earnings Before Interest After Taxes) auf den Cashflow bei fiktiver Eigenfinanzierung überleiten zu können, müssen die gesamten Abschreibungen, da sie nicht zahlungswirksam sind, wieder hinzugerechnet werden. Investitionsauszahlungen und Veränderungen des Net Working Capital sind abzuziehen.

Im Anschluss diskontieren wir die Cashflows auf den Bewertungszeitpunkt. Die Berechnung des Diskontierungssatzes basiert auf dem CAPM, in das der risikolose Zinssatz, die Marktrisikoprämie ($\overline{r_M} - i$) und der Betafaktor bei Eigenfinanzierung – da wir zunächst Eigenfinanzierung unterstellen – eingehen. Der risikolose Zinssatz wird zunächst auf 5 % geschätzt. Die Marktrisikoprämie betrage konstant 5 %. Der Betafaktor bei Eigenfinanzierung beträgt lt. Esty bei Passagierflugzeugherstellern 0,84. Die geforderte Rendite der Eigentümer beläuft sich dann auf 9,2 %. Der Nettokapitalwert beträgt 1,755 Mrd. €. Die Durchführung des A380-Projekts lohnt bei Eigenfinanzierung.

Um jedoch eine vollständige Aussage über die Vorteilhaftigkeit des Projekts treffen zu können, ist auch die geplante Fremdfinanzierung relevant. Daher berücksichtigen wir im zweiten Schritt die Effekte, die sich durch die zinsgünstigen staatlichen Darlehen ergeben (vgl. Tabelle 4-2).

Wir unterstellen den F&E-Zahlungen folgende Kreditziehungen. Die Summe der erhaltenen staatlichen Darlehen beträgt laut Angabe 2,5 Mrd. $ und entspricht ungefähr dem Höchstbetrag (33 % der von Airbus getragenen Entwicklungskosten), der nach dem bilateralen Abkommen zwischen den USA und Europa zulässig ist. Die Tilgung wird an den tatsächlichen Verkauf der Flugzeuge gekoppelt. Bei der Festlegung der Tilgungshöhe ist zu beachten, dass die Darlehen spätestens nach 17 Jahren zurückgezahlt werden müssen und von rund 500 bis dahin verkauften A380 ausgegangen wird. Die Tilgungen berechnen wir daher wie folgt:

$$\text{Tilgung pro Jahr} = \text{Anzahl Flugzeuge pro Jahr} \cdot \frac{\text{Summe der erhaltenen staatlichen Darlehen}}{\text{staatlich kalkulierte Absatzmenge}}$$

$$= \text{Anzahl Flugzeuge pro Jahr} \cdot \frac{2{,}5 \text{ Mrd. \$} \cdot 1{,}06202 \, \text{€}/\text{\$}}{500}$$

---

[2] Der effektive Steuersatz setzt sich aus 33 1/3 % Normalsteuersatz zuzüglich einem Zuschlag in Höhe von 10 % des Steuerbetrags („contribution additionelle“) und einem Sozialzuschlag in Höhe von 3,3 % der normalen Körperschaftsteuer („contribution sociale“) zusammen.

Der resultierende Darlehensbestand ist mit 5 % zu verzinsen. Die durch die Kreditzinsen ausgelösten Steuervorteile einer Periode erhalten wir durch Multiplikation der entsprechenden Zinszahlungen mit dem Unternehmensteuersatz i. H. v. 37,8 %. Zur Diskontierung der periodischen Steuervorteile verwenden wir den risikolosen Basiszinssatz i. H. v. 5 % zuzüglich eines Risikozuschlags von 100 Basispunkten. Wir nehmen diese (pragmatische) Risikoanpassung vor, da Kreditziehungen und -tilgungen von den Verkaufszahlen abhängen und daher risikobehaftet sind.

Neben dem steuerlichen Vorteil ist der Vorteil des im Vergleich zum marktüblichen Zins, annahmegemäß der risikolose Basiszins plus 100 Basispunkte, niedrigen Darlehenszinssatzes zu berücksichtigen. Es wird wiederum auf den Diskontierungssatz i. H. v. 6 % zurückgegriffen, um den Barwert der Zinsvorteile zu berechnen.

Die Summe aus dem Nettokapitalwert bei Eigenfinanzierung und den beiden Wertbeiträgen aus der Fremdfinanzierung ergibt den Nettokapitalwert bei Fremdfinanzierung (2,153 Mrd. €).[3] Die steuerlich abzugsfähige und subventionierte Fremdfinanzierung erhöht den Nettokapitalwert bei Eigenfinanzierung. Der in Tabelle 4-2 und – unter Zugrundelegung der revidierten Daten – in Tabelle 4-5 errechnete Marktwert des Eigenkapitals bei anteiliger Fremdfinanzierung (E^F) entspricht der Summe aus dem Unternehmenswert bei Eigenfinanzierung (V^E), dem Barwert der Steuervorteile und dem Barwert der Zinsvorteile abzüglich dem Nominalwert des Fremdkapitals. Alternativ lässt sich der Marktwert des Eigenkapitals auch berechnen, indem zum Unternehmenswert bei Eigenfinanzierung (V^E) der Barwert der Steuervorteile addiert – Zwischenergebnis ist der Unternehmensgesamtwert bei anteiliger Fremdfinanzierung (V^F) – und der Marktwert des Fremdkapitals subtrahiert wird.[4] Der Marktwert des Fremdkapitals entspricht dem Nominalwert des Fremdkapitals abzüglich dem Barwert der Zinsvorteile. Abbildung 4-1 stellt die Bewertung für die Jahre 2000 und 2002 dar. Die Plan-Gewinn- und Verlustrechnung, den Finanzplan und die Plan-Aktiva stellen wir in Tabelle 4-3 dar.

---

3 Auf Basis unserer Annahmen, die z. T. durch veröffentlichte Statements von Airbus-Verantwortlichen gespeist sind, scheint das Projekt also äußerst vielversprechend zu sein.

4 Da wir unterstellen, dass in 2000 noch keine Investitionen oder Kreditaufnahmen erfolgt sind, entspricht der NKW dem Wert des Eigenkapitals.

Jahr 2000

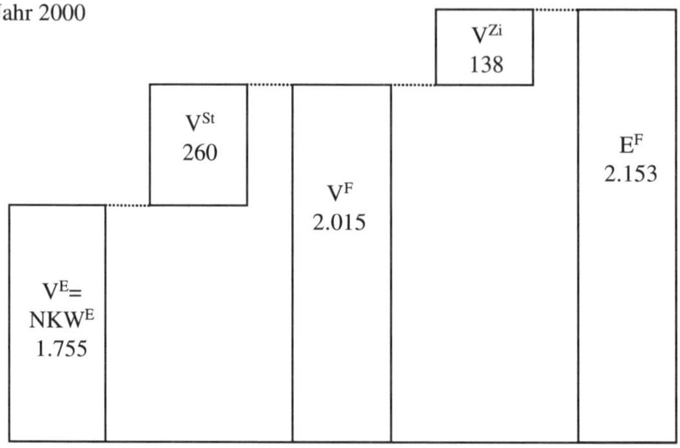

z. B. für das Jahr 2002

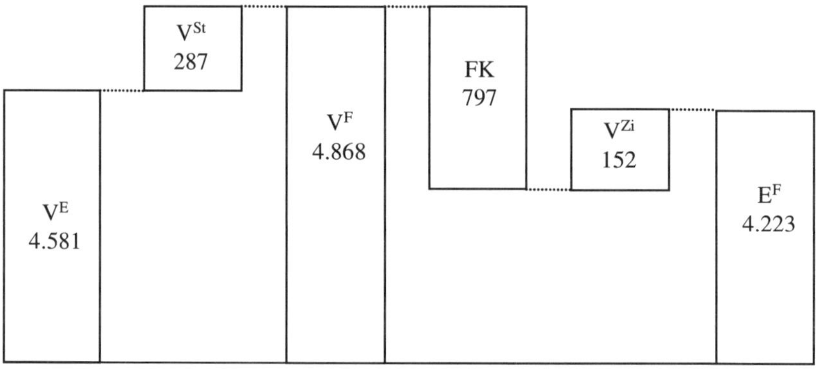

Abbildung 4-1: Grafische Darstellung der Bewertung

Zum Bewertungszeitpunkt Ende 2000 entspricht die Summe der Barwerte der Steuer- und Zinsvorteile rund 23 % des Nettokapitalwerts des fiktiv eigenfinanzierten Projekts.

	Mio. €		2001	2002	2003	2004	2005	2006	2007	2008	2015	2030
	Verkaufte Flugzeuge (Summe: 1.084)		0	0	0	0	0	14	35	45	45	45
	Listenpreis pro Flugzeug		238	243	248	253	258	263	268	274	314	423
	Bruttoumsatzerlöse		0	0	0	0	0	3.471	8.852	11.608	13.334	17.946
-	Erstkundenrabatt	35%	0	0	0	0	0	1.215	3.098	4.063	0	0
=	Nettoumsatzerlöse		0	0	0	0	0	2.256	5.754	7.545	13.334	17.946
-	Operative Kosten	80,5%	0	0	0	0	0	2.796	7.130	9.350	10.740	14.455
-	F&E-Kosten		565	1.130	1.130	1.130	1.130	565	0	0	0	0
-	Planmäßige Abschreibungen		0	11	32	53	74	127	184	217	217	207
+	Außerordentliche Erträge		0	0	0	0	0	0	0	0	0	1.540
-	Außerordentliche Abschreibungen		0	0	0	0	0	0	0	0	0	1.540
=	EBIT		-565	-1.141	-1.162	-1.183	-1.204	-1.231	-1.560	-2.022	2.377	3.285
-	Unternehmensteuern	37,8%	-214	-431	-439	-447	-455	-465	-590	-764	898	1.242
=	EBIAT		-351	-709	-723	-736	-749	-766	-971	-1.258	1.478	2.043
+	Abschreibungen F&E		0	0	0	0	0	31	78	101	101	101
+	Abschreibungen Sachanlagen		0	11	32	53	74	96	106	117	117	584
-	Investitionsauszahlungen F&E		242	484	484	484	484	242	0	0	0	0
-	Investitionsauszahlungen Sachanlagen		106	212	212	212	212	106	106	106	106	-478
-	Δ Net Working Capital (Δ NWC)		106	212	-43	-438	-641	-509	-715	-540	-92	967
	davon Δ erhaltene Anzahlungen		0	0	255	650	853	615	715	540	92	-2.029
=	Cashflow bei Eigenfinanzierung		-806	-1.608	-1.345	-941	-731	-479	-177	-607	1.682	2.239

Tabelle 4-1: Cashflows bei Eigenfinanzierung von 2001 bis 2030

Mio. €		2001	2002	2003	2004	2005	2006	2007	2008	2015	2030
Cashflow bei Eigenfinanzierung		-806	-1.608	-1.345	-941	-731	-479	-177	-607	1.682	2.239
Geforderte Rendite der Eigentümer bei Eigenfinanzierung (k)		9,2%	9,2%	9,2%	9,2%	9,2%	9,2%	9,2%	9,2%	9,2%	9,2%
Unternehmenswert bei Eigenfinanzierung (V^E)	1.755	2.722	4.581	6.347	7.872	9.327	10.664	11.822	13.517	13.973	0
Nettokapitalwert bei Eigenfinanzierung (2000)	1.755										
Kreditaufnahme		266	531	531	531	531	266	0	0	0	0
Tilgung		0	0	0	0	0	74	186	239	239	0
Kreditvolumen		266	797	1.328	1.859	2.390	2.581	2.395	2.156	483	0
Zinsen	5,0%	0	13	40	66	93	119	129	120	36	0
Periodischer Steuervorteil	37,8%	0	5	15	25	35	45	49	45	14	0
Barwert der Steuervorteile	260	276	287	290	282	264	234	199	166	13	
Unternehmenswert bei anteiliger Fremdfinanzierung (V^F)	2.015	2.998	4.868	6.636	8.154	9.591	10.898	12.022	13.683	13.986	0
Periodischer Zinsvorteil		0	3	8	13	19	24	26	24	7	0
Barwert der Zinsvorteile	138	146	152	153	149	139	124	106	88	7	
Marktwert des Fremdkapitals (F)	-138	120	644	1.174	1.709	2.250	2.457	2.289	2.068	476	0
Marktwert des Eigenkapitals bei anteiliger Fremdfinanzierung (E^F)	2.153	2.878	4.223	5.462	6.444	7.341	8.441	9.733	11.615	13.509	0
Nettokapitalwert bei anteiliger Fremdfinanzierung (2000)	2.153										

Tabelle 4-2: Wertbausteine gemäß APV-Ansatz

	Mio. €		2001	2002	2003	2004	2005	2006	2007	2008	2015	2030
	EBIT		-565	-1.141	-1.162	-1.183	-1.204	-1.231	-1.560	-2.022	2.377	3.285
-	Zinsen		0	13	40	66	93	119	129	120	36	0
=	EBT		-565	-1.154	-1.202	-1.249	-1.297	-1.351	-1.689	-2.142	2.341	3.285
-	Unternehmensteuern	37,8%	-214	-436	-454	-472	-490	-511	-639	-810	885	1.242
=	Jahresüberschuss		-351	-718	-747	-777	-807	-840	-1.051	-1.332	1.456	2.043
-	Investitionsauszahlungen		348	697	697	697	697	348	106	106	106	-478
-	Δ NWC		106	212	-43	-438	-641	-509	-715	-540	-92	967
+	Kreditaufnahme		266	531	531	531	531	266	0	0	0	0
-	Tilgung		0	0	0	0	0	74	186	239	239	0
=	Free Cashflow bei Fremdfinanzierung		-540	-1.085	-839	-452	-258	-362	-444	-920	1.420	1.761
	Immaterielles Anlagevermögen		242	726	1.211	1.695	2.179	2.390	2.312	2.211	1.508	0
	Materielles Anlagevermögen		106	308	489	648	786	797	797	786	584	0
	Umlaufvermögen		106	319	531	743	956	1.062	1.062	1.062	1.062	0
	Bilanzsumme		455	1.353	2.230	3.086	3.921	4.249	4.170	4.059	3.154	0

Tabelle 4-3: GuV, Finanzplan und Aktiva

4.2 Sensitivitätsanalyse

In Abbildung 4-2 stellen wir die Abhängigkeit des Nettokapitalwerts bei gegebener Kapitalstruktur von den Parametern „jährliche Absatzmenge“ und „Anteil der operativen Auszahlungen am Nettoumsatz“ dar. Bei einem Anteil der operativen Auszahlungen am Nettoumsatz von 80,5 % errechnen wir ab einer Gesamtabsatzmenge von 770 Flugzeugen einen positiven Nettokapitalwert für das A380-Projekt. Geht man von den geplanten 1.084 abgesetzten A380 aus, so ist das Projekt bis zu einem Anteil der operativen Auszahlungen am Nettoumsatz i. H. v. 85,1 % vorteilhaft. Darüber hinaus lassen die „Iso-NKW-Linien“ die Einordnung weiterer Kombinationen aus Absatzerfolg und operativer Effizienz zu.

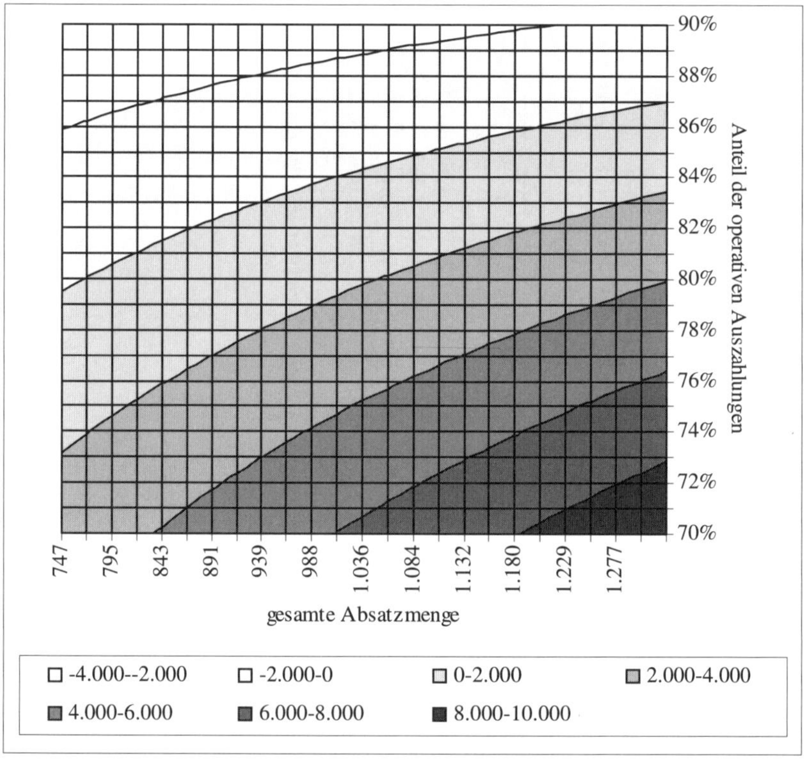

Abbildung 4-2: Nettokapitalwert in Abhängigkeit von der jährlichen Absatzmenge und vom Anteil der operativen Auszahlungen (in Mio. €)

Steigt z. B. der Anteil der operativen Auszahlungen auf 83 % und fällt zugleich die Gesamtabsatzmenge auf 891 Maschinen, so ist aus den „Iso-NKW-Linien“ ersichtlich, dass das Projekt nicht lohnt. Der NKW bei anteiliger Fremdfinanzierung beträgt in diesem Fall -121 Mio. €. Auch ein Anteil der operativen Kosten von 85 % bei einer

Gesamtabsatzmenge von 988 A380 führt zu einer negativen Projektbeurteilung. Der NKW für diese Kombination beläuft sich auf -421 Mio. €.

Im Falle einer Gesamtabsatzmenge von 1.084 Maschinen und einem Anstieg der operativen Auszahlungen auf 84,5 % ist das Projekt bei reiner Eigenfinanzierung nicht vorteilhaft, da der Nettokapitalwert des fiktiv eigenfinanzierten Projekts bei dieser Konstellation einen Wert i. H. v. -109 Mio. € annimmt. Die Einbeziehung des Barwerts der Steuervorteile (260 Mio. €) und des Barwerts der Zinsvorteile (138 Mio. €) führt jedoch zu einem positiven Nettokapitalwert bei anteiliger Fremdfinanzierung (289 Mio. €) und somit zu einer positiven Projektbeurteilung. Bei einem Absinken der Gesamtabsatzmenge auf 800 A380 und einem gegenüber dem Ausgangsfall unveränderten Anteil der operativen Auszahlungen i. H. v. 80,5 % beträgt der Nettokapitalwert bei Eigenfinanzierung -246 Mio. € und bei anteiliger Fremdfinanzierung 204 Mio. €. Die Differenz der beiden Nettokapitalwerte spiegelt den Barwert der Steuervorteile (295 Mio. €) und der Zinsvorteile (156 Mio. €) wider. Auch in diesem Fall rettet die subventionierte Fremdfinanzierung das Projekt.

4.3 Bewertung des A380-Projekts mit revidierten Daten

Analog zu Abschnitt 4.1 bewerten wir das Projekt nun unter (hypothetischer) Berücksichtigung folgender, später eingetretener Veränderungen:

- Erst Ende 2007 wird die erste (und in diesem Jahr einzige) A380 ausgeliefert. 2008 produziert und liefert Airbus 13, 2009 voraussichtlich 29 und in den Folgejahren 45 Maschinen. Wir nehmen an, dass die Gesamtzahl (1.084 Stück) der abgesetzten A380 unverändert gilt. Daher verlängert sich die Projektlaufzeit um 3 Jahre.
- Die Forschungs- und Entwicklungskosten steigen auf insgesamt 16 Mrd. $. Die Verteilung dieser Kosten erfolgt ähnlich wie im Ausgangsfall, d. h. in 2001 wird aufgrund des Entwicklungsbeginns nur die Hälfte der in den Folgejahren anfallenden F&E-Kosten angesetzt. Allerdings dauert die Entwicklung rund eineinhalb Jahre länger, weshalb wir auch in 2007 Entwicklungskosten berücksichtigen. Diese werden in gleicher Höhe wie im Vorjahr angesetzt, d. h. nicht hälftig, da fast das ganze Jahr 2007 benötigt wird, um die Serienproduktion starten zu können.
- Die subventionierten Darlehen erhöhen sich auf 3,6 Mrd. €.
- Der Listenpreis beträgt im Jahr 2007 319,2 Mio. $.
- Die in Tabelle 3-12 genannten französischen Unternehmensteuersätze für die Jahre 2001 bis 2006 werden im Kalkül berücksichtigt.
- Die Basiszinssätze (ab 2007) sind niedriger als ursprünglich geplant (vereinfachend 4 % statt 5 %).

Strafzahlungen aufgrund der Lieferverzögerungen müssten ebenfalls in den Kalkül aufgenommen werden. Da Airbus hierzu jedoch keine Informationen veröffentlicht, blenden wir diese Konventionalstrafen aus.

	Mio. €		2001	2002	2003	2004	2005	2006	2007	2008	2015	2033
	Verkaufte Flugzeuge (Summe: 1.084)		0	0	0	0	0	0	1	13	45	6
	Listenpreis pro Flugzeug					205	236	227	242	247	283	405
	Bruttoumsatzerlöse		0	0	0	0	0	0	205	3.074	12.021	2.289
-	Erstkundenrabatt	35%	0	0	0	0	0	0	72	1.076	0	0
=	Nettoumsatzerlöse		0	0	0	0	0	0	133	1.998	12.021	2.289
-	Operative Kosten	88,1%	0	0	0	0	0	0	181	2.707	10.586	2.016
-	F&E-Kosten		784	1.325	1.107	1.019	1.173	1.053	1.053	0	0	0
-	Planmäßige Abschreibungen		0	11	30	46	61	78	88	132	219	209
+	Außerordentliche Erträge		0	0	0	0	0	0	0	0	0	1.080
-	Außerordentliche Abschreibungen		0	0	0	0	0	0	0	0	0	1.080
=	EBIT		-784	-1.337	-1.137	-1.065	-1.234	-1.131	-1.189	-841	1.216	64
-	Unternehmensteuern		-285	-473	-403	-377	-431	-389	-409	-289	418	22
=	EBIAT		-499	-864	-735	-688	-803	-742	-780	-551	798	42
+	Abschreibungen F&E		0	0	0	0	0	0	3	39	134	18
+	Abschreibungen Sachanlagen		0	11	30	46	61	78	85	93	85	417
-	Investitionsauszahlungen F&E		336	568	474	437	503	451	451	0	0	0
-	Investitionsauszahlungen Sachanlagen		113	191	159	147	169	76	76	76	76	-225
-	Δ Net Working Capital (Δ NWC)		113	191	159	132	-57	-409	-785	-590	-83	-596
	davon Δ erhaltene Anzahlungen		0	0	0	15	226	485	785	590	83	-259
=	Cashflow bei Eigenfinanzierung		-1.061	-1.802	-1.497	-1.356	-1.357	-782	-434	95	1.024	1.297

Tabelle 4-4: Cashflows von 2001 bis 2033 bei geänderter Datenlage

Mio. €		2001	2002	2003	2004	2005	2006	2007	2008	2015	2033
Cashflow bei Eigenfinanzierung		-1.061	-1.802	-1.497	-1.356	-1.357	-782	-434	95	1.024	1.297
k		9,2%	9,2%	9,2%	9,2%	9,2%	9,2%	8,2%	8,2%	8,2%	8,2%
Unternehmenswert bei Eigenfinanzierung (V^E)	-3.137	-2.365	-781	644	2.060	3.607	4.721	5.541	5.901	9.346	0
Nettokapitalwert bei Eigenfinanzierung (2000)	-3.137										
Kreditaufnahme		550	550	1.100	300	300	500	300	0	0	0
Tilgung		0	0	0	0	0	0	7	94	324	0
Kreditvolumen		550	1.100	2.200	2.500	2.800	3.300	3.593	3.499	1.346	0
Zinsen	5,0%	0	28	55	110	125	140	165	180	84	0
Periodischer Steuervorteil		0	10	19	39	44	48	57	62	29	0
Barwert der Steuervorteile	393	417	432	438	426	408	384	346	302	48	0
Unternehmenswert bei anteiliger Fremdfinanzierung (V^F)	-2.744	-1.949	-349	1.083	2.486	4.014	5.104	5.887	6.203	9.395	0
Periodischer Zinsvorteil		0	6	11	22	25	28	0	0	0	0
Barwert der Zinsvorteile	70	74	73	67	49	26	0	0	0	0	0
Marktwert des Fremdkapitals (F)	-70	476	1.027	2.133	2.451	2.774	3.300	3.593	3.499	1.346	0
Marktwert des Eigenkapitals bei anteiliger Fremdfinanzierung (E^F)	-2.674	-2.425	-1.376	-1.051	34	1.240	1.804	2.295	2.704	8.048	0
Nettokapitalwert bei anteiliger Fremdfinanzierung (2000)	-2.674										

Tabelle 4-5: Wertbausteine gemäß APV-Ansatz bei geänderter Datenlage

	Mio. €	2001	2002	2003	2004	2005	2006	2007	2008	2015	2033
	EBIT	-784	-1.337	-1.137	-1.065	-1.234	-1.131	-1.189	-841	1.216	64
-	Zinsen	0	28	55	110	125	140	165	180	84	0
=	EBT	-784	-1.364	-1.192	-1.175	-1.359	-1.271	-1.354	-1.020	1.132	64
-	Unternehmensteuern	-285	-483	-422	-416	-474	-437	-466	-351	390	22
=	Jahresüberschuss	-499	-881	-770	-759	-885	-834	-888	-669	743	42
-	Investitionsauszahlungen	449	759	634	583	672	527	527	76	76	-225
-	Δ NWC	113	191	159	132	-57	-409	-785	-590	-83	-596
+	Kreditaufnahme	550	550	1.100	300	300	500	300	0	0	0
-	Tilgung	0	0	0	0	0	0	7	94	324	0
=	Free Cashflow bei Fremdfinanzierung	-511	-1.270	-433	-1.127	-1.138	-374	-249	-117	645	1.072
	Immaterielles Anlagevermögen	336	904	1.378	1.815	2.318	2.769	3.217	3.179	2.290	0
	Materielles Anlagevermögen	113	292	421	522	630	628	618	601	417	0
	Umlaufvermögen	113	304	463	610	779	854	854	854	854	0
	Bilanzsumme	562	1.500	2.263	2.946	3.726	4.251	4.690	4.634	3.562	0

Tabelle 4-6: GuV, Finanzplan und Aktiva bei geänderter Datenlage

Der Nettokapitalwert unter der Prämisse der Eigenfinanzierung bei veränderter Datenlage beträgt -3,137 Mrd. €; er ist im Vergleich zum Ausgangsfall um ca. 5 Mrd. € gefallen! Die Entscheidung für das Projekt wäre demzufolge nicht im Sinne der Eigentümer gewesen.

Die Ermittlung des steuerlichen Vorteils der Fremdfinanzierung und des Vorteiles aufgrund des niedrigen Darlehenszinssatzes zeigt Tabelle 4-5. Der steuerliche Vorteil beläuft sich auf 393 Mio. €, während der Zinseffekt mit 70 Mio. € bewertet wird. Der Nettokapitalwert bei Fremdfinanzierung und ex-ante Berücksichtigung der Veränderungen im Projektablauf beträgt daher -2,674 Mrd. €. Der ursprünglich erwartete Wertbeitrag wird v. a. durch Kostensteigerungen, verspätete Auslieferungen und ungünstige Wechselkursentwicklungen mehr als aufgezehrt; das Projekt entwickelt sich zu einer Belastung.

4.4 Abbruch oder Fortführung?

Um Anfang 2007 über die Fortführung des A380-Projekts entscheiden zu können, muss ein Vergleich zwischen Fortführungs- und Liquidationswert erfolgen.[5] Der Fortführungswert des Projekts (V^F) bei gegebener Kapitalstruktur beträgt Anfang 2007 5,104 Mrd. €. Er setzt sich zusammen aus dem Projektwert bei reiner Eigenfinanzierung (V^E) i. H. v. 4,721 Mrd. € und dem steuerlichen Vorteil der Fremdfinanzierung (384 Mio. €). Der Barwert der Zinsvorteile ist Null. Zieht man davon den Marktwert des Fremdkapitals (3,300 Mrd. €) ab, erhält man den Wert des Eigenkapitals (E^F) mit 1,804 Mrd. €.

Für den Liquidationsfall könnte man grob vereinfachend unterstellen, dass die Kapitalgeber die Buchwerte der materiellen Vermögenswerte im Anlage- und Umlaufvermögen i. H. v. 628 und 854 Mio. €, also zusammen 1,482 Mrd. €, als Veräußerungserlöse erzielen. Von diesen Liquidationserlösen müssen die erhaltenen Anzahlungen in Höhe von 726 Mio. € abgezogen werden. Selbst wenn man – weiter grob vereinfachend – den Liquidationswert des immateriellen Anlagevermögens im Bereich des Buchwerts ansiedeln würde (2,769 Mrd. €) und sich somit nach Abzug der erhaltenen Anzahlungen ein Liquidationswert von 3,525 Mrd. € ergibt, ist die Fortführung des Projekts (V^F = 4,721 Mrd. € + 0,384 Mrd. € = 5,104 Mrd. €) einem Projektabbruch vorzuziehen. Etwas verkürzt formuliert liegt dies an der Irrelevanz der getätigten Investitionen für die Fortführungsentscheidung (Sunk costs). Abbildung 4-3 fasst dies zusammen.

[5] Die in diesem Kapitel genannten Fortführungs- und Liquidationswerte können den im vorherigen Abschnitt entwickelten Tabellen entnommen werden.

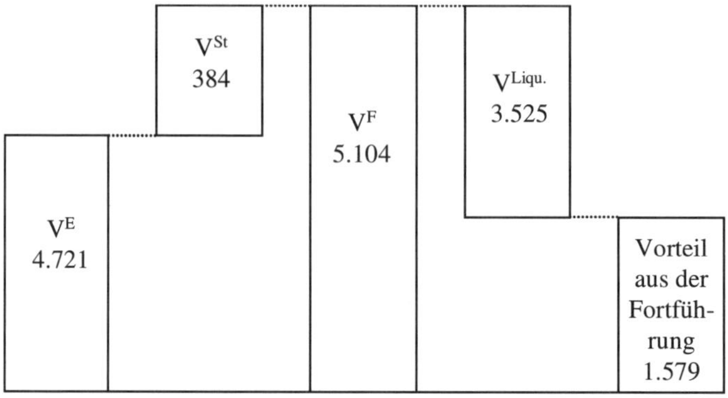

Abbildung 4-3: Fortführen oder Abbrechen?

Der Projektabbruch lohnt also nicht; der „Point of no return" ist aufgrund der bereits getätigten Investitionen seit langem überschritten.

5. Gas-GmbH

5.1 Sachverhalt und Bewertung

Die K-AG erwirbt 1991 die Eigentumsrechte an der „Gas-GmbH“ vom Verkäufer V. Geschäftsfeld der Gas-GmbH ist die Belieferung von Industrie, Gewerbe, Haushalten und öffentlichen Einrichtungen mit Erdgas sowie Ausbau und Erhaltung der hierzu notwendigen Leitungsnetze und Versorgungsanlagen.[1] Die Länge des Rohrnetzes lag im Erwerbszeitpunkt bei rund 1.000 km.

Die Vertragsparteien haben im Kaufvertrag eine Reihe von Vereinbarungen festgeschrieben, die Bewertungsgutachter binden sollen. Hierzu gehören u. a. die folgenden Festlegungen:

- Die Bewertung sollte die damals relevanten fachlichen Stellungnahmen des IDW beachten, insbesondere also HFA 2/1983.
- Der explizite Bewertungszeitraum sollte mindestens 10 Jahre umfassen.
- Die hohen Investitionen in den Jahren 1992 - 1995 sind zu vergleichmäßigen.
- Die Abschreibungen auf Sachanlagen sind nicht nach der kürzeren steuerlich zulässigen Nutzungsdauer, sondern gemäß der wirtschaftlichen Nutzungsdauer anzusetzen.
- Vollausschüttung ist zu unterstellen.
- Bewertungsstichtag ist der 1.1.1991. Da der Bewertungsauftrag erst im Jahr 1994 erteilt wird, gelten die finanziellen und bilanziellen Daten der Jahre 1991 - 1994 als realisiert.
- Wertrelevant sind nur entziehbare Überschüsse ab dem 1.1.1995; davor erzielte Überschüsse bzw. Defizite werden vom Alteigentümer vereinnahmt bzw. ausgeglichen.
- Der Zinssatz für Fremdmittel ist mit 7 % anzusetzen. Für die nach der expliziten Planungsphase beginnende Rentenphase soll der Fremdkapitalzinssatz mit 8 % angesetzt werden.

Der Bewertungsgutachter, der im Folgenden mit G bezeichnet wird und in 1994 den Auftrag erhält, kann sich auf eine detaillierte Unternehmensplanung stützen. Die Investitionsauszahlungen fallen an für den Ausbau von Hochdruckleitungen, von Ortsnetzleitungen, Erweiterungen von Hausanschlüssen und für Druckregler. Tabelle 5-2 zeigt die Plan-Gewinn- und Verlustrechnungen, die der Gutachter, gestützt auf Planungen der Gas-GmbH, entwickelt.

---

[1] Der hier vorgestellte Sachverhalt hat einen wahren Hintergrund, der indessen aus didaktischen Gründen an zahlreichen Stellen verändert wurde. An vielen Stellen angeblich von Dritten vorgetragene Argumente wurden in dieser Form nicht geäußert. Realistisch ist indessen der an vielen Stellen durchscheinende Mangel an präzisen Daten der Rechnungslegung und Planung.

Für die Rentenphase, beginnend ab 2001, setzt der Gutachter das zu erwartende nachhaltige durchschnittliche Ergebnis wie folgt an:

(1)	Umsatz aus Gasverkäufen	96.836
(2)	Aufwand für Gasbezug	54.040
(3)	Rohüberschuss	42.796
(4)	Sonstige Umsatzerlöse und betriebliche Erträge	670
(5)	Sonstiger Materialaufwand	2.850
(6)	Personalaufwand	4.590
(7)	Sonstiger betrieblicher Aufwand	6.850
(8)	Unternehmensteuern	3.260[a]
(9)	Betriebsergebnis vor Reinvestition und Zinsen	25.916
(10)	Reinvestition	4.678[b]
(11)	Zinsaufwand	15.336[c]
(12)	Jahresergebnis vor Körperschaftsteuer	5.902

[a] Der Gutachter unterstellt, dass die Gas-GmbH nicht thesauriert. Im Bewertungszeitpunkt galt das Anrechnungsverfahren. Die Position Unternehmensteuer enthält somit die Gewerbeertragsteuer und bis 1996 bzw. 1997 zu zahlende Vermögen- und Gewerbekapitalsteuer. Auf die Substanzsteuern wird im Folgenden nicht geachtet.

[b] Der Gutachter setzt die Reinvestition an die Stelle der ansonsten an dieser Stelle zu findenden bilanziellen Abschreibung. Das Reinvestitionsvolumen wurde anhand der Altersstruktur der Anlagen geschätzt.

[c] Der Zinsaufwand in Höhe von 15.336 entspricht einem Verschuldungsvolumen von 191,7 Mio. DM, das mit dem oben genannten Zinssatz von 8 % zu verzinsen ist.

Tabelle 5-1: Entziehbarer Überschuss in der zweiten Bewertungsphase

Die finanziellen bzw. bilanziellen Ergebnisse der Jahre 1991 - 1994 sind, wie oben erläutert, nicht relevant. Die in der Tabelle 5-2 und der Tabelle 5-1 ausgewiesenen Jahresergebnisse vor Körperschaftsteuer werden als entziehbare Überschüsse behandelt. Körperschaftsteuer für Thesaurierung fällt unter dieser Prämisse im Anrechnungsverfahren nicht an. Einkommensteuer wird im Einklang mit der Stellungnahme HFA 2/1983, die die Beachtung der Einkommensteuer wegen Unüblichkeit nicht empfiehlt, nicht berücksichtigt. Den Diskontierungssatz setzt der Gutachter mit 10,5 % an. Er setzt sich zusammen aus einem Basiszinssatz von 8 % und einem Risikozuschlag von 2,5 %. Eine explizite Begründung für diesen Risikozuschlag liefert der Gutachter nicht.

Setzt man die entziehbaren Überschüsse der Jahre 1991 - 1994 mit Null an und diskontiert die in Tabelle 5-2 und Tabelle 5-1 ausgewiesenen Jahresergebnisse mit 10,5 % und unterstellt für die Jahresergebnisse vor Körperschaftsteuer ab 2001 eine Wachstumsrate von $g = 0{,}02$, erhält man einen Ertragswert zum 1.1.1991 in Höhe von 34,209 Mio. DM.

Wie ermittelt der Gutachter den Ertragswert zum 1.1.1991?

	1991	1992	1993	1994	1995	1996	1997	1998	1999	2000
(1) Umsatz aus Gasverkäufen	74.999	26.563	35.315	51.820	67.610	75.414	81.726	84.006	87.625	90.834
(2) Aufwand für Gasbezug	63.359	19.051	20.229	28.951	37.548	41.308	44.553	46.965	48.822	50.552
(3) Rohüberschuss	11.640	7.512	15.086	22.869	30.062	34.106	37.173	37.041	38.803	40.282
(4) Sonstige Umsatzerlöse und betriebliche Erträge	9.951	50.799	26.338	5.201	3.518	3.090	3.075	3.179	3.199	3.281
(5) Sonstiger Materialaufwand	3.289	43.876	17.754	4.257	4.255	4.255	3.753	3.753	3.351	2.851
(6) Personalaufwand	6.151	6.239	8.041	4.793	4.393	4.327	4.551	4.586	4.586	4.586
(7) Sonstiger betrieblicher Aufwand	8.352	3.521	8.361	7.333	7.085	7.160	6.920	6.925	6.889	6.847
(8) Unternehmensteuern	51	11	216	253	1.074	1.394	1.787	1.693	2.687	2.953
(9) Betriebsergebnis vor Abschreibungen und Zinsen	3.748	4.664	7.052	11.434	16.773	20.060	23.237	23.263	24.489	26.326
(10) Abschreibungen	2.716	3.389	5.052	4.654	5.740	6.508	7.012	7.334	7.589	7.838
(11) Zinsergebnis	1.207	-2.984	-6.087	-7.269	- 10.047	- 11.424	- 12.279	- 12.763	- 13.074	- 13.291
(12) Jahresergebnis vor Körperschaftsteuer	2.239	-1.709	-4.087	-489	986	2.128	3.946	3.166	3.826	5.197
(13) Investitionsauszahlungen	751	53.938	61.573	53.815	34.899	28.444	15.665	13.927	9.507	10.636

Tabelle 5-2: Plan-Gewinn- und Verlustrechnungen (in TDM) und geplante Investitionsauszahlungen aus der Sicht von 1994

Der Gutachter unterstellt, dass die Jahresergebnisse vor Körperschaftsteuer grundsätzlich an den jeweiligen Eigentümer ausgeschüttet werden bzw. Fehlbeträge von diesem zugeführt werden. Das Innenfinanzierungsvolumen beschränkt sich also auf die verrechneten Abschreibungen und Rückstellungszuführungen. Wegen der hohen Investitionszahlungen muss die Gas-GmbH also auf Außenfinanzierungen zurückgreifen: Finanzielle Defizite werden durch die Aufnahme von Fremdkapital finanziert. Dies hat einen deutlichen Anstieg des Fremdkapitalvolumens zur Folge. Da Erhöhungen des Eigenkapitals im Wege der Außenfinanzierung gemäß Planung nicht stattfinden sollen und Erhöhungen des Eigenkapitals durch Gewinneinbehaltungen wegen der Annahme der Vollausschüttung nicht realisierbar sind, bleibt das bilanzielle Eigenkapital auf dem Stand von Ende 1994 erhalten.

Tabelle 5-3 soll die Entwicklung des Volumens an verzinslichem Fremdkapital aufzeigen, die unter den oben gesetzten Annahmen erwartet werden könnte. Tabelle 5-3 kommt wie folgt zustande: Der verzinsliche Fremdkapitalbestand zum 31.12.1993 beträgt 103.842 TDM. Weil der Fremdkapitalkostensatz in der expliziten Planungsperiode 7 % beträgt, kann von den vom Gutachter in Tabelle 5-2 angesetzten Zinszahlungen auf das zu verzinsende Fremdkapital geschlossen werden (Zeile (3)). Jetzt kann man prüfen, ob die Kreditaufnahmen ausreichend sind, um Ausschüttungen und Investitionen zu finanzieren. Tabelle 5-4 weist aus, dass dies nicht vollständig belegbar ist.

Tabelle 5-4 weist Finanzierungsdefizite aus, die auf Basis der verfügbaren Daten nicht mit Präzision aufgelöst werden können. Deshalb müssen wir uns mit einigen Hinweisen behelfen. Der Gutachter benennt die Position (11) in Tabelle 5-2 mit „Zinsergebnis". Diese ausgewiesenen Beträge könnten deshalb Salden zwischen Zinsaufwendungen und Zinserträgen darstellen. Die Zinslasten wären dann höher dargestellt, was höhere Fremdkapitalbestände implizierte. Die Gas-GmbH hätte unter dieser Bedingung dann zu Beginn des Planungszeitraums über verzinsliche Finanzanlagen verfügt, deren Veräußerung zur Deckung von Finanzdefiziten beigetragen hätte. Eine weitere Möglichkeit der Verringerung der in Tabelle 5-4 ausgewiesenen Finanzierungslücken entstünde, wenn die Gas-GmbH Rückstellungen im Planungszeitraum dotierte, die die Jahresergebnisse vor Körperschaftsteuer (und damit die Ausschüttungen) verkürzten, womit Mittel für Investitionszwecke prinzipiell zur Verfügung stünden. Ob dies im vorliegenden Fall zutrifft, kann wegen der schmalen verfügbaren Datenbasis nicht abschließend beurteilt werden.

Im Folgenden wird unterstellt, dass a) die Investitionsauszahlungen gemäß Tabelle 5-2 stattfinden, dass b) die Ausschüttungen gemäß Tabelle 5-4 geleistet werden und c) dass die in Tabelle 5-3 ausgewiesenen Bestände an verzinslichem Fremdkapital zutreffend berechnet sind.

	1993	1994	1995	1996	1997	1998	1999	2000	2001ff.
(1) Fremdkapitalvolumen zum 31.12.1993	103.842								
(2) Zinsaufwendungen gemäß Plan-GuV-Rechnungen	-	7.269	10.047	11.424	12.279	12.763	13.074	13.291	15.336
(3) impliziertes Fremdkapitalvolumen bei $i_v = 0{,}07$	103.842	143.529	163.200	175.414	183.329	186.771	189.871	191.700[5]	191.700

Tabelle 5-3: Zeitliche Entwicklung des verzinslichen Fremdkapitalvolumens[2]

		1993	1994	1995	1996	1997	1998	1999	2000	2001ff.
(1)	Betriebsergebnis nach Steuern, vor Reinvestition und Zinsen	7.052	11.434	16.773	20.060	23.237	23.263	24.489	26.326	25.916
(2)	Zinsaufwendungen	6.087	7.269	10.047	11.424	12.279	12.763	13.074	13.291	15.336
(3)	geplante Ausschüttungen	–4.087	–489	986	2.128	3.946	3.166	3.826	5.197	5.902
(4)	geplante Investitionen	61.573	53.815	34.899	28.444	15.665	13.927	9.507	10.636	4.678
(5)	Δ Fremdkapital	n.b.	39.687	19.671	12.214	6.915	4.442	3.100	1.829	0
(6)	Finanzierungsüberschuss bzw. –defizit [(6) = (1) – (2) – (3) – (4) + (5)]	n.b.	–9.474	–9.488	–9.722	–1.738	–2.151	1.182	–969	0

Tabelle 5-4: Finanzplan

2 Ab 2000 betragen die Kosten des Fremdkapitals annahmegemäß 8 %.

5.2 Kritik des Verkäufers

Das von G ausgearbeitete Gutachten wurde im Rahmen der Preisverhandlungen auch V zur Kenntnis gebracht. V formuliert drei Einwände:

(1) die Handhabung der Abschreibungen durch G entspreche nicht den vertraglichen Vereinbarungen und mindere den zu berechnenden Ertragswert. Dies gelte auch dann, wenn steuerliche Folgen unbeachtet blieben;

(2) der Ansatz von Abschreibungen auf Basis der längeren ökonomischen Nutzungsdauer sei fehlerhaft und benachteilige den Verkäufer, da sie den Ertragswert senkten;

(3) der vom Gutachter G angesetzte Risikozuschlag von 2,5 % sei zu hoch.

Daraus folge, so V, dass der oben berechnete Ertragswert unangemessen niedrig sei.

Wir empfehlen dem Leser vor der Fortsetzung der Lektüre, über diese Argumente nachzudenken. Argument (1) ist vermutlich weniger eingängig als die Argumente (2) und (3) und ist näher zu erläutern: Zu den im Kaufvertrag vereinbarten Randbedingungen der Bewertung gehört die Vereinbarung eines mindestens 10 Jahre umfassenden expliziten Planungszeitraumes und die „Vergleichmäßigung" der Belastungen, die aus den hohen Investitionsvolumen der Jahre 1992 - 1997 resultieren. Gutachter G setzt diese Vereinbarungen um in a) lineare Abschreibungen für die neu beschafften Gegenstände des Anlagevermögens über deren wirtschaftliche Nutzungsdauer und b) Zinszahlungen auf das zur Finanzierung eben dieser Anlagen aufgenommene Fremdkapital. Tilgungen erfolgen, wie aus Tabelle 5-1, Tabelle 5-3 und Tabelle 5-4 ersehen werden kann, nicht. Der Verkäufer V argumentiert nun, dass das Vorgehen von G nicht der Aufforderung zur Vergleichmäßigung der Belastung, die aus den hohen Investitionsauszahlungen resultierte, entspräche. An die Stelle der Summe aus Abschreibungen und Zinszahlungen müssten Annuitäten treten, berechnet für die wirtschaftliche Nutzungsdauer der jeweiligen Anlage und den (hier angenommenen) Zinssatz für die Aufnahme des Fremdkapitals. Nur bei dieser Handhabung unterbliebe die von V befürchtete Ertragswert-Minderung. Ein Beispiel soll die Denkweise von V erläutern: Die Investitionsauszahlung betrage 90 Mio.; sie werde fremdfinanziert; Zinssatz ist $i_V = 0{,}07$; Steuern werden nicht beachtet. Tabelle 5-5 stellt die verfügbaren Überschüsse gegenüber, die man erhält, wenn in Teil I der Tabelle linear über 10 Jahre abgeschrieben wird bzw. in Teil II der Tabelle Abschreibungen und Zinsen auf das aufgenommene Fremdkapital zu Annuitäten für den Zeitraum von 10 Jahren zusammengefasst werden. Es wird unterstellt, dass die jeweiligen Abschreibungen für Tilgungsleistungen verwendet werden. Bei der Beurteilung des Arguments von V ist zu beachten, dass die ökonomischen Nutzungsdauern der Investitionsprojekte der Gas-GmbH zwischen 25 und 50 Jahren liegen.

	1.1.1993	1993	1994	1995	1996	1997	1998	1999	2000	2001	2002
I. Lineare Abschreibung											
(1) Investitionsauszahlung	90.000										
(2) Betriebsergebnisse vor Abschreibung und Zinsen	-	7.052	11.434	16.773	20.060	23.237	23.263	24.489	26.326	25.916	26.434[6]
(3) Abschreibung = Tilgung		9.000	9.000	9.000	9.000	9.000	9.000	9.000	9.000	9.000	9.000
(4) Zinsaufwand		6.300	5.670	5.040	4.410	3.780	3.150	2.520	1.890	1.260	630
(5) Verfügbarer Überschuss I		-8.248	–3.236	2.733	6.650	10.457	11.113	12.969	15.436	15.656	16.804
II. Annuitätische Belastung											
(6) Annuität (i_v = 0,07)		12.814	12.814	12.814	12.814	12.814	12.814	12.814	12.814	12.814	12.814
(7) Abschreibung = Tilgung		6.514	6.970	7.458	7.980	8.539	9.136	9.776	10.460	11.192	11.975
(8) Zinsaufwand		6.300	5.844	5.356	4.834	4.275	3.678	3.038	2.354	1.622	838
(9) Verfügbarer Überschuss		–5.762	–1.380	3.959	7.246	10.423	10.449	11.675	13.512	13.102	13.620

Tabelle 5-5: Vergleich verfügbarer Überschüsse gemäß Rechnung I bzw. II[3]

3 Wachstumsrate g = 0,02 ab 2001.

6. Gas-GmbH – Lösungsvorschlag

6.1 Mindert der Ansatz linearer Abschreibungen den Ertragswert?

Das erste von V vorgetragene Argument ist auf den ersten Blick nicht überzeugend. Da im Beispiel in Tabelle 5-5 und im Bewertungsfall der Gas-GmbH die operativen Überschüsse vor Verrechnung von Abschreibungen und Zinsaufwendungen gemäß den Rechentechniken I und II identisch sind und V steuerliche Wirkungen nicht zum Gegenstand seines Arguments macht, lautet das Argument, dass es gelingen könnte, durch unterschiedliche Tilgungsgeschwindigkeiten Ertragswert-Änderungen zu generieren und dass ein annuitätischer Kapitaldienst zu höheren Ertragswerten führte. Gelten die Bedingungen, die in Tabelle 5-5 unterstellt wurden – Verschuldungszinssatz und Diskontierungssatz sind identisch, die gesamte Lebensdauer des Projektes wird erfasst, dann hat die zeitliche Struktur der Abschreibungen, die im Beispiel die Tilgungen steuert, keinen Einfluss auf den Ertragswert. Dieter Schneider hat dies vor vielen Jahrzehnten bereits gezeigt und die entsprechende Konstellation als den Fall der „Irrelevanz der Abschreibungspolitik“ bezeichnet.[1] Berechnet man die Ertragswerte für die Vorgehensweisen I und II in Tabelle 5-5 mit einem $i_V = 0{,}07$ entsprechenden Diskontierungssatz, erhält man daher in beiden Fällen einen Ertragswert i. H. v. 45,755 Mio. DM.

---

1 D. Schneider setzt folgende Annahmen: vollständige Fremdfinanzierung ($I_0 = F_0$), einfache Gewinnsteuer, Zinszahlungen kürzen die steuerliche Bemessungsgrundlage, Tilgungen folgen der verrechneten Abschreibung, Fremdkapitalzins und Alternativrendite sind identisch, die Alternativrendite unterliegt nicht der Besteuerung. Der Ertragswert für die Eigentümer (also nach Kapitaldienst) ergibt sich dann aus

$$EW_0^{Eig} = \sum_{t=1}^{n}\left[OCF_t - s(OCF_t - Ab_t - iRBW_t) - iRBW_{t-1} - Ab_t\right](1+i)^{-t} - (I_0 - F_0)$$

mit OCF_t operativer Cashflow vor Abschreibung und Kapitaldienst,
RBW_t Restbuchwert bzw. noch zu verzinsender Fremdkapitalbestand,
Ab_t Abschreibung (= Tilgung).

Unabhängig davon wie die zeitliche Struktur der Abschreibung aussieht, gilt – bei Ausblendung der Steuern –

$$F_0 = \sum_{t=1}^{n}\left[iRBW_{t-1} + Ab_t\right](1+i)^{-t}.$$

Auch die Besteuerung ändert an der Irrelevanz der Struktur der Abschreibung unter den gesetzten Annahmen nichts. Wird die Abschreibung in einer Periode t um ΔAb_t zu Lasten der Abschreibung in der Folgeperiode erhöht, sinkt der verfügbare Überschuss in Periode t um $-\Delta T(1\text{-}s)$. In der Folgeperiode (in der um ΔAb_t weniger abgeschrieben wird) steigt der verfügbare Überschuss um $\Delta T(1\text{-}s) + i\Delta T(1\text{-}s) = \Delta T(1+i)(1\text{-}s)$. Der kombinierte Effekt beider Veränderungen auf den Ertragswert ist Null.

Nun trifft das Beispiel in Tabelle 5-5 aus zwei Gründen nicht genau auf die Bewertung der Gas-GmbH zu: Gutachter G tilgt nicht; Beträge in Höhe der verrechneten Abschreibungen werden zur Finanzierung von Neuinvestitionen verwendet, wie Tabelle 5-4 zu entnehmen ist. Zum zweiten ist die Annahme, dass die gesamte Lebensdauer des Projektes planerisch erfasst wird, bei einer Unternehmensbewertung i. d. R. nicht gegeben. Exakt geplant wird in Phase 1, die im vorliegenden Fall 10 Jahre umfasst. Danach helfen nur mutige Hypothesen.

Wenn der periodischen Abschreibung entsprechende finanzielle Mittel nicht automatisch zur Tilgung eingesetzt werden, berührt die Struktur der Abschreibungen in der Bewertungsrechnung von G a) die Höhe der Unternehmensteuern und b) das Jahresergebnis vor Körperschaftsteuer, das im vorliegenden Fall identisch mit der Ausschüttung ist. Weil V sein Argument unabhängig von steuerlichen Überlegungen vorträgt, kann der steuerliche Aspekt unbeachtet bleiben. Eine Änderung der Abschreibungsstruktur änderte somit die „Jahresergebnisse vor Körperschaftsteuer" und damit die Ausschüttungen, was bei gegebenen Investitionsauszahlungen auf die Aufnahme verzinslichen Fremdkapitals durchschlägt. Ein Plädoyer für eine andere Abschreibungsstruktur ist somit hier ein Votum für veränderte Ausschüttungen und eine andere zeitliche Entwicklung des Fremdkapitalvolumens. Dass hieraus Änderungen des Ertragswertes resultieren, ist nicht ausgeschlossen: Handelte es sich z. B. um subventionierte Kredite, deren Zinsniveau also künstlich herabgeschleust ist, ist die zeitliche Entwicklung des Fremdkapitalvolumens wertrelevant. Solche Präzisierungen werden von V nicht vorgetragen und müssen somit auch nicht geprüft werden. Liegen Kreditaufnahmen zu Marktbedingungen vor, sind nicht steuermotivierte und nicht durch Investitionsentscheidungen ausgelöste Wertsteigerungen seit den Thesen von Modigliani und Miller schwer zu belegen.[2] Da V hierzu nichts Relevantes vorträgt, kann diese Diskussion hier beendet werden.

Es verbleibt ein letzter Aspekt: Der explizite Planungszeitraum beträgt 10 Jahre. Die Nutzungsdauern der Investitionsprojekte der Gas-GmbH liegen zwischen 25 - 50 Jahren. Die Lebensdauer der Gas-GmbH wird im Kalkül von G als unbegrenzt angenommen. Den formalen Niederschlag findet dies in Bewertungsphase 2, für die Gutachter G einen sog. „nachhaltigen Erfolg" veranschlagt. Orientiert sich die Prognose des „nachhaltigen Erfolgs" für Phase 2 an den aktuellsten „Jahresergebnissen" aus Phase 1, hätte das Abschreibungsprocedere in Phase 1 Rückwirkungen auf die Schätzung des nachhaltigen Erfolgs in Phase 2. Wenn also Jahresergebnissen, die Phase 1 zugeordnet werden, im Bewertungskalkül eine längerfristige Repräsentativität für Phase 2 zugesprochen wird, dann ist das in Phase 1 gehandhabte Abschreibungsprocedere (unabhängig von steuerlichen Konsequenzen) möglicherweise relevant für die Höhe des Ertragswertes.

Mit dieser Argumentation befindet man sich nicht mehr auf der kalkülhaften Ebene, sondern auf der Ebene des empirischen Verhaltens von Bewertern, die nach verteidigbaren Routinen der Komplexitätsreduktion suchen. Ob die von V implizierte These zum Prognoseverhalten empirischem Verhalten entspricht, kann hier nicht beurteilt werden. Wichtiger ist, dass die These wacklig ist und auf den Bewertungsfall nicht

---

2 Auch mögliche Signaleffekte, ausgelöst durch Kreditaufnahmen, sind bei einer GmbH i. d. R. nicht relevant.

passt. Das Argument ist, dass die Belastung in Höhe der Annuität auf das zur Finanzierung aufgenommene Fremdkapital kleiner sei als die Belastung, die aus der Summe von linearer Abschreibung und Zinsen auf das noch ausstehende Fremdkapital bestehe. Die Gültigkeit des Arguments hängt ab von der Tilgungsstruktur im Fall der nicht auf Annuitäten aufbauenden Tilgung, der Länge der expliziten Planungsperiode, der Länge der wirtschaftlichen Nutzungsdauer, etc. Da die Annuität zu irgendeinem Zeitpunkt den „Kapitaldienst" bei gestufter Tilgung übersteigen muss, ist die Haltbarkeit der Hypothese, sollte sie überhaupt gegeben sein, fallabhängig.

Im Bewertungsfall Gas-GmbH sind im Planungszeitraum und danach überhaupt keine (endgültigen) Tilgungen vorgesehen: Per Kontrakt vereinbarte Tilgungszahlungen werden durch Neukredite finanziert. Folglich ist die Unterstellung eines annuitätischen Kapitaldienstes nicht planungskonform. Gutachter G fällt auch nicht auf die von V befürchtete Routine herein, als „nachhaltigen Erfolg" in Phase 2 das Jahresergebnis der letzten Perioden von Phase 1 fortzuschreiben. An die Stelle einer Abschreibung tritt ab Periode 2001 eine explizit geplante Auszahlung für Reinvestition in Höhe von 4.678 TDM.[3]

Auch auf den zweiten Blick ist das erste Argument von V nicht überzeugend. Es kann folglich zu den Akten genommen werden.

6.2 Wirkt der Ansatz wirtschaftlicher Abschreibungsdauern Ertragswert-mindernd?

Gutachter G beachtet Einkommensteuer und Körperschaftsteuer für Thesaurierung nicht. Beachtet werden Gewerbeertragsteuer und die Substanzsteuern Vermögensteuer und Gewerbekapitalsteuer. Von den letztgenannten wird im Folgenden abgesehen. Gutachter G schreibt, er habe die „Betriebssteuern" unter Beachtung der Verlustvorträge überschlägig berechnet. Die Basis bildeten die Jahresergebnisse, die unter Beachtung der (linearen) Abschreibungen berechnet aufgrund der wirtschaftlichen Nutzungsdauern ermittelt worden wären. Für die Gewerbeertragsteuer wird der Satz $s_{GE} = 0{,}1489$ für $H = 350$ angesetzt. Dass für die Ermittlung der „Jahresergebnisse vor Körperschaftsteuer" die lineare Abschreibung, basierend auf der (längeren) wirtschaftlichen Nutzungsdauer, angesetzt werden sollte, war in den im Kaufvertrag vorgegebenen Bewertungsrichtlinien vorgeschrieben worden. Gutachter G erkennt richtig, dass – bewirkt durch längere wirtschaftliche Nutzungsdauern – früher positive und höhere Jahresergebnisse folgen. Mit diesem Ansatz sei es nicht vereinbar, für die Berechnung der Steuerlast die kürzeren steuerlichen Nutzungsdauern zugrunde zu legen. Folglich berechnet G die Steuerlast auf Basis der Abschreibungen, die sich an der wirtschaftlichen Nutzungsdauer orientieren. Dies kritisiert V: Das Vorgehen von G bewirke in früheren Perioden zu hohe Gewerbesteuerzahlungen und senke somit den Ertragswert der Gas-GmbH erheblich.

Die sich anschließende Diskussion zwischen G und V dreht sich darum, ob die Stellungnahme des IDW zur Unternehmensbewertung von 1983 (HFA 2/1983) eine steuerliche Nebenrechnung überhaupt verlange und wie steuerliche Nutzungsdauern, die die

---

[3] Die Abschreibung in der Vorperiode betrug 7.838 TDM.

explizite Planungsperioden von 10 Jahren deutlich übersteigen, im Kalkül erfasst werden sollten. Im HFA 2/1983 heißt es, dass für „Zwecke der Ertragsteuerermittlung ... die steuerlichen Abschreibungen zu errechnen“[4] sind. Das ist eine klare Aussage.

Klar ist auch, dass man die steuerlichen Effekte, die sich aus Investitionen mit 25-jähriger Nutzungsdauer ableiten lassen, nicht mit Präzision einfangen kann, wenn man den expliziten Planungszeitraum auf 10 Jahre begrenzt. Das gilt insbesondere dann, wenn im expliziten Planungszeitraum über viele Jahre erhebliche Neuinvestitionen realisiert werden.

Als Zwischenergebnis kann man somit festhalten, dass eine steuerliche Nebenrechnung, die auf die steuerlichen Abschreibungsdauern zurückgreift, erforderlich ist. V trägt also ein richtiges Argument vor: Der Ertragswert der Gas-GmbH wird von Gutachter G tendenziell zu niedrig ausgewiesen, weil er die steuerlichen Vorteile, die aus dem Ansatz von Abschreibungen resultieren, unterschätzt.

Interessant ist nun, wie hoch die so bewirkte Ertragswert-Minderung ausfällt. Die vorliegenden Daten bzw. die getroffenen Annahmen sehen so aus:

(1) Die wirtschaftliche Nutzungsdauer von abschreibungsfähigen Investitionen beträgt rund 40 Jahre. Die steuerliche Nutzungsdauer wird hier mit 20 Jahren veranschlagt.

(2) Das abschreibungsfähige Vermögen zum Ende 1990 beträgt 44,2 Mio. DM. Für dieses Buchvermögen wird eine steuerliche Restnutzungsdauer von 10 Jahren angesetzt.

(3) Alle Investitionen werden als abschreibungsfähig behandelt.

(4) Es werden lineare Abschreibungen angesetzt. Der Abschreibungslauf beginnt in der ersten Periode nach Anschaffung bzw. Investitionsauszahlung.

(5) Nur die Gewerbeertragsteuer wird berücksichtigt mit dem genannten (hier gerundeten) Steuersatz $s_{GE} = 0{,}15$.

(6) Ausreichende positive steuerliche Bemessungsgrundlagen werden für jede Periode unterstellt.

(7) Als Diskontierungssatz wird 10,5 % angesetzt, also der Satz, den Gutachter G bei entsprechender Rechnung angesetzt hätte.

Tabelle 6-1 weist den Buchwert zum Ende 1990 (RBW_{1990}) sowie die Investitionen in den Jahren 1991 (I_1) bis 2000 (I_{10}) aus und entwickelt die Höhe der steuerlichen Abschreibungen für den Zeitraum 1991 - 2020.

Nun ist der Barwert der Steuerersparnisse für die eben ausgewiesene Zeitspanne zum Bewertungszeitpunkt 1.1.1991 zu berechnen. Die Steuerersparnisse der Jahre 1991 - 1994 bleiben analog zur bisherigen Berechnung unbeachtet. Man erhält einen Barwert in Höhe von 12,45 Mio. DM, wenn man den Diskontierungssatz des G (10,5 %) benutzt.

---

[4] Stellungnahme HFA 2/1983. In: Die Wirtschaftsprüfung, 23 Jg., S. 468-480, S. 476.

Jahr	Afa auf RBW_{1990}	AfA_1	AfA_2	AfA_3	AfA_4	AfA_5	AfA_6	AfA_7	AfA_8	AfA_9	AfA_{10}	AfA_{1-10} (kumliert)	AfA_{Gesamt}
1991	4.420,0												4.420,0
1992	4.420,0	37,6										37,6	4.457,6
1993	4.420,0	37,6	2.696,9									2.734,5	7.154,5
1994	4.420,0	37,6	2.696,9	3.078,7								5.813,1	10.233,1
1995	4.420,0	37,6	2.696,9	3.078,7	2.690,8							8.503,9	12.923,9
1996	4.420,0	37,6	2.696,9	3.078,7	2.690,8	1.745,0						10.248,8	14.668,8
1997	4.420,0	37,6	2.696,9	3.078,7	2.690,8	1.745,0	1.422,2					11.671,0	16.091,0
1998	4.420,0	37,6	2.696,9	3.078,7	2.690,8	1.745,0	1.422,2	783,3				12.454,3	16.874,3
1999	4.420,0	37,6	2.696,9	3.078,7	2.690,8	1.745,0	1.422,2	783,3	696,4			13.150,6	17.570,6
2000	4.420,0	37,6	2.696,9	3.078,7	2.690,8	1.745,0	1.422,2	783,3	696,4	475,4		13.626,0	18.046,0
2001-2011		37,6	2.696,9	3.078,7	2.690,8	1.745,0	1.422,2	783,3	696,4	475,4	531,8	14.157,8	14.157,8
2012			2.696,9	3.078,7	2.690,8	1.745,0	1.422,2	783,3	696,4	475,4	531,8	14.120,2	14.120,2
2013				3.078,7	2.690,8	1.745,0	1.422,2	783,3	696,4	475,4	531,8	11.423,3	11.423,3
2014					2.690,8	1.745,0	1.422,2	783,3	696,4	475,4	531,8	8.344,7	8.344,7
2015						1.745,0	1.422,2	783,3	696,4	475,4	531,8	5.653,9	5.653,9
2016							1.422,2	783,3	696,4	475,4	531,8	3.909,0	3.909,0
2017								783,3	696,4	475,4	531,8	2.486,8	2.486,8
2018									696,4	475,4	531,8	1.703,5	1.703,5
2019										475,4	531,8	1.007,2	1.007,2
2020											531,8	531,8	531,8
	44.200,0	751,0	53.938,0	61.573,0	53.815,0	34.899,0	28.444,0	15.665,0	13.927,0	9.507,0	10.636,0	283.155,0	327.355,0
	RBW_{1990}	I_1	I_2	I_3	I_4	I_5	I_6	I_7	I_8	I_9	I_{10}	I_{1-10} (kumuliert)	

Tabelle 6-1: Steuerliche Abschreibungen bei geplanter Investitionsstrategie im Zeitraum 1991 - 2020

Diese Rechnung beachtet noch nicht die Steuerminderungen, die aus den Abschreibungen folgen, die die Reinvestitionen in Höhe von 4,678 Mio. pro Jahr ab 2001 nach sich ziehen. Auch für diese Investitionen wird eine 20-jährige Abschreibungsdauer unterstellt. Tabelle 6-2 weist die hier relevanten Abschreibungen für die Jahre 2002 - 2021 aus.[5] Der Barwert der Steuerersparnisse zum 1.1.1991 beträgt 710,8 TDM. Weil Gutachter G ab 2021 Reinvestitionen = Abschreibung = 4.678 TDM setzt, kann die Berechnung der Differenz zwischen Steuerminderzahlungen im Gutachten des G und der hier aufgemachten Rechnung auf den Zeitraum 1991 - 2021 beschränkt bleiben. Die Differenz ergibt sich aus

- Barwert der Steuerminderzahlungen ausgelöst durch Abschreibungen auf zum 31.12.1990 vorhandene Vermögensgegenstände und Neuinvestitionen im Zeitraum 1991 - 2000;
- plus Barwert der Gewerbesteuerminderzahlungen, ausgelöst durch Abschreibungen auf Neuinvestitionen im Zeitraum 2001 bis 2020;
- abzüglich Barwert der Gewerbesteuerminderzahlungen, die Gutachter G für den Zeitraum 1991 - 2021 ausweist. Steuerminderungen der Jahre 1991 - 1994 bleiben wie bisher unbeachtet.

Tabelle 6-3 weist die von G angesetzten Abschreibungen aus. Der Barwert der Steuerminderzahlungen zum 1.1.1991 beträgt 5.133,1 TDM. Die Differenz beläuft sich somit auf 12.450,2 + 710,8 - 5.133,1 = 8.027,9 TDM.

Diese Rechnung überschätzt u. U. den Wertzuwachs, den der von G berechnete Ertragswert erfahren könnte, wenn für die steuerliche Nebenrechnung die hier berechneten deutlich höheren steuerlichen Abschreibungen zum Ansatz kommen, weil nämlich die steuerlichen Bemessungsgrundlagen zu klein sein könnten, um die Gewerbesteuerminderzahlungen periodisch in der oben unterstellten Weise zu generieren. Die Entstehung gewerbesteuerlicher Verlustvorträge wäre die Folge. Tabelle 6-4 verdeutlicht diesen Effekt. Unterstellt man, dass der Anteil von Zinsaufwendungen für steuerliche Dauerschulden deutlich höher ist als der Anteil von Zinsaufwendungen für Nicht-Dauerschulden, ist der wertmindernde Effekt aber bescheiden.

Im Ergebnis ist das von V vorgetragene zweite Argument korrekt. Gutachter G irrt an einer wichtigen, wertrelevanten Stelle.

---

[5] In 2021 entspricht die kumulierte Abschreibung dem von G ab 2001 unterstellten jährlichem Reinvestitionsvolumen.

2002	2003	2004	2005	2006	2007	2008	2009	2010	2011	2012
233,90	467,80	701,70	935,60	1.169,50	1.403,40	1.637,30	1.871,20	2.105,10	2.339,00	2.572,90

2013	2014	2015	2016	2017	2018	2019	2020	2021	Summe
2.806,80	3.040,70	3.274,60	3.508,50	3.742,40	3.976,30	4.210,20	4.444,10	4.678,00	49.119,00

Tabelle 6-2: Abschreibungen auf Reinvestitionen in den Jahren 2002 - 2021

1995	1996	1997	1998	1999	2000	2001	2002	2003	2004	2005	2006	2007	2008
5.740	6.508	7.012	7.334	7.589	7.838	4.678	4.678	4.678	4.678	4.678	4.678	4.678	4.678

2009	2010	2011	2012	2013	2014	2015	2016	2017	2018	2019	2020	2021	Summe
4.678	4.678	4.678	4.678	4.678	4.678	4.678	4.678	4.678	4.678	4.678	4.678	4.678	140.259

Tabelle 6-3: Abschreibungen im Zeitraum 1995 - 2021 gemäß Gutachten des G

6.3 Zur Höhe des Diskontierungssatzes

Gutachter G setzt den Basiszinssatz in Höhe von i = 0,08 an und fügt eine Risikoprämie von 2,5 % hinzu. Der Diskontierungssatz von 10,5 % wird zur Diskontierung der explizit geplanten Ausschüttungen im Zeitraum 1995 - 2001 benutzt. Die Jahresergebnisse für Bewertungsphase 2 sind auf preisgestoppter Basis berechnet; die Wachstumsrate g der Jahresergebnisse ab 2001 wird von Gutachter G mit 2 % veranschlagt. Der Ertragswert zum 1.1.2001 wird so berechnet:

$$EW_{1.1.2001} = \frac{5.902}{0{,}105 - 0{,}02} = 69.435.$$ [6]

Im Folgenden wird akzeptiert, dass der risikolose Basiszinssatz mit 0,08 angesetzt wird und im Zeitablauf konstant ist.[7] Diskutiert werden soll nur die Höhe des Risikozuschlages. V hält den Risikozuschlag für zu hoch angesetzt; ein Zuschlag von 1 % sei ausreichend. Nachvollziehbare Begründungen liefert V nicht.

	1995	1996	1997	1998	1999	2000	2001
(1) Betriebsergebnis vor Steuern, Abschreibungen und Zinsaufwand	17.847	21.454	25.024	24.956	27.176	29.279	29.176
(2) Abschreibungen gemäß Tabelle 6-1	12.924	14.669	16.091	16.874	17.571	18.046	14.158
(3) Zinsaufwendungen gemäß Gutachter G	-10.047	-11.424	-12.279	-12.763	-13.074	-13.291	-15.336
(4) Korrigierter Zinsaufwand[a]	-6.279	-7.140	-7.674	-7.977	-8.171	-8.307	-9.581
(5) Erwartete steuerliche Bemessungsgrundlage [(1) - (2) - (4)]	-1.356	-355	1.259	105	1.434	2.926	5.437

[a] Die volle steuerliche Abzugsfähigkeit des von G ausgewiesenen Zinsaufwandes bei der Berechnung der Gewerbeertragsteuer anzunehmen, ist unrealistisch. Nur Zinsen auf Nicht-Dauerschulden sind vollständig abzugsfähig. In Zeile (4) unterstellen wir eine Relation von Dauerschulden zu Nicht-Dauerschulden von 1:3. Es folgt für 1995: 0,25 • 10.047 + 10.047 • 0,75 • 0,5 = 6.279.

Tabelle 6-4: Erwartete steuerliche Bemessungsgrundlagen bei Ansatz von Abschreibungen gemäß Tabelle 6-1

[6] $EW_{1.1.1991}$ beträgt gemäß der Rechnung von G 34,209 Mio. DM.

[7] Der Sachverhalt spielt um 1994 - 1997. Der Rekurs auf Spot Rates war in der Literatur zwar empfohlen, aber praktisch völlig unüblich. Gleiches galt für die Modellierung der Zinsstrukturkurve nach Svensson und die Überlegungen, ob und ggf. wie aus dieser ein Barwert-äquivalenter konstanter Basiszinsfuß abgeleitet werden sollte.

Es liegt nahe, eine CAPM-basierte Begründung zu suchen. Zu diesem Zweck hat man eine Marktrisikoprämie (ohne Beachtung der Einkommensteuer) festzulegen, einen Beta-Wert unter Ausschluss der Verschuldung, muss beachten, dass ein relativ kleines Unternehmen zu bewerten ist und dass dieses in der Rechtsform der GmbH auftritt. Nach diesen Schritten ist die zeitliche Entwicklung des Verschuldungsgrades der Gas-GmbH zu beachten. Die Marktrisikoprämie r_M - i wird im Folgenden mit 5 % angenommen.[8] Der Beta-Wert für Unternehmen mit vergleichbarem operativen Risiko (β^E) wird (ohne Diskussion) auf 0,3 veranschlagt. Die geforderte Rendite der Eigentümer bei Eigenfinanzierung beträgt dann $k = 0{,}08 + 0{,}3 \cdot 0{,}05 = 0{,}095$.

Diese etwas abrupte Vorgehensweise wird gewählt, um einen Aspekt des Falles näher zu beleuchten, dem Bewerter G und Verkäufer V gar keine Aufmerksamkeit widmen: es geht um die Risikoprämie 2, die durch die Finanzierungsentscheidungen der Gas-GmbH (oder die Finanzierungsannahmen des Gutachters G) ausgelöst wird. Im vorliegenden Fall liegt eine autonome Finanzierungspolitik vor. Gestützt auf Tabelle 6-4 darf man annehmen, dass die steuerlichen Vorteile aus dem Einsatz verzinslichen Fremdkapitals ab 1999 mit sehr hoher Wahrscheinlichkeit realisiert werden; sie werden hier als risikolos angenommen. Die geforderte Rendite der Eigentümer vor dem Hintergrund der geplanten Kapitalstruktur ist dann

(1)
$$k_t^F = k + (k - i)\frac{F_{t-1} - V_{t-1}^{USt}}{E_{t-1}^F}$$

mit k ≡ geforderte Rendite bei Eigenfinanzierung

F_{t-1} ≡ Marktwert (Buchwert) des Fremdkapitals in t - 1

V_{t-1}^{USt} ≡ Wert der gewerbesteuerlichen Vorteile in t - 1

E_{t-1}^F ≡ Wert des Eigenkapitals in t - 1

i ≡ risikoloser Anlagezinssatz = Fremdkapitalzinssatz.[a]

[a] Gutachter G erläutert nicht, warum der Zinssatz für Fremdkapital im Zeitraum 1995 - 2000 mit i_V = 0,07 unter dem risikolosen Anlagezinssatz von i = 0,08 angesetzt wird. Vermutlich liegen Altkredite mit Zinsbindungsfristen vor. In diesem Fall hätten – wenn der Fremdkapitalzins auf 8 % (oder mehr) gestiegen wäre – die Marktwerte des Fremdkapitals zusammen mit dem aktuellen Fremdkapitalsatz angesetzt werden können. Gutachter G nimmt eine Anpassung ab Jahr 2000 vor; die Zinsbindungsfristen sind dann offenbar abgelaufen.

---

[8] 1994 hätte man gemäß der Mehrheitsmeinung der Literatur einen höheren Wert angesetzt. Man könnte mit guten Gründen $\bar{r}_M$ - i auch mit 4 % veranschlagen. Man könnte dann β^E auf (ebenfalls vertretbare) 0,375 anheben, womit die Prämie für das Investitionsrisiko unverändert bei 1,5 % bliebe.

Da F_t, V_t^{USt} und E_t^F sich im Zeitablauf ändern, kann k_t^F offensichtlich nicht unveränderlich sein. Ab dem Ende des Jahres 2000 ist der Buchwert des Fremdkapitals mit 191,70 Mio. DM konstant. V_t^{USt} beträgt ab 2001 191,7 • 0,1489 = 28,54 Mio. DM, wenn die Zinsaufwendungen vollständig abzugsfähig wären. Sind sie im Verhältnis 1:3 aufzuteilen auf Dauerschulden und Nicht-Dauerschuldzinsen, beträgt V_t^{USt} ab 2001:

$$15.336 \cdot [0,5 \cdot 0,1489 \cdot 0,75 + 0,1489 \cdot 0,25] \cdot \frac{1}{0,08} = 17,84 \text{ Mio. DM.}$$

E_t^F ist nicht konstant, da gemäß Annahme die entziehbaren Jahresergebnisse gemäß Gutachter G mit g = 0,02 wachsen. Folglich fällt der Quotient im zweiten Summanden der Formel (1) ab dem Jahr 2000, um dann irgendwann dem Wert Null sehr nahe zu kommen. Dies soll für ausgewählte Jahre belegt werden. Tabelle 6-5 stellt die entziehbaren Überschüsse für 2001 bei unterstellter Eigenfinanzierung dar. Da k = 0,095 und F_{2001} = 191,7 Mio. DM bekannt sind, kann der Unternehmensgesamtwert und der Wert des Eigenkapitals berechnet werden. Somit ist k_t^F ableitbar.

		2001
(1)	Betriebsergebnis vor Steuern, Reinvestition und Zinsaufwand gemäß Tabelle 5-1	29.176[a]
(2)	Abschreibungen gemäß Tabelle 6-1	14.158
(3)	Gewerbesteuerliche Bemessungsgrundlage	15.018
(4)	Gewerbeertragsteuer (s_{GE} = 0,1489)	2.236
(5)	Reinvestition	4.678
(6)	Entziehbarer Überschuss bei Eigenfinanzierung	22.262

[a] 25.916 + 3.260 = 29.176

Tabelle 6-5: Erwarteter Überschuss bei unterstellter Eigenfinanzierung in 2001

Unterstellt, dass die Wachstumsrate 0,02 beträgt, folgt für alternative Bewertungszeitpunkte:

Bewertungs zeitpunkt	V_t^E	F_t	V_t^{USt}	E_t^F	$\frac{F_t - V_t^{USt}}{E_t^F}$	k_{t+1}^F
1.1.2001	296.827[a]	191.700	17.840[b]	122.967	1,4139	0,1162
1.1.2021	441.069	191.700	17.840	267.209	0,6507	0,1048
1.1.2051	798.935	191.700	17.840	625.075	0,2781	0,0992
1.1.2101	2.150.404	191.700	17.840	1.976.544	0,0880	0,0963
1.1.2201	15.578.917	191.700	17.840	15.405.057	0,0113	0,0952

a $\frac{22.262}{0,095-0,02} = 296.827.$

b $15.336(0,75\cdot 0,5\cdot 0,1489+0,25\cdot 0,1489)\cdot \frac{1}{0,08} = 17.840.$

Tabelle 6-6: Geforderte Renditen der Eigentümer für ausgewählte Bewertungszeitpunkte

Man kann also folgern, dass die geforderte Rendite der Eigentümer in 2001 11,6 % beträgt und in den folgenden 50 (100) Jahren nicht unter 9,63 % fällt. Die Forderung nach einem Risikozuschlag zum Basiszins in Höhe von 1 % kann somit keinesfalls gestützt werden.

6.4 Ergebnisse

Die Argumente des Verkäufers sind somit wie folgt einzuschätzen: Argument 1 hat vielleicht einen behaviouristischen Hintergrund, aber bei rationalem Kalkül nicht die Effekte, die V sich erhoffte.

Argument 2 ist korrekt. Steuerliche Nebenrechnungen sind i. d. R. nützlich, wenn nicht erforderlich. Kürzere steuerliche Abschreibungsdauern sind bei positiven steuerlichen Bemessungsgrundlagen i. d. R. wertsteigernd.

Argument 3 lässt sich nicht stützen. Selbst wenn der zweite Summand in Formel (1) gegen Null geht, beträgt die Risikoprämie 1 gemäß den obigen (bescheidenen) Annahmen bezüglich β^E bereits 1,5 %. Und für die ersten 50 Jahre nach 2001 liegt die geforderte Rendite der Eigentümer mehr oder weniger deutlich über 10 %. Die dann folgenden Jahre können nicht bewirken, dass eine konstante geforderte Rendite auf das vom Verkäufer behauptete Niveau sinkt.[9]

Wie gelangt man zum Ertragswert? Es gibt zwei Möglichkeiten: Man rechnet analog zu Tabelle 6-6, nutzt also den APV-Ansatz und landet nach Abzug von F_t beim Wert des Eigenkapitals.

Dieses Vorgehen haben die Vertragsparteien bei der Formulierung der Bewertungsbedingungen vermutlich nicht gemeint. Jedenfalls ist vom APV-Ansatz im Vertragswerk

[9] Tabelle 6-6 verdeutlicht, dass die die Finanzpolitik der Gas-GmbH lenkenden Annahmen nicht gerade brillant sind. Kein Praktiker würde bei vergleichbar niedrigem Investitionsrisiko den Verschuldungsgrad je gegen Null schwinden lassen.

nie die Rede. Also müsste der Kalkül etwas stärker in Richtung „Ertragswert-Methode“ gerückt werden.

Wenn wir mit FCF_t den entziehbaren Überschuss in Periode t und mit E_t^F den Wert des Eigenkapitals bezeichnen, folgt

$$(2) \qquad E_{t-1}^F = \frac{FCF_t + E_t^F}{1 + k_t^F},$$

wobei k_t^F die geforderte Rendite der Eigentümer ist, die je eine Prämie für Investitions- und Finanzierungsrisiko enthält. Setzt man für k_t^F Formel (1) ein, folgt

$$(3) \qquad E_{t-1}^F = \frac{FCF_t + E_t^F}{1 + \left[k + (k - i)\frac{F_{t-1} - V_{t-1}^{USt}}{E_{t-1}^F} \right]}.$$

Nach Umformung erhält man

$$(4) \qquad E_{t-1}^F = \frac{FCF_t + E_t^F - (k - i)(F_{t-1} - V_{t-1}^{USt})}{1 + k}.$$

Somit ist der Ertragswert retrograd berechenbar, wobei man zweckmäßigerweise in der Periode t startet, in der das Gewicht des 3. Terms im Zähler im Vergleich zu Term 1 und 2 vernachlässigbar ist und E_t^F folglich mit Hilfe des Satzes k = 0,095 berechnet werden kann. Das ist ein Zeitpunkt t, für den der zweite Summand der Formel (1) einen Wert nahe Null annimmt. Hier wird also auch die Botschaft benutzt, die Tabelle 6-6 bereits verdeutlichte.

7. Werkzeug GmbH

7.1 Einleitung und Fragestellung[1]

Leopold Schwarz ist alleiniger Eigentümer der Werkzeug GmbH. Dieses Unternehmen, gegründet 1949 mit Sitz in Cuxhaven, fertigt Werkzeuge, die – um die Anonymität des Falles zu wahren – hier nicht näher beschrieben werden. Das Unternehmen beliefert Kunden weltweit; mit den Hauptkunden besteht eine schon Jahrzehnte dauernde Kooperation. Die GmbH verteidigt ihre Position an der Spitze durch intensive Forschung und durch einen über zahlreiche, z. T. weltweit geltende Patente gesicherten Qualitätsvorsprung. Die Kapitalstruktur der Gesellschaft ist einfach: es liegt – nur wenig vereinfacht – eine reine Eigenkapitalstruktur vor. Seit 1955 weist die Gesellschaft ohne Unterbrechung positive Jahresüberschüsse auf.

Die GmbH hatte im Jahr 2002 40 % der Gesellschaftsanteile an einen amerikanischen Beteiligungs-Fonds abgetreten. Anlass war der Wunsch des mit 50 % an der Gesellschaft beteiligten Bruders von Leopold, das Unternehmen zu verlassen und mit dem Verkaufserlös ausgestattet ein weniger arbeitsreiches Leben zu führen.

Leopold Schwarz hätte den Bruder auch über eine entsprechend dimensionierte Fremdfinanzierung auszahlen können. Aber Leopold teilte die von seinem Großvater, der in seinem Unternehmen Fahrräder produziert hatte, übernommene Maxime, dass die möglichen steuerlichen Vorteile den potentiell störenden Einfluss einer starken Bankposition nicht wettmachten. Dass auch deutsche Kreditinstitute begannen, Kreditengagements ohne Zustimmung des Schuldners an Dritte zu veräußern, verstärkte seine Vorbehalte. Deshalb war zugunsten einer zeitlich befristeten Beteiligung eines Beteiligungs-Fonds entschieden worden. Schwarz hatte noch nicht darüber nachgedacht, wie er die Ablösung der 40 % – Beteiligung ggf. finanzieren würde. Hier gab es eine Reihe von Optionen, über die später zu entscheiden wäre. Schwarz wollte zunächst nur wissen, wie hoch der Wert der Eigentumsrechte für ihn zum 1.1.2007 wäre, wenn er über das gesamte Potential der Stimmrechte verfügte und die Gesellschaft eine Kapitalstruktur hätte, die weitestgehend auf Eigenkapital beruht. Die Fragestellung schloss somit nicht aus, dass die Auszahlung des Fonds über von Schwarz bereitzustellendes Eigenkapital erfolgen könnte.

---

[1] Wir bedanken uns ausdrücklich bei den Eigentümern der Werkzeug GmbH, dass wir anhand von Daten der Gesellschaft diese Fallstudie entwickeln durften. Diese Fallstudie verfolgt ausschließlich didaktische Zwecke, gibt also kein Votum über den Wert der Gesellschaft oder „gute“ und „weniger gute“ Bewertungsansätze ab. Vermittelt werden soll Einsicht in die vielen Detailprobleme, die bei Bewertungen auftauchen, die besondere Bedeutung von Branchenkenntnissen und die hohe Reagibilität von berechneten Werten von wenigen, aber zentralen Bewertungsparametern.
Bei cand. rer. Pol. Roland Dargel bedanken wir uns für technische Unterstützung.

Schwarz hatte sich im Vertrag ein Vorkaufsrecht ausbedungen. Außerdem war festgelegt worden, dass die Bewertung bei Rückkauf der Beteiligung gemäß den im Halbeinkünfteverfahren geltenden Unternehmensteuersätzen erfolgen sollte. Beide Vertragspartner waren sich einig, dass die Einkommensteuer im Bewertungskalkül nicht beachtet werden sollte.

7.2 Jahresabschlussdaten und Analyse

7.2.1 Aktiva, Passiva und GuV-Rechnungen

Tabelle 7-1 zeigt die Entwicklung der Aktiva im Zeitraum 1991 - 2006, Tabelle 7-2 die der Passiva. Tabelle 7-3 liefert die Daten der nach dem Gesamtkostenverfahren aufgemachten Gewinn- und Verlustrechnung. Alle Daten sind in Tsd. € dimensioniert.

		1991	1992	1993	1994	1995	1996	1997	1998	1999	2000	2001	2002	2003	2004	2005	2006
A.	Anlagevermögen																
I.	Immaterielle Vermögensgegenstände	7	47	28	17	92	81	28	2	61	41	20	5	7	158	353	292
II.	Sachanlagen	1.815	2.063	844	1.117	1.467	1.327	2.170	2.181	2.834	3.732	3.240	3.418	2.367	1.598	1.836	3.799
III.	Finanzanlagen																
1.	Beteiligungen und Anteile an verbundenen Unternehmen	-	-	-	-	-	-	26	23	17	11	33	-	-	-	-	-
2.	Sonstige Ausleihungen	328	252	221	312	281	245	214	321	487	430	806	907	-	-	-	-
B.	Umlaufvermögen																
I.	Vorräte (Roh-, Hilfs- und Betriebsstoffe)	760	749	1.031	908	1.019	1.018	1.394	1.434	1.940	2.218	2.620	3.337	3.869	5.392	6.012	7.672
II.	Forderungen und sonstige VG																
1.	Forderungen aus Lieferungen und Leistungen	2.172	1.943	1.298	1.705	2.056	2.101	2.254	3.493	3.566	5.075	3.167	2.430	2.259	3.639	2.050	2.179
2.	Sonstige Vermögensgegenstände	247	811	2.723	790	557	268	492	633	1.075	1.017	1.592	1.598	205	287	465	835
III.	Guthaben bei Kreditinstituten und Kasse	1.806	1.731	1.047	2.664	2.379	4.043	5.806	6.209	5.763	5.622	7.973	576	8.864	53	426	2.061
C.	Rechnungs-abgrenzungsposten	9	3	77	24	75	71	27	21	26	36	25	76	96	17	19	7
Bilanzsumme		7.144	7.599	7.269	7.537	7.926	9.154	12.411	14.317	15.769	18.182	19.926	12.347	17.667	11.144	11.161	16.845

Tabelle 7-1: Entwicklung der Aktiva im Zeitraum 1991 - 2006[2]

[2] Sachanlagen 1993: Sale - and - lease - back - Effekt.

	1991	1992	1993	1994	1995	1996	1997	1998	1999	2000	2001	2002	2003	2004	2005	2006
A. Eigenkapital																
I. Gezeichnetes Kapital	4.161	5.526	5.536	4.628	511	511	511	511	511	511	511	1.000	1.000	1.000	1.000	1.000
II. Gewinnrücklage					5.373	6.986	9.136	11.798	13.423	15.153	16.996	9.836	14.661	8.291	7.966	12.402
B. Sonderposten mit Rücklageanteil	-	-	-	-	-	-	-	-	35	32	-	-	-	-	-	-
C. Rückstellungen																
1. für Pensionen	228	251	275	289	314	340	367	394	424	457	491	523	-	-	-	-
2. für Steuern				1.024	189	144	353	44	0	22	158	32	910	-	-	-
3. sonstige Rückstellungen	1.311	1.061	361	294	306	318	354	454	308	550	273	230	559	999	1.083	1.577
D. Verbindlichkeiten																
1. gegenüber Kreditinstituten	-	-	-	-	-	-	-	-	-	-	-	-	-	-	423	-
2. aus Lieferungen und Leistungen	988	158	247	317	176	202	940	510	598	852	610	469	121	370	159	1.160
3. sonstige Verbindlichkeiten	456	602	849	987	1.058	653	751	604	469	605	887	257	416	484	530	706
Bilanzsumme:	7.144	7.598	7.268	7.539	7.927	9.154	12.412	14.315	15.768	18.182	19.926	12.347	17.667	11.144	11.161	16.845

Tabelle 7-2: Entwicklung der Passiva im Zeitraum 1991 - 2006[3]

3 Nach 2002: Pensionsrückstellung wird abgelöst durch Versicherungslösung.

	1991	1992	1993	1994	1995	1996	1997	1998	1999	2000	2001	2002	2003	2004	2005	2006
Umsatzerlöse	12.519	12.916	11.405	14.402	15.229	14.759	17.083	19.698	19.408	24.663	23.872	22.618	25.629	28.216	28.740	35.308
Bestandserhöhung	53	15	310	-139	39	142	37	70	286	108	424	488	532	691	224	1.121
Sonstige betriebliche Erträge	-	-	87	140	200	61	85	98	259	93	696	299	267	161	273	357
Materialaufwand	3.152	3.598	3.039	3.715	4.258	3.584	4.067	5.480	5.365	7.548	6.893	6.165	6.815	8.553	9.600	14.348
Personalaufwand	3.176	3.575	3.563	3.953	4.267	4.352	4.660	5.153	5.391	6.438	6.687	6.331	6.211	6.197	6.400	7.619
Abschreibungen	727	924	570	590	706	598	704	899	972	1.406	1.532	1.520	1.264	829	538	645
Sonstige betriebliche Aufwendungen	2.561	2.465	2.677	2.852	2.911	2.817	3.040	3.276	3.496	4.223	4.249	4.031	4.407	5.249	5.126	6.082
Sonstige Zinsen und ähnliche Erträge	-	-	-	-	165	127	164	180	179	253	364	602	76	1	18	39
Zinsen und ähnliche Aufwendungen	-	-	-	-	-	-	-	24	51	-	157	5	-	-	7	2
Ergebnis der gewöhnlichen Geschäftstätigkeit	2.956	2.369	1.953	3.293	3.491	3.738	4.898	5.214	4.857	5.502	5.838	5.955	7.807	8.241	7.584	8.129
Steuern	1.860	719	510	1.686	1.978	2.126	2.746	2.655	2.255	2.798	1.476	380	2.982	2.958	2.723	2.918
Jahresüberschuss	1.096	1.650	1.443	1.607	1.513	1.612	2.152	2.559	2.602	2.704	4.362	5.575	4.825	5.283	4.861	5.211

Tabelle 7-3: Gewinn- und Verlustrechnungen im Zeitraum 1991 - 2006

7.2.2 Strukturbilanzen und Ertrags- und Aufwandsstruktur

Tabelle 7-4 zeigt die Zusammensetzung der Aktiva und Passiva in Prozent der jeweiligen Bilanzsumme für die Jahre 1998 - 2006. Sachanlagen, Finanzanlagen, Forderungen und sonstige Vermögensgegenstände sowie Verbindlichkeiten aus Lieferungen und Leistungen und sonstige Verbindlichkeiten werden zu je einer Position zusammengefasst, um den Überblick zu erleichtern.

		1998	1999	2000	2001	2002	2003	2004	2005	2006
A	Anlagevermögen									
I.	Immaterielle Vermögensgegenstände	0	0,4	0,2	0,1	0	0	1,4	3,2	1,7
II.	Sachanlagen	15,2	18,0	20,5	16,2	27,7	13,4	14,3	16,5	22,6
III.	Finanzanlagen	2,4	3,2	2,4	4,2	7,3	0	0	0	0
		17,6	21,6	23,2	20,5	35,1	13,4	15,8	19,7	24,3
B.	Umlaufvermögen									
I.	Vorräte	10,0	12,3	12,2	13,1	27	21,9	48,4	53,8	45,5
II.	Forderungen und sonstige Vermögensgegenstände	28,8	29,4	33,5	26,3	32,6	13,9	22,4	22,5	17,9
III.	Kassenbestand und Guthaben bei Finanzinstituten	43,4	36,5	30,9	39,9	4,7	50,2	13,3	3,9	12,2
		82,0	78,2	76,6	79,4	64,3	86,0	84,1	80,2	75,7
C.	Rechnungsabgrenzungsposten	0,2	0,2	0,2	0,1	0,6	0,5	0,2	0,2	0,1
Bilanzsumme		100	100	100	100	100	100	100	100	100
A.	Eigenkapital	86,0	88,4	86,2	87,9	87,8	88,7	83,4	80,3	79,6
B.	Sonderposten mit Rücklageanteil	-	0,2	0,2	0,0	0,0	0,0	0,0	0,0	0,0
C.	Rückstellungen	6,2	4,6	5,6	4,6	6,4	8,3	9,0	9,7	9,3
D.	Verbindlichkeiten	7,8	6,8	8,0	7,5	5,8	3,0	7,6	10,0	11,1
Bilanzsumme		100	100	100	100	100	100	100	100	100

Tabelle 7-4: Zusammensetzung der Aktiva und Passiva in Prozent der Bilanzsumme

Tabelle 7-5 verdeutlicht die Struktur der GuV-Rechnungen für die Jahre 1998 - 2006, wenn die Nettoumsatzerlöse als Bezugsgröße benutzt werden.
Die Tabellen machen z. T. erhebliche Schwankungen von Bilanzpositionen deutlich. Dies gilt z. B. für die Bilanzsumme, die sich in 2002 und 2004 erheblich verkürzt zeigt. Diese Änderungen sind zu einem erheblichen Teil zurückzuführen auf Veränderungen der beiden Positionen „Guthaben bei Kreditinstituten und Kasse“, die die Entnahmen der Eigentümer reflektieren. Sprunghafte Veränderungen zeigt auch die Position Sach-

anlagen (z. B. in 2000); diese sind Reflexe von Investitionsschüben, die bei kleineren Unternehmen stärker auffallen.

	1998	1999	2000	2001	2002	2003	2004	2005	2006
Umsatzerlöse	100	100	100	100	100	100	100	100	100
Bestandserhöhung	0,4	1,5	0,4	1,8	2,2	2,1	2,4	0,8	3,2
Sonstige betriebliche Erträge	0,5	1,3	0,4	2,9	1,3	1,0	0,6	0,9	1,0
Materialaufwand	27,8	27,6	30,6	28,9	27,3	26,6	30,3	33,4	40,6
Personalaufwand	26,2	27,8	26,1	28,0	28,0	24,2	22,0	22,3	21,6
Abschreibungen	4,6	5,0	5,7	6,4	6,7	4,9	2,9	1,9	1,8
Sonstige betriebliche Aufwendungen	16,6	18,0	17,1	17,8	17,8	17,2	18,6	17,8	17,2
Sonstige Zinsen und ähnliche Erträge	0,9	0,9	0	0	0	0	0	0	0,1
Zinsen und ähnliche Aufwendungen	0,1	0,3	0	0,7	0	0	0	0	0
Ergebnis der gewöhnlichen Geschäftstätigkeit	26,5	25,0	22,3	24,5	26,3	30,5	29,3	26,4	23,0
Steuern	13,5	11,6	11,3	6,2	1,7	11,6	10,5	9,5	8,3
Jahresüberschuss	13,0	13,4	11,0	18,3	24,6	18,9	18,7	16,9	14,8

Tabelle 7-5: Struktur der GuV-Rechnungen in Prozent der Nettoumsatzerlöse

Die Passivseite zeigt markante Veränderungen nur in den Positionen Eigenkapital, die das Thesaurierungs- bzw. Entnahmeverhalten der Eigentümer spiegelt.

Die GuV – Daten offenbaren einige langfristige Trends: Der relative Materialaufwand steigt kontinuierlich in der Zeit. Dies ist zurückzuführen auf steigende Preise für hochwertige Stähle. Der relative Personalaufwand fällt, wobei die Ursache in effizienteren Produktionsabläufen zu suchen ist. Das relative Gewicht der Position „Sonstige betriebliche Aufwendungen" wächst im Zeitablauf. Dass Abschreibungen im Zeitablauf unterschiedliches relatives Gewicht haben, ist eine Folge unregelmäßiger Investitionsauszahlungen und unterschiedlicher steuerlicher Abschreibungsregeln, soweit die steuerliche Handhabung auf die handelsbilanzielle durchschlägt.

Von Interesse sind die Wachstumsraten für zentrale GuV – Positionen, deren geometrische Durchschnitte über die Zeitspannen 1991 - 2006 bzw. 1998 - 2006 in Tabelle 7-6 aufgelistet werden.

Wachstumsraten für	1991 - 2006	1998 - 2006
Nettoumsatzerlöse	7,157	7,568
Materialaufwand	10,632	12,785
Personalaufwand	6,007	5,010
sonstige betriebliche Aufwendungen	5,936	8,041
Abschreibungen	-0,795	-4,065
Ergebnis der gewöhnlichen Geschäftstätigkeit	6,977	5,708

Tabelle 7-6: Wachstumsraten in Prozent pro Jahr

7.2.3 Investitionen und Abschreibungen

Tabelle 7-7 stellt Investitionen und Abschreibungsverhalten dar. Wir fassen immaterielle Vermögensgegenstände und Sachanlagen zu einer Position zusammen und weisen Zugänge, Abschreibungen und die resultierenden Buchwerte zum Periodenende aus.

		1998	1999	2000	2001	2002	2003	2004	2005	2006
(1)	Buchwert	2.183	2.895	3.773	3.260	3.423	2.374	1.756	2.189	4.091
(2)	Investitionen		1.684	2.284	1.019	1.683	215	211	971	2.547
(3)	Abschreibungen		972	1.406	1.532	1.520	1.264	829	538	645
(4)	Buchwert zum 31.12.		2.895	3.773	3.260	3.423	2.374	1.756	2.189	4.091
(5)	Investitionen in % der Umsatzerlöse		8,7	9,3	4,3	7,4	0,8	0,7	3,4	7,2
(6)	Abschreibungen in % der Umsatzerlöse		5,0	5,7	6,4	6,7	4,9	2,9	1,9	1,8
(7)	d_t gemäß (1)		0,321	0,348	0,358	0,371	0,358	0,334	0,240	0,186

Tabelle 7-7: Auszahlungen für Investitionen, Abschreibungen und deren relatives Gewicht

Die Relation Abschreibung zu Umsatzerlöse schwankt im Zeitablauf stark. Eine u. U. pronosegeeignetere Relation erhält man über (1):

$$(1) \quad d_t = \frac{Ab_t}{SA_{t-1} + \frac{I_t}{2}}.$$

Das Abschreibungsvolumen der Periode t wird auf die Summe aus Sachanlagevermögen (zuzüglich immaterieller Vermögensgegenstände) zu Beginn der Periode und die Hälfte der Investitionen der Periode t bezogen. Der Wert d_t (Zeile 7) ist erheblich stabiler als die in Zeile (6) ausgewiesene Relation. Der durchschnittliche Wert für d_t ist 0,315.

7.2.4 Kapitalbindung im Umlaufvermögen und operativer Cashflow

Die bewertungsrelevanten Überschüsse werden durch Auszahlungen für Investitionen im Anlagevermögen und im Umlaufvermögen verkürzt. Tabelle 7-8 berechnet die Mittelverwendung, soweit sie nicht durch Gläubiger, insbesondere Lieferanten finanziert wird, für Vermögensgegenstände im Umlaufvermögen. Kapitalbindung entsteht durch Vorräte, den Forderungsbestand aus Lieferungen und Leistungen, sonstige Vermögensgegenstände und einen Mindestkassenbestand, der hier pauschal mit 1,0 Mio. veranschlagt wird. Die Mittelbindung wird reduziert um erhaltene Anzahlungen, sonstige Rückstellungen, Verbindlichkeiten aus Lieferungen und Leistungen und sonstige Verbindlichkeiten.

Tabelle 7-8 führt die relevanten Daten für den Zeitraum 1998 - 2006 zusammen.

		1998	1999	2000	2001	2002	2003	2004	2005	2006
(1)	Vorräte (RHB-Stoffe)	1.434	1.940	2.218	2.620	3.337	3.869	5.392	6.012	7.672
(2)	Forderungen aus Lieferungen und Leistungen	3.493	3.566	5.075	3.617	2.430	2.259	3.639	2.050	2.179
(3)	Sonstige Vermögensgegenstände	633	1.075	1.017	1.592	1.598	205	287	465	835
(4)	Mindestkassenbestand	1.000	1.000	1.000	1.000	1.000	1.000	1.000	1.000	1.000
(5)	- erhaltene Anzahlungen	-	-	-	-	-	-	-	-	-
(6)	- Verbindlichkeiten aus Lieferungen und Leistungen	510	598	852	610	469	121	370	159	1.160
(7)	- sonst. Verbindlichkeiten	604	469	605	887	257	416	484	530	706
(8)	- sonst. Rückstellungen	454	308	550	273	230	558	999	1.083	1.577
(9)	NWC [(1) + (2) + (3) + (4) - (5) - (6) - (7) - (8)]	4.992	6.206	7.303	7.059	7.409	6.238	8.465	7.755	8.243
(10)	NWC	-	1.214	1.097	-244	350	-1.171	2.227	-710	488

Tabelle 7-8: Berechnung der Kapitalbindung im Umlaufvermögen (NWC)

Der operative Cashflow ist definiert nach Unternehmensteuern und nach Investitionen im Umlaufvermögen, aber vor Investitionen im Sachanlage- und Finanzanlagevermögen und vor Kapitaldienst für Fremdmittel.[4] Tabelle 7-9 übernimmt die faktischen Steuerzahlungen des Unternehmens, obwohl diese durch Zinserträge aus Finanzanlagevermögen einerseits und Zinsaufwendungen und aus der GuV-Rechnung nicht erkennbare Leasingraten beeinflusst sind. Ideal wäre es, exakt die Steuerlast anzusetzen, die auf die steuerbaren operativen Überschüsse bei ausschließlicher Eigenfinanzierung zu entrichten wäre.

[4] Vgl. zur Definition und Ermittlung des operativen Cashflow Drukarczyk, J. Finanzierung, 10. A., S. 77-95.

	1998	1999	2000	2001	2002	2003	2004	2005	2006
(1) Umsatzerlöse	19.698	19.408	24.663	23.872	22.618	25.629	28.216	28.74 0	35.308
(2) Sonstige betriebliche Erträge	98	259	93	696	299	267	161	273	357
(3) Materialaufwand	5.480	5.365	7.548	6.893	6.165	6.815	8.553	9.600	14.348
(4) Personalaufwand	5.153	5.391	6.438	6.687	6.331	6.211	6.197	6.400	7.619
(5) Sonstige betriebliche Aufwendungen	3.276	3.496	4.223	4.249	4.031	4.407	5.249	5.126	6.082
(6) NWC	-	1.214	1.097	- 244	350	-1.171	2.227	-710	488
(7) Unternehmensteuern	2.655	2.255	2.798	1.476	380	2.982	2.958	2.723	2.918
(8) Operativer Cashflow nach Steuern	3.232	1.946	2.652	5.507	5.660	6.652	3.193	5.874	4.210

Tabelle 7-9: Operativer Cashflow nach Steuern im Zeitraum 1998 – 2006

7.2.5 Bilanzielle Renditen

Bilanzielle Renditen werden in großer Vielfalt verwendet.[5] Wir betrachten im Folgenden ausschließlich Kapitalrenditen und wählen als Bezugspunkte das eingesetzte Gesamtkapital oder Eigenkapital zu Buchwerten zu Beginn der Periode. Wir betrachten den Zeitraum 1998 bis 2006.

Die Tabelle 7-1 zeigt, dass ein erheblicher Teil der Bilanzsumme durch „Guthaben bei Kreditinstituten und Kasse" dargestellt wird. Der Bilanzleser wird vermuten, dass die GmbH derart großzügig dimensionierte Bestände an liquiden Mitteln nicht benötigt. Deshalb reduzieren wir die Bilanzsummen bzw. die ausgewiesenen Gewinnrücklagen mittels der Annahme, dass die Eigentümer der Gesellschaft größere Beträge entziehen könnten, ohne die Finanzierung der Investitionen zu gefährden.

Wir kürzen deshalb das investierte Kapital von 1998 - 2001 einschließlich und 2003 um 5 Mio. €. Im Gegenzug bleibt die Position „Zinsen und ähnliche Erträge" unbeachtet. Auf eine Korrektur der Steuerzahlungen wird vereinfachend verzichtet.

---

5 Vgl. den Überblick in Drukarczyk, J., (2008), S. 113-134 und S. 187-204.

		1998	1999	2000	2001	2002	2003	2004	2005	2006
(1)	Korrigierte Bilanzsumme	9.317	10.769	13.182	14.926	12.347	12.667	11.144	11.161	16.845
(2)	Korrigiertes Eigenkapital	7.309	8.934	10.664	12.507	10.836	10.661	9.291	8.966	13.402
(3)	EBIT[a]	-	4.729	5.249	5.631	5.358	7.731	8.240	7.573	8.092
(4)	EBIT nach (faktischen) Steuern	-	2.474	2.451	4.155	4.978	4.749	5.282	4.850	5.174
(5)	Gesamtkapitalrendite in %	-	50,8	48,7	42,7	35,9	62,6	65,1	68,0	72,5
(6)	Gesamtkapitalrendite nach Steuern in %	-	26,6	22,8	31,5	33,4	38,5	41,7	43,5	46,4
(7)	Korrigierter Jahresüberschuss[b]	-	2.423	2.451	3.998	4.973	4.749	5.282	4.843	5.172
(8)	Eigenkapitalrendite nach Steuern in %		33,2	27,4	37,5	39,8	43,8	49,5	52,1	57,7

[a] Vgl. Tabelle 7-3: Ergebnis der gewöhnl. Geschäftstätigkeit plus Zinsen und ähnliche Aufwendungen minus sonstige Zinsen und ähnliche Erträge.
[b] Vgl. Tabelle 7-3: Jahresüberschuss minus sonstige Zinsen und ähnliche Erträge.

Tabelle 7-10: Gesamt- und Eigenkapitalrenditen im Zeitraum 1999 - 2006

Es handelt sich, wie schon betont, um bilanzielle Renditen. Basis der Berechnung sind Buchwerte, nicht Marktwerte. Man darf aus der beeindruckenden Höhe dieser Renditen einen Schluss ziehen: Der Wert des Unternehmens muss den Buchwert sehr deutlich übersteigen.

7.3 Bewertungsauftrag

Der Leser hat nunmehr eine Vorstellung über das zu bewertende Unternehmen. Er ist nun eingeladen, eine Bewertungsrechnung zum Bewertungsstichtag 1.1.2007 zu entwerfen. Folgende Annahmen sollen gelten:

- Der risikolose Basiszinsfuß zum Bewertungsstichtag ist 4 %.
- Es gilt wegen der vertraglichen Festlegung das Halbeinkünfteverfahren mit s_K = 0,25 und s_{GE} = 0,1453 für den Hebesatz H = 340. Der kombinierte Steuersatz ist somit s^0 = 0,359.
- Einkommensteuer ist gemäß vertraglicher Festlegung nicht zu beachten.
- Der Beta-Wert betrage bei Ausschluss von Finanzierungsrisiken 1,2.
- Die Marktrisikoprämie wird auf 5 % festgelegt.
- Bewertungsrelevante Veränderungen der Kapitalstruktur sind nicht geplant.

- Die vom Management geplanten Auszahlungen für Investitionen für Sachanlagevermögen und immaterielle Vermögensgegenstände im expliziten Planungszeitraum 2007 - 2012 sind:

Tsd. €	2007	2008	2009	2010	2011	2012
Auszahlungen für Investitionen im SAV und für immaterielle Vermögensgegenstände	4.600	2.600	2.900	3.100	3.400	3.600

Tabelle 7-11: Geplante Auszahlungen für Investitionen

8. Werkzeug GmbH – Lösungsvorschlag

8.1 Entziehbare Überschüsse in Phase 1

Der explizite Planungszeitraum reicht von 2007 - 2012.

Wir starten mit der Prognose der Umsatzerlöse. Die Wachstumsrate für die Zeitspanne 1998 - 2006 betrug 7,568 %. Das Management will hohe Wachstumsraten realisieren, um kleinere Konkurrenten deutlich hinter sich zu lassen und um den Marktanteil, der mit rund 15 % veranschlagt werden kann, zu steigern. Eine Wachstumsrate von 8,7 % pro Jahr wird als realisierbar angesehen.

Der relative Anteil der Materialaufwendungen ist im Zeitraum 1998 - 2006 erheblich gestiegen. Hauptursache sind die gestiegenen Preise für hochwertige Stähle. Es ist nicht erkennbar, was diese Richtung der Preisentwicklung nachhaltig beenden könnte. 2006 betrug der Anteil des Materialaufwandes an den Umsatzerlösen 40,6 %. In der Prognose wird unterstellt, dass dieser Anteil pro Jahr um 1,2 % steigt. Dies entspricht einer durchschnittlichen Wachstumsrate der Position Materialaufwand von 11,68 % pro Jahr.

Die Wachstumsrate der Personalaufwendungen im Zeitraum 1998 - 2006 betrug 5,01 %. Sie ist durch Lohn- und Gehaltssteigerungen und durch eine wachsende Zahl von Mitarbeitern bedingt. Die höheren Wachstumsziele bezüglich der Umsatzerlöse lassen sich mit konstanter Belegschaft nicht erreichen. Deshalb ist eine Wachstumsrate in Höhe von 5 bzw. 6 %, also den historischen Raten, vermutlich zu gering. Andererseits sollte der relative Anteil des Personalaufwandes, der – wie Tabelle 7-5 zeigt – zwischen 1998 und 2006 klar sinkt, weiter sinken. Die Wachstumsrate wird auf 6,75 % angehoben.[1]

Die sonstigen betrieblichen Aufwendungen erreichen im Zeitraum 1998 - 2006 einen durchschnittlichen Anteil von 17,6 % der Umsatzerlöse. Die Wachstumsrate q^{SBA} im gleichen Zeitraum erreicht den Wert von 8,04 % pro Jahr. Dieser durchschnittliche Wert verdeckt die unruhige Entwicklung der Position im Zeitablauf: Die Wachstumsraten von 2003 - 2006 betragen 9,3 %, 19,1 %, - 2,3 % und 18,7 %. Es handelt sich also um eine launenhafte Position. Entschiede man zugunsten der Wachstumsrate $q^{SBA} = 0{,}0804$ hätte dies zur Folge, dass der Anteil der Position in Bezug auf die Umsatzerlöse im Jahr 2012 sich auf 16,6 % reduzierte. Damit wäre das relative Niveau der Position von 1998 wieder erreicht. Hielte man andererseits für Planungszwecke an dem durchschnittlichen historischen Anteil von 17,6 % der Umsatzerlöse fest, erreichte man im Jahr 2012 eine Aufwandsposition, die in Bezug auf den Ausgangspunkt in 2006 einer jährlichen Wachstumsrate von 9,09 % entspräche, also einen Wert, der in

---

[1] 1 % bezogen auf die Lohnsumme von 2006 erlaubt die Beschäftigung von ca. 1,5 zusätzlichen Arbeitern.

den vergangenen 15 Jahren nur dreimal übertroffen wurde. Im Folgenden wird daher an der Wachstumsrate von $q^{SBA} = 0{,}08$ festgehalten.

Sonstige betriebliche Erträge werden in Höhe von 1 % der Umsatzerlöse veranschlagt. Die gleiche Annahme wird für Bestandserhöhungen getroffen.

Für die Berechnung der Steuerzahlungen werden die Abschreibungen benötigt. Tabelle 7-7 weist aus, dass die Abschreibungen im Durchschnitt 4,4 % der Umsatzerlöse ausmachen mit allerdings erheblichen Schwankungen. Tabelle 7-7 weist auch aus, dass die Abschreibungen im Durchschnitt des Zeitraums 1998 - 2006 31,5 % der Summe aus $SAV_{t-1} + 0{,}5\ I_t$ erreichen. Da der Parameter d im Zeitablauf weniger schwankt als ein an die Nettoumsatzerlöse angedocktes Abschreibungsvolumen, ist eine auf den Parameter d gestützte Prognose vorzuziehen. Dazu müssen die Daten SA_{t-1} und I_t prognostizierbar sein. Da gilt $SA_t = SA_{t-1} + I_t - Ab_t$, ist I_t die entscheidende Größe. Hier kann auf die Planungen der Geschäftsleitung zurückgegriffen werden.[2]

Wir benutzen Formel (1) und setzen d = 0,3.

Tsd. €		2006	2007	2008	2009	2010	2011	2012
(1)	Abschreibungsfähiges Sachanlagevermögen zum 31.12.2006	4.091						
(2)	Investitionen		4.600	2.600	2.900	3.100	3.400	3.600
(3)	Abschreibungen[a]		1.917	2.422	2.521	2.664	2.840	3.038
(4)	Abschreibungsfähiges Sachanlagevermögen in t		6.774	6.952	7.331	7.767	8.327	8.889

[a] $d \bullet (SAt\text{-}1 + It \bullet 0{,}5) = 0{,}3 \bullet (4.091 + 2.300) = 1.917$.

Tabelle 8-1: Berechnung der Abschreibungen für Phase 1

Tabelle 8-2 weist Steuerlast und Erfolge nach Steuern aus. Zur Berechnung der entziehbaren Überschüsse ist der Finanzbedarf im Umlaufvermögen zu berechnen. Wir benutzen die Informationen aus den historischen Quotienten im Zeitraum 1998 - 2006, um die entscheidenden Positionen Vorräte, Forderungen aus Lieferungen und Leistungen, Verbindlichkeiten aus Lieferungen und Leistungen, sonstige Rückstellungen in Bezug auf Umsatzerlöse abzubilden:

---

[2] Vgl. Tabelle 7-11.

Tsd. €	2006	2007	2008	2009	2010	2011	2012
(1) Nettoumsatzerlöse[a]	35.308	38.380	41.719	45.348	49.294	53.582	58.244
(2) Sonstige betriebliche Erträge[b]	357	384	417	453	493	536	582
(3) Bestandserhöhungen[c]	1.121	384	417	453	493	536	582
(4) Materialaufwendungen[d]	14.348	16.043	17.939	20.044	22.379	24.969	27.841
(5) Personalaufwendungen[e]	7.619	8.133	8.682	9.268	9.894	10.562	11.275
(6) Sonstige betriebliche Aufwendungen[f]	6.082	6.569	7.094	7.662	8.274	8.937	9.652
(7) Abschreibungen	645	1.917	2.422	2.521	2.664	2.840	3.038
(8) Ergebnis der gewöhnlichen Geschäftstätigkeit (EBIT)	8.092	6.486	6.416	6.759	7.069	7.346	7.602
(9) Unternehmensteuern ($s^0 = 0{,}359$)	2.905	2.328	2.303	2.426	2.538	2.637	2.729
(10) Erfolg nach Steuern	5.187	4.158	4.113	4.332	4.531	4.709	4.873

[a] Wachstumsrate $q^{NK} = 0{,}087$.
[b] in Höhe von $0{,}01 \cdot NU_t$.
[c] in Höhe von $0{,}01 \cdot NU_t$.
[d] Anteil an NU_t steigt, beginnend mit 40,6 %, um je 1,2 % pro Jahr.
[e] Wachstumsrate $q^{Pers} = 0{,}0675$.
[f] Wachstumsrate $q^{SBA} = 0{,}08$.

Tabelle 8-2: Berechnung der Unternehmensteuern und der Erfolge nach Steuern für Phase1

- Der Quotient Forderungen aus Lieferungen und Leistungen zu Nettoumsatzerlösen fällt im Zeitraum von 1998 - 2006 von 0,177 auf 0,0617; der Durchschnitt liegt bei 0,1306. Der in 2006 erreichte Wert soll weiter abgesenkt werden und um 0,002 pro Jahr fallen.
- Der Quotient Vorräte zu Nettoumsatzerlösen steigt im Zeitablauf von 0,0728 in 1998 auf 0,2173 in 2006. Hier reflektiert sich veränderte Lagerhaltungspolitik vor dem Hintergrund steigender Stahlpreise und u. U. längerer Lieferfristen. Es wird angenommen, dass der Quotient bei 0,21 verharrt.
- Die sonstigen Vermögensgegenstände erreichen im Zeitraum 1998 - 2006 durchschnittlich 0,036 der Nettoumsatzerlöse. Ab 2004 ist eine abnehmende Tendenz erkennbar. Der Quotient wird mit 0,025 angesetzt.
- Der Kassenbestand wächst, beginnend in 2007 um 100.000 pro Jahr auf 1,6 Mio. Euro in 2012.

- Der Quotient Verbindlichkeiten aus Lieferungen und Leistungen zu Nettoumsatzerlösen beträgt im Durchschnitt 0,0215. Die sehr liquide Gesellschaft hat wenig Gründe für die Nutzung von Lieferantenkrediten. Der Quotient soll deshalb mit 0,02 veranschlagt werden.
- Der Quotient für die Position Sonstige Rückstellungen beträgt im Durchschnitt 0,0247. Eine Tendenz in der zeitlichen Abfolge ist nicht erkennbar. Der Quotient wird mit 0,02 angesetzt.
- Der Quotient für die Position Sonstige Verbindlichkeiten zu Nettoumsatzerlösen beträgt im Durchschnitt 0,022. Eine Tendenz in der zeitlichen Abfolge ist nicht erkennbar. Der Quotient wird mit 0,022 angesetzt.

Tabelle 8-3 führt die Daten zusammen und weist in Zeile (10) den Mittelbedarf pro Jahr aus, der zur Finanzierung des Umlaufvermögens erforderlich ist.

In Tabelle 8-4 wird der verfügbare „freie Cashflow" berechnet, der prinzipiell ausgeschüttet werden könnte, solange ihm Ausschüttungssperren nicht entgegenstehen. Dies ist, wie Tabelle 8-2 zeigt, nicht der Fall. Im Jahr 2007 ist der freie Cashflow negativ, was i. d. R. bedeutet, dass die Eigentümer Geld einschießen müssen, wenn die Maxime vollständiger Eigenfinanzierung durchgehalten werden soll. Im vorliegenden Fall ist eine Einlage der Eigentümer nicht erforderlich, da die Gesellschaft 2006 eine liquide Position in Höhe von 2,06 Mio. € hat, mit der die Finanzlücke gestopft werden kann.

Tsd. €		2006	2007	2008	2009	2010	2011	2012
(1)	Nettoumsatzerlöse	35.308	38.380	41.719	45.348	49.294	53.582	58.244
(2)	Vorräte (RHB-Stoffe)	7.672	8.059	8.761	9.523	10.352	11.252	12.231
(3)	Forderungen aus Lieferungen	2.179	2.291	2.407	2.526	2.647	2.770	2.895
(4)	Sonstige Vermögensgegenstände	835	960	1.043	1.134	1.232	1.340	1.456
(5)	Mindestkassenbestand	1.000	1.100	1.200	1.300	1.400	1.500	1.600
(6)	Verbindlichkeiten aus Lieferungen	1.160	768	834	907	986	1.072	1.165
(7)	Sonstige Rückstellungen	1.577	768	834	907	986	1.072	1.165
(8)	Sonstige Verbindlichkeiten	706	844	918	998	1.084	1.178	1.281
(9)	NWC [(2) + (3) + (4) + (5) - (6) - (7) - (8)]	8.243	10.030	10.825	11.671	12.575	13.540	14.571
(10)	NWC	-	1.787	795	846	904	965	1.031

Tabelle 8-3: Berechnung des Mittelbedarfs zur Finanzierung des Umlaufvermögens

Tsd. €	2006	2007	2008	2009	2010	2011	2012
(1) Nettoumsatzerlöse	35.308	38.380	41.719	45.348	49.294	53.582	58.244
(2) Sonstige betriebliche Erträge	357	384	417	453	493	536	582
(3) Materialaufwand	14.348	16.043	17.939	20.044	22.379	24.969	27.841
(4) Personalaufwand	7.619	8.133	8.682	9.268	9.894	10.562	11.275
(5) Sonstige betriebliche Aufwendungen	6.082	6.569	7.094	7.662	8.274	8.937	9.652
(6) NWC	488	1.787	795	846	904	965	1.031
(7) Unternehmensteuern (s^0 = 35,9%)	2.904	2.328	2.303	2.426	2.538	2.637	2.729
(8) Operativer Überschuss nach Steuern	4.223	3.904	5.323	5.555	5.798	6.048	6.298
(9) Investitionen in Sachanlagevermögen	2.547	4.600	2.600	2.900	3.100	3.400	3.600
(10) Freier Cashflow	1.676	- 696	2.723	2.655	2.698	2.648	2.699
(11) Auflösung liquider Mittel	-	696	-	-	-	-	-
(12) Ausschüttung	1.676	265[a]	2.723	2.655	2.698	2.648	2.699

[a] 2.061 - 696 = 1.365; der geplante Kassenbestand in 2007 beträgt 1,1 Mio. €. Es werden daher ausgeschüttet: 1,365 - 1,1 = 265.

Tabelle 8-4: Berechnung der bewertungsrelevanten Überschüsse (Freier Cashflow)

8.2 Entziehbare Überschüsse in Phase 2: Der Endwert

Wie wird sich die Gesellschaft und insbesondere der freie Cashflow nach 2012, also in Phase 2 entwickeln? Kann z. B. die Wachstumsrate des freien Cashflow, die in Phase 1 erreicht wird, fortgeschrieben werden? Ist die Wachstumsrate der Nettoumsatzerlöse von $q^{NU} = 0{,}087$ auf Dauer erzielbar? Wie werden sich die Investitionen im Sachanlagevermögen und immateriellen Vermögen und insbesondere die Renditen nach 2012 entwickeln? Tabelle 8-5 zeigt die Entwicklung des investierten Kapitals (IC) und die Entwicklung der Ergebnisse der gewöhnlichen Geschäftstätigkeit (EBIT). Das investierte Kapital wird hier definiert als Sachanlagevermögen plus immaterielle Vermögensgegenstände plus Kapitalbindung im Umlaufvermögen einschließlich Mindestkassenbestand abzüglich Verbindlichkeiten aus Lieferungen und Leistungen.

Die in Tabelle 8-5 ausgewiesenen Renditen sind beeindruckend, auch wenn sie im Vergleich zu den in Tabelle 7-10 ausgewiesenen Werten gedämpft erscheinen. Die EBIT nach Steuern (NOPAT) wachsen zwischen 2007 - 2012 durchschnittlich um 3,2 %, während IC_t im gleichen Zeitraum mit einer Rate von 7,1 % wächst. Das bedeutet, dass die Rendite auf neue Investitionen geringer ist als die Rendite der Investitionen, die zum Zeitpunkt 2006 bereits realisiert waren.

Wenn wir die geforderte Rendite der Eigentümer vorläufig mit k = 10 % beziffern würden, befänden sich die Renditen noch immer auf einem Niveau, das bei vielen Eigentümern und Managern tiefe Dankbarkeit auslösen würde, wenn sie gleiches erreichen könnten.

	2006	2007	2008	2009	2010	2011	2012
(1) Investiertes Kapital (IC_{t-1})	14.617[a]	18.416[b]	19.529[c]	20.907[d]	22.412[e]	24.117[f]	25.906[g]
(2) EBIT	8.092	6.486	6.416	6.759	7.069	7.346	7.602
(3) $EBIT(1 - s^0) =$ NOPAT[h]	5.187	4.158	4.113	4.332	4.531	4.709	4.873
(4) $ROIC = \frac{EBIT}{IC_{t-1}}$	-	44,4	34,8	34,6	33,8	32,8	31,5
(5) $ROIC_S = \frac{EBIT(1-s^0)}{IC_{t-1}}$	-	28,4	22,3	22,2	21,7	21,0	20,2

[a] 4.091 + 7.672 + 4.014 - 1.160 = 14.617.
[b] 6.774 + 8.059 + 4.351 - 768 = 18.416.
[c] 6.952 + 8.761 + 4.650 - 834 = 19.529.
[d] 7.331 + 9.523 + 4.960 - 907 = 20.907.
[e] 7.767 + 10.352 + 5.279 - 986 = 22.412.
[f] 8.327 + 11.252 + 5.610 - 1.072 = 24.117.
[g] 8.889 + 12.231 + 5.951 - 1.165 = 25.906.
[h] NOPAT = Net Operating Profit After (Adjusted) Taxes.

Tabelle 8-5: Buchwert-basierte Renditen in Phase 2 (in Prozent)

Entscheidend für die Bewertung des Unternehmens zum Ende der expliziten Planungsperiode ist nun, wie die freien Cashflows nach 2012 aussehen könnten. Diese hängen ab von den operativen Überschüssen nach Steuern, der Höhe der Reinvestitionen und insbesondere deren Renditen. Wie lange ist es der Gesellschaft möglich, auf das investierte Kapital (IC_t) Renditen zu erzielen, die die geforderte Rendite, die oben vorläufig mit 10 % veranschlagt wurde, übersteigen? Wie lange können „excess returns" in welcher Höhe erwartet werden? In der Literatur finden sich eine Reihe von Bewertungsformeln[3], die aber nicht das Problem der Prognose künftiger Renditen lösen. Über die empirische Permanenz („sustainability") von Buchwert-basierten Renditen ist einiges bekannt: Koller u. a. berichten, dass hohe Buchrenditen im Zeitablauf unter dem Einfluss von Wachstum und Wettbewerb eine Tendenz zur Abschwächung zeigen, dass aber viele Unternehmen eine erstaunlich hohe Zähigkeit an den Tag legen bei der Verteidigung von „excess returns".[4] Wir können im Folgenden das sog. Rentenmodell zur

[3] Vgl. z. B. Koller, T. /Goedhart, M. /Wessels, D. (2005), Kapitel 9; Damodaran, A. (1997), Kapitel 23; Lobe, S. (2006), S. 8-48.

[4] Koller, T. /Goedhart, M. /Wessels, D. (2005), S. 135-157.

Bewertung von V_T ausschließen. Das Modell unterstellt, dass der entziehbare Überschuss in Phase 2 konstant bleibt. Da i. d. R. der Erfolg mittels EBIT bzw. NOPAT dargestellt wird, bedeutet dies u. a. dass die Reinvestition der verrechneten Abschreibung entspricht, dass die Reinvestitionen eine Rendite in der Höhe erzielen, in der sich die bereits realisierten Investitionen verzinsten, dass die Inflationsrate Null ist etc. Das Modell passt somit nicht auf diesen Fall.

Verbreitet ist der Ansatz, die historische Wachstumsrate der verfügbaren Überschüsse zum Startpunkt für eine Schätzung der künftig erwarteten Wachstumsrate zu machen. Diese Vorgehensweise muss der Höhe der Reinvestitionen und deren Renditen besondere Aufmerksamkeit widmen. Es sind die Renditen auf die bereits realisierten und die neuen Investitionen, die das Wachstum der verfügbaren Überschüsse auslösen. Nur Investitionen, deren Renditen die geforderten Renditen der Kapitalgeber übersteigen, schaffen Unternehmenswert. Folglich ist die zeitliche Entwicklung der Renditen und das Investitionsverhalten entscheidend für die Entwicklung des freien Cashflows. Tabelle 8-6 stellt Unternehmen A und B gegenüber. Die operativen Überschüsse sind identisch und wachsen mit $g = 0{,}05$. Die Reinvestitionsrenditen sind jedoch ganz unterschiedlich: Unternehmen A muss eine die Abschreibung übersteigende Investition von 40 % des operativen Überschusses nach Steuern (NOPAT) pro Jahr vornehmen, um $g = 0{,}05$ zu realisieren. Unternehmen B gelingt dies mit einer Reinvestition von 25 % des operativen Überschusses nach Steuern.

	1	2	3	4	5ff.
Unternehmen A					
(1) Operativer Überschuss nach Steuern (NOPAT)	100,00	105,00	110,25	115,76	121,55
(2) Nettoinvestition	40,00	42,00	44,10	46,31	48,62
(3) Bewertungsrelevante Überschüsse (freier Cashflow)	60,00	63,00	66,15	69,46	72,93
Unternehmen B					
(1) Operativer Überschuss nach Steuern (NOPAT)	100,00	105,00	110,25	115,76	121,55
(2) Nettoinvestition	25,00	26,25	27,56	28,94	30,39
(3) Bewertungsrelevante Überschüsse (freier Cashflow)	75,00	78,75	82,69	86,82	91,16

Tabelle 8-6: Wachstum und erforderliche Nettoinvestitionen

A erzielt eine Rendite ROIC in Höhe von $ROIC_A = \frac{g}{b} = \frac{0{,}05}{0{,}4} = 0{,}125$; B erzielt $ROIC_B = \frac{g}{b} = \frac{0{,}05}{0{,}25} = 0{,}20$ [5]. Angenommen, die Renditen seien auf Dauer erzielbar, b

[5] b bezeichnet den Teil des operativen Überschusses nach Steuern, der reinvestiert werden muss, um die Wachstumsrate g zu erzeugen.

bleibe konstant und die geforderte Rendite der Eigentümer wäre k = 0,10. Der Wert der Unternehmen ist dann

$$(2)\quad V_0^A = \frac{NOPAT - I_t}{k-g} = \frac{NOPAT(1-b)}{k-g} = \frac{100(1-0,4)}{0,10-0,05} = 1.200 \text{ bzw.}$$

$$V_0^B = \frac{100(1-0,25)}{0,10-0,05} = 1.500.$$

Wollte man diese Idee auf die Werkzeug GmbH übertragen, könnte man z. B. die folgenden Annahmen setzen:

- Per Thesaurierung muss pro Periode der Betrag $I_t = I_t^{SAV} + I_t^{NWC} - Ab_t$ bereitgestellt werden;[6] im Zeitraum 2008 - 2012 betrug die Thesaurierungsquote bezogen auf $EBIT_t$ (1 - s) durchschnittlich 33 %;[7] wir setzen diese Quote für die Jahre danach auf 30 %;
- die geschätzte Rendite der neuen (und realisierten) Investitionen liege in Höhe von $ROIC_S$ in 2012, also bei rund 20 %;
- eine Wachstumsrate von EBIT(1 - s), (g^{EBIT}), in Höhe von 0,3 • 0,20 = 0,06 folgt.

Die Struktur der Daten sieht dann so aus wie in Tabelle 8-7, die verdeutlicht, dass hinter den unterstellten Reinvestitionsrenditen gleichbleibende unbegrenzte Projektüberschüsse stehen.

		2012	2013	2014	2015	2016 ff.
(1)	EBIT(1 - s)	100	106	112,4	119,1	126,2
(2)	$I_t = IC_t$	30	31,8	33,7	35,7	37,9
(3)	$ROIC_s \cdot I_{2012}$	-	6	6	6	6
(4)	$ROIC_s \cdot I_{2013}$	-	-	6,4	6,4	6,4
(5)	$ROIC_s \cdot I_{2014}$	-	-	-	6,7	6,7
(6)	Freier Cashflow (1) - (2)	70	74,2	78,7	83,4	88,3

Tabelle 8-7: Reinvestitionen, Renditen und freier Cashflow

Analog zu (2) und unter der Annahme, dass die Inflationsrate (w) Null ist, dass die Entwicklung von EBIT(1 - s) also „wahres" Wachstum darstellt, und dass EBIT(1 - s^0) = 4.873 ein verteidigbarer Startpunkt für die Prognose wäre, folgt

6 Der durch Rückstellungen bewirkte Beitrag zum Innenfinanzierungsvolumen, der hier sehr klein ist, bleibt unbeachtet.

7 Berechnet IC_t/EBIT(1-s); $IC_t = IC_t - IC_{t-1}$. Die Quote für 2007 (b = 0,9) wurde in die Berechnung nicht einbezogen wegen der untypisch hohen Investition.

(3) $$V_T = \frac{EBIT(1-s^0)(1-b)(1+g)}{k-g}$$

$$V_T = \frac{7.602(1-0,359)(1-0,3)(1,06)}{0,10-0,06} = 90.392.$$

Unter Berücksichtigung der entziehbaren Überschüsse in Phase 1 erhält man zum 1.1.2007 einen Wert in Höhe von

$$V_{1.1.2007} = \underbrace{9.496}_{\text{Wertbeitrag aus Phase 1}} + \underbrace{90.392(1,10)^{-6}}_{\text{Wertbeitrag aus Phase 2}}$$

$$V_{1.1.2007} \cong 60.520.$$

Die Annahme, dass g und b und somit ROIC im Zeitablauf konstant sind, ist einfach, aber nicht sehr realistisch. Die Literatur bietet daher gestufte Bewertungsmodelle an.[8] In EBIT-Schreibweise sieht die Bewertungsformel für ein Zwei-Phasen-Wachstumsmodell so aus:

(4) $$V_0 = \underbrace{\sum_{t=1}^{T} EBIT_0(1-s^0)(1+g^{(1)})^t(1-b^{(1)})(1+k)^{-t}}_{\text{Barwert der entziehbaren Überschüsse in der Phase überdurchschnittlichen Wachstums}} +$$

$$\underbrace{\frac{EBIT_{T+1}(1-s^0)(1-b^{(2)})}{k-g^{(2)}} \cdot (1+k)^{-T}}_{\text{Wert von } V_T \text{ bei "normalem" Wachstum, diskontiert auf den Bewertungszeitpunkt}}$$

$g^{(1)}$, $b^{(1)}$ bzw. $g^{(2)}$ und $b^{(2)}$ kennzeichnen die phasentypischen Wachstums- und Einbehaltungsraten. Entscheidend ist nun, wie lange Phase 1 anhält, wie hoch die „excess returns" in dieser Phase sind und wie in Phase 2 das Verhältnis von Renditen zur geforderten Rendite ist. Auch hier sind – wenn auch gedämpfte – „excess returns" möglich.[9]

Wir nehmen beispielhaft an, dass die Phase überdurchschnittlicher Renditen für die Gesellschaft 18 Jahre anhält und dass die Überrendite danach auf ein Fünftel der ursprünglichen Überrendite, also 2 %, falle. Die Einbehaltungsrate $b^{(2)}$ betrage 0,20. Mit (5) erhält man:

(5) $$V_T = \frac{EBIT_{2012}(1-s^0)(1-b^{(1)})(1+g^{(1)})}{k-g^{(1)}} \cdot \left[1 - \frac{(1+g^{(1)})^T}{(1+k)^T}\right]$$

$$+ \frac{EBIT_{2012}(1-s^0)(1+g^{(1)})^T(1-b^{(2)})(1+g^{(2)})}{k-g^{(2)}}$$

$$V_T = \frac{7.602(1-0,359)(1-0,3)(1,06)}{0,1-0,06} \cdot \left[1 - \frac{1,06^{18}}{1,1^{18}}\right]$$

[8] Vgl. Koller, T. /Goedhart, M. /Wessels, D. (2005), S. 142-150.
[9] Vgl. Koller, T. /Goedhart, M. /Wessels, D. (2005), S. 142-150.

$$+ \quad \frac{7.602(1-0,359)(1,06)^{18}(1-0,2)\cdot(1+0,024)}{0,1-0,024}\cdot(1,1)^{-18}$$

$$V_T = 70.952.$$

$$V_{1.1.2007} = 9.496 + 40.051 = 49.547.$$

Höhe der Überrendite und die sustainability, also die Zeitspanne, für die eine Überrendite erzielt werden kann, sind somit entscheidend für die Höhe des Wertes.

Das Modell mit gestuften Wachstumsphasen ist anpassungsfähiger als der zuvor betrachtete einphasige Ansatz. Und er ist realistischer, weil konstante und zeitliche unbegrenzt erzielbare Überrenditen in der Realität nicht beobachtet werden. Als Schönheitsfehler des zweiphasigen Ansatzes könnte angeführt werden, dass die Überrendite plötzlich (nach 18 Jahren) von 10 % auf 2 % abstürzt.[10]

Folglich könnte man nach einem Ansatz suchen, der eine allmähliche Annäherung der Reinvestitionsrendite an eine prinzipiell begründungsbedürftige Untergrenze, die identisch mit der geforderten Rendite sein könnte, unterstellt. Die entscheidenden Größen sind in diesem Fall die Geschwindigkeit, mit der die Rendite im Startpunkt (ROIC) sich der zu definierenden Untergrenze nähert. Wichtig ist also die „decay rate“ bzw. „fading rate“.[11] Ein solches Modell wird von O'Brien vorgeschlagen. Alle Investitionen in diesem Modell haben Rentencharakter: Eine Auszahlung von I_t bringt also in t + 1 ff. einen Beitrag zu EBIT oder EBIT(1 - s) in Höhe von I_t • ROIC. O'Brien differenziert in die Rendite der „assets in place“, also der bereits realisierten Investitionen (ROIC) und die Rendite der neuen Investitionen (ROIC*). Erstere wird als konstant angenommen, letztere fällt. Wie schnell sie fällt, wird ausgedrückt über eine im Zeitablauf konstante „fading rate“ f, die auf den „excess return“ wirkt, also auf ROIC* - k. Wird für die Investitionsauszahlung der Periode 1 die Überrendite ROIC* - k erwartet, beträgt die Erwartung über die permanente Rendite von I_2 (ROIC* - k)(1 - f), wobei f von empirischen Gegebenheiten gesteuert wird. Um eine einfache Formel zu erhalten, muss f im Zeitablauf konstant sein. Es hängt von der Höhe der Überrendite, von f und von dem Gewicht der Neuinvestitionen ab, wie lange es dauert, bis die schrumpfende Überrendite der Neuinvestitionen, die gesamte Rendite von Alt- und Neuinvestitionen in die Nähe der geforderten Rendite k rückt. Das Konzept des langsamen (Ver)Falls der im Startpunkt gegebenen Rendite ROIC ist (1) gefälliger als der oben unterstellte Absturz und (2) mit einer höheren Wahrscheinlichkeit für empirische Relevanz ausgestattet.

Eine weitere wertrelevante Variable sind die geplanten Investitionsauszahlungen im Zeitpunkt 1 (I_1) und die geplante Wachstumsrate der Investitionsauszahlungen in den Folgeperioden (g_I). Im Gegensatz zu dem zuvor erläuterten Stufenmodell hängen die Auszahlungen I_t nicht über eine Thesaurierungsquote b von der Größe EBIT(1 - s) ab,

---

[10] Ausgeschlossen ist der Absturz natürlich nicht. Der Ablauf von Patentschutz könnte z. B. Auslöser sein. Es wird nicht das Absturzrisiko in Frage gestellt, sondern die fehlende Begründung für den Zeitpunkt und die Form des Absturzes bemängelt.

[11] Koller u. a. weisen für ein Sample von Unternehmen, die Renditen (ROIC) von 20 % und mehr erzielen, nach, dass die „decay rates“ klar erkennbar sind, aber „excess returns“ auch im Verlauf von 15 Jahren nicht zum Verschwinden bringen.

sondern sind losgelöst von dieser Größe planbar. Das Beispiel in Tabelle 8-8 erläutert den Ansatz. Es soll gelten: $IC_0 = 500$; $I_1 = 50$; $g_I = 0{,}05$; ROIC = 0,22; k = 0,10; f = 0,10 und $ROIC_t^* = (ROIC - k)(1 - f)^{t-1} + k$.

		0	1	2	3	4	5
(1)	Buchwert (IC_t)	500	550	602,5	657,6	715,5	776,3
(2)	Reinvestitionen (I_t)		50	52,50	55,13	57,88	60,77
(3)	$ROIC_t^*$		0,22	0,208	0,1972	0,1875	0,1787
(4)	$EBIT_t(1 - s)$		110	121	131,9	142,8	153,6
(5)	$ROIC_t = \frac{EBIT(1-s)}{IC_{t-1}}$		0,22	0,22	0,219	0,217	0,215
(6)	FCF_t		60	68,5	76,8	84,9	92,9
(7)	$NKW_t(I_t)$		60[a]	56,70[b]	53,59	50,67	47,83

[a] $(50 \cdot 0{,}22)\frac{1}{0{,}10} - 50 = 60$ bzw. $50(0{,}22 - 0{,}10)\frac{1}{0{,}10} = 60.$

[b] $50 \cdot 1{,}05 \cdot (0{,}22 - 0{,}10) \cdot (1 - 0{,}10)\frac{1}{0{,}10} = 56{,}7.$

Tabelle 8-8: Struktur des Ansatzes von O'Brien

Der Nettokapitalwert einer Investition in Periode t berechnet sich unter der Annahme konstanter Risikoeigenschaften und damit eines konstanten Satzes k aus $I_1(1 + g_I)^{t-1}$ $(ROIC - k)(1 - f)^{t-1}\frac{1}{k}$. Die Nettokapitalwerte zeitlich benachbarter Reinvestitionen unterscheiden sich durch die von O'Brien benannte „decay rate" $d = f - g_I + fg_I$, die im Beispiel 0,055 beträgt.[12] Hiermit begründet O'Brien den zweiten Teil seiner Bewertungsformel:

$$(6) \qquad V = \frac{EBIT_1(1-s)}{k} + \frac{I_1}{k}\left(\frac{ROIC^* - k}{k + d}\right),$$

wobei O'Brien die Größe d verkürzt zu $d = f - g_I$, weil er den dritten Term wegen der ohnehin gegebenen Unsicherheit über f für vernachlässigbar hält.[13]

---

[12] $d = -0{,}10 + 0{,}05 - 0{,}05 \cdot 0{,}10 = -0{,}055$. $NKW_{t+1} / NKW_t - 1 = -0{,}055$.
[13] O'Brien (2003), S. 15.

Das in Tabelle 8-8 dargestellte Unternehmen hat zum Zeitpunkt 0 demnach den Wert

$$V_0 = \frac{110}{0{,}10} + \frac{50}{0{,}10}\left(\frac{0{,}22 - 0{,}10}{0{,}10 + 0{,}055}\right)$$

$$V_0 = 1.100 + 387{,}1.$$ [14]

Will man den Ansatz anwenden auf die Werkzeug GmbH, benötigt man insbesondere Informationen zur zu erwartenden „fade rate" f und zu g_I für den Zeitraum nach 2012. Die verfügbaren Informationen erlauben nicht, die ROIC* der neuen Projekte über Auszahlungen für Investitionen und zurechenbare Einzahlungen zu berechnen. Man ist auf Vereinfachungen angewiesen.[15] Die Wachstumsrate der Investitionsauszahlungen im Zeitraum 2008 - 2012 betrug 8,5 %. Diese Rate könnte beibehalten werden. Eine Möglichkeit zur Schätzung von $ROIC_t^*$ im Zeitraum 2008 - 2012 besteht darin, $EBIT(1 - s^0)$ in Bezug zum zusätzlichen Kapitaleinsatz zu setzen. Unter Bezug auf Tabelle 8-5 erhält man für den Zeitraum 2007 - 2012 die folgenden Antworten:

		2007	2008	2009	2010	2011	2012
(1)	$EBIT(1 - s^0)$	-	- 45	219	199	178	164
(2)	IC_{t-1}	3.799	1.113	1.378	1.505	1.705	1.789
(3)	(1) : IC_{t-1}	-	- 0,0118	0,1968	0,1444	0,1183	0,09619
(4)	Periodisches f[a]	-	-	0,541	0,588	n.d.	-

[a] Aus $\left(ROIC_t^* - k\right) = \left(ROIC_{t-1}^* - k\right)(1-f)$ folgt: $f = 1 - \frac{ROIC_t^* - k}{ROIC_{t-1}^* - k}$.

*Tabelle 8-9: Versuch einer Annäherung an ROIC**

Dem Leser ist klar, dass dies ein relativ grobes Vorgehen ist. Aber Alternativen stehen nicht zur Verfügung. Auch wenn wir den negativen Wert für $ROIC_{2008}^*$ unbeachtet lassen, ergeben sich sehr hohe „fade rates" f, die angewendet auf den „excess return" die in Zeile (3) ausgewiesenen Renditen erklären könnten.[16]

Würde man f = 0,5; $EBIT_1(1 - s^0) = EBIT_{2012}(1 - s^0) = 4.873$; k = 0,10 und $g_I = 0{,}085$; sowie den Startwert von $ROIC_{2012} = 0{,}202$ setzen, erhält man gemäß (6)

$$V_{31.12.2012} = \frac{4.873}{0{,}10} + \frac{1.789}{0{,}10}\left(\frac{0{,}202 - 0{,}10}{0{,}10 + 0{,}415}\right)$$ [17]

$$= 48.730 + 3.543 = 52.273.$$

[14] Mit $d = f - g_I + g_I f = 0{,}055$. Benutzte man $d = f - g_I = 0{,}05$, steigt der Wert aller neuen Investitionsprojekte auf 400. Der Fehler ist somit überschaubar.

[15] Vgl. auch O'Brien (2003), S. 14.

[16] f für t = 2009 müsste f = 0,541 betragen, um den „excess return" von 0,0444 in t = 2010 zu begründen: (0,1968 - 0,10)(1 - 0,541) = 0,0444.

[17] $IC_{2012} = 25.906 - 24.117 = 1.789$; d = 0,50 - 0,085 = 0,415.

Berechnet man d mit $d = f - g_I + g_I f = 0{,}4575$, folgt $V_T = 48.730 + 3.273 = 52.003$.

$V_{1.1.2007}$ beträgt unter der Prämisse, dass $k = 0{,}10$ ist

$$V_{1.1.2007} = 9.496 + 52.273(1{,}1)^{-6}$$

$$V_{1.1.2007} \cong 39.002.$$

Dass die „fade rate" auf die Rendite neuer Investitionen so stark abfällt, wie die Tabelle 8-5 und die Tabelle 8-9 nahelegen, ist vor der bisherigen Profitabilität und der Wettbewerbssituation unwahrscheinlich. Die gedämpften Renditen $ROIC_t$ könnten vielmehr auf die hohen Investitionsauszahlungen im Zeitraum 2007 - 2012 zurückzuführen sein, deren vorteilhafte Wirkungen erst mit Verzögerung eintreten. Auch könnte gegen die Realitätsnähe einer permanent einzuhaltenden Rate $g_I = 0{,}085$ argumentiert werden. Setzen wir z. B. $f = 0{,}25$ und g_I auf 0,05, sieht die Welt der Werkzeug GmbH ganz anders aus:[18]

$$V_T = \frac{4.873}{0{,}10} + \frac{1.789}{0{,}10}\left(\frac{0{,}202 - 0{,}10}{0{,}10 + 0{,}20}\right)$$

$$V_T = 48.730 + 6.082{,}6 = 54.812{,}6$$

$$V_T = 9.496 + 54.812{,}6(1{,}1)^{-6} = 40.436.$$

8.3 Diskontierungssatz

Hier fassen wir uns kurz. Die risikolose langfristige Rendite zum 1.1.2007 beträgt 4 %.[19]

Dann werden Marktrisikoprämie $\bar{r}_M - i$ und der β^E - Wert vergleichbarer Unternehmen benötigt, soweit vergleichbare Unternehmen vorliegen. Zur Marktrisikoprämie hat R. Stehle in 2005 eine Arbeit veröffentlicht, die für den Zeitraum 1955 - 2006 eine Marktrisikoprämie, berechnet als arithmetisches Mittel in Höhe von 6,10 % (vor Einkommensteuer), ausweist. Diese Studie und ihr Ergebnis ist nicht ohne Kritik geblieben. Auch Stehle selbst hatte bereits zu erkennen gegeben, dass ihm der historische Wert von 6,10 % als Schätzer für die Zukunft zu hoch erschien. Wir vertiefen diesen Punkt hier nicht und setzen die Marktrisikoprämie, wie vertraglich festgelegt, mit 5 % fest. Vergleichbare Unternehmen, die börsennotiert wären, gibt es nicht. Die Werkzeug GmbH ist ein kleines mittelständisches Unternehmen mit einem ganz spezifischen Geschäftsfeld. Ermittelt werden konnten nur Branchen-Betawerte für „Metallverarbeitung"; und diese sind US-amerikanische Werte, die bereinigt bei rund 0,9 liegen. Nun ist die Werkzeug GmbH eine kleine nicht notierte Gesellschaft. Viele Autoren warnen vor der Übertragung der von Betawerten gelieferten Informationen auf diese Unternehmen wegen des höheren Risikos, des schwierigeren Exits, der Abhängigkeit vom Leistungsvermögen der Eigentümer und plädieren für deutliche Wertabschläge.[20] Wir

---

[18] $d = 0{,}25 - 0{,}05 = 0{,}20$ bzw. $d = 0{,}25 - 0{,}05 + 0{,}05 \cdot 0{,}20 = 0{,}21$.

[19] Wir greifen vereinfachend nicht auf die Zinsstrukturkurve zurück.

[20] Vgl. z. B. Pratt, Sh. P. (2005), S. 153-194; Hitchner, J. R (2003), S. 502-532.

erhöhen den Betawert pragmatisch um 1/3 auf 1,2 und erreichen die oben bereits unterstellte alternative Rendite von 0,04 + 1,2 • 0,05 = 0,10.

8.4 Literatur

Damodaran, A. (1997): Corporate Finance, Theory and Practice, second printing.

Drukarczyk, J. (2008): Finanzierung, 10. A., Stuttgart.

Koller, T./Goedhardt, M./Wessels, D. (2005): Valuation, 4. A., Hoboken.

Lobe, S (2006).: Unternehmensbewertung und Terminal Value. In: Regensburger Beiträge zur betriebswirtschaftlichen Forschung, Bd. 45, Berlin, Bern.

O'Brien, Th. J. (2003): A Simple and Flexible DCF Valuation Formula. In: Journal of Applied Finance, S. 7-15.

Pratt, Sh. P.: The Market Approach to Valuing Businesses, 2. A., Hobohen.

Stehle, R./Hausladen, J. (2004): Die Schätzung der US-amerikanischen Risikoprämie auf Basis der historischen Renditezeitreihe. In: Die Wirtschaftsprüfung, 57. Jg., S. 928-936.

Stehle, R. (2004): Die Festlegung der Risikoprämie von Aktien im Rahmen der Schätzung des Wertes von börsennotierten Kapitalgesellschaften. In: Die Wirtschaftsprüfung, 57. Jg., S. 906-927.

9. Optimale Leasing GmbH

Die A-GmbH und die B-GmbH betreiben eine gemeinsame Tochter, die T-GmbH. A hält 49 %, B 51 % der GmbH-Anteile. Die T-GmbH plant 1998 die Errichtung einer größeren Anlage zur Produktion von Profilstählen.[1] Die Errichtungskosten der Anlage ohne Grund und Boden werden auf 50 Mio. DM geschätzt. Ohne Kapitalzuführung der Mütter könnte die T-GmbH das Projekt nicht finanzieren. Während die B-GmbH eine Erhöhung des Eigenkapitals der Tochter T durchzuführen bereit wäre, plädiert die A-GmbH für die Lösung des Finanzierungsproblems der Tochter über einen Finanzierungs-Leasing-Vertrag. Die A-GmbH hat bereits ein Angebot der „Optimale Leasing GmbH“ (OL-GmbH) eingeholt. Die Berechnungen dieser Gesellschaft weisen den Abschluss eines Finanzierungs-Leasing-Vertrags als klar bessere Lösung aus, was die A-GmbH in ihrem Beharren auf dieser Form der Lösung des Finanzierungsproblems bestärkt.

Die OL-GmbH legt ihren Berechnungen die folgenden Annahmen zugrunde:

(1) Auch bei Abschluss eines Finanzierungs-Leasing-Vertrags wird die T-GmbH zunächst Eigentümerin der Anlage für die ersten drei Perioden der Nutzungsdauer. Für diese Zeitspanne wird die volle Fremdfinanzierung der Anlage zu einem Zinssatz von 7 % durch die OL-GmbH sichergestellt. Diese rechtliche Konstruktion wird gewählt, um die T-GmbH in den Genuss einer staatlichen Subvention („Stahlzulage“) zu bringen, einer Förderung, die an das Eigentum der erworbenen Investitionsgüter geknüpft ist. Während dieser drei Perioden wird die Anlage linear abgeschrieben. Diese Form der Abschreibung wird gewählt, um die mögliche Entstehung von Verlustvorträgen bei der T-GmbH zu vermeiden.

(2) Ab Beginn der Periode 4 tritt ein Finanzierungs-Leasing-Vertrag (FLV) an die Stelle des Kreditvertrags. Die jährlichen Leasingraten während der zehnperiodigen unkündbaren Grundmietzeit betragen 5.260.000 DM; die Leasingrate für die letzte Periode beträgt 5.294.300. Diese Konstruktion sichert die Aktivierung des Projektes beim Leasinggeber; die wirtschaftliche Nutzungsdauer beträgt 15 Jahre.

(3) Zum Ende der Grundmietzeit wird der T-GmbH eine Kaufoption eingeräumt. Als Preis wird ein Betrag in Höhe des sich bei linearer Abschreibung ergebenden Restbuchwertes in Höhe von 6.667.000 DM vereinbart. Zugleich wird unterstellt, dass die Anlage nach Ablauf einer dreizehnjährigen Nutzung einen Restverkaufserlös in Höhe des Restbuchwerts hätte. Damit bleiben steuerliche Folgen aus der

[1] Über den Sachverhalt, der diesem Fall zugrunde liegt, war 1998 zu entscheiden. Damals galten die steuerlichen Regelungen des Anrechnungsverfahrens. Hier wird der Fall vor dem Hintergrund der Regeln der Unternehmensteuerreform 2008 behandelt. Eine Lösung, die die Normen des Halbeinkünfteverfahrens berücksichtigt, findet sich in Drukarczyk, J. (2008), S. 286-298.

Annahme einer Veräußerung im Fall des Kaufs der Anlage ohne Einfluss auf das Ergebnis: Betriebseinnahme und Betriebsausgabe sind gleich.

(4) Bei Kauf der Anlage wird eine Mischfinanzierung unterstellt: Die Anlage soll mit 32 Mio. DM Fremdkapital und 18 Mio. DM Eigenkapital finanziert werden. Der Zinssatz für Fremdmittel beträgt 7 %; die Fremdmittel sind annuitätisch zu tilgen und zu verzinsen. Als Eigenkapitalkosten wird ein Satz von 8 % unterstellt.

(5) Der relevante Hebesatz ist 400 %. Damit beträgt der Steuersatz für die Gewerbeertragsteuer (s_{GE}) 0,14. Fremdkapitalzinsen sind zu 25 % und Leasingraten zu 20 % zur Bemessungsgrundlage der Gewerbeertragsteuer hinzuzurechnen. Der Körperschaftsteuersatz (s_K) im neuen deutschen Steuersystem beträgt 15 %. Freibeträge werden ausgeblendet. Dividenden und Zinseinkünfte der Investoren unterliegen der Abgeltungsteuer (s_A) i. H. v. 25 %.

(6) Die sog. Zinsschranke, die die Verringerung der körperschaftsteuerlichen Bemessungsgrundlage durch Zinsaufwendungen auf 30 % der EBITDA beschränkt, bleibt unbeachtet.

(7) Es wird Vollausschüttung unterstellt. Das bedeutet, dass die T-GmbH alle Überschüsse nach Steuern, Leasingraten, Tilgungen, Zinszahlungen an die Eigentümer ausschüttet.

Die folgenden Tabellen zeigen die Zahlungsbelastungen der T-GmbH bei beiden Finanzierungsformen gemäß den Berechnungen des Leassinggebers.

(1)	(2)	(3)	(4)	(5)	(6)	(7)	(8)	(9)
Jahr	RBW_t	Ab_t	Darlehens-stand	Tilgung	Zinsen[a]	Gew-ESt[b]	KSt[c]	Ausschüttungs-verkürzung[d]
0	50.000,0		50.000,0					
1	46.666,7	3.333,3	47.517,5	2.482,5	3.500,0	-834,2	-1.025,0	4.123,4
2	43.333,3	3.333,3	44.861,1	2.656,3	3.326,2	-815,9	-998,9	4.167,7
3	40.000,0	3.333,3	42.018,9	2.842,3	3.140,3	-796,4	-971,0	4.215,1

[a] Der Kreditzinssatz beträgt 7 %. Die Annuität beträgt dann für eine Laufzeit von 13 Jahren 5.982,5.
[b] $GewESt = s_{GE} (Ab_t + 0{,}75 \cdot Zi); s_{GE} = 0{,}14.$
[c] $KSt = s_K (Ab_t + Zi); s_K = 0{,}15.$
[d] (9) = (5) + (6) + (7) + (8).

Tabelle 9-1: Zahlungswirkungen in der dreiperiodigen Eigentümerphase, die dem FLV vorausgeht (in TDM)

Die Daten in Tabelle 9-1 sind wie folgt zu interpretieren. Die Nettoeinzahlungen vor Finanzierungsbelastungen und Steuern bleiben unbeachtet: Sie sind im Fall des Erwerbs der Anlage und der intendierten Finanzierung die gleichen wie bei Leasing. Diese Überlegung gilt auch für die dreiperiodige Eigentümerphase. Folglich weist die Tabelle 9-1 nur die Zahlungsbelastungen durch Tilgungen, Zinszahlungen, Gewerbeertrag- und Körperschaftsteuer aus. Die Annuität für einen in t = 0 gewährten Kredit von F_0 = 50 Mio. bei i_V = 0,07 und dreizehnperiodiger Laufzeit beträgt 5,9825 Mio. Davon entfallen in der ersten Periode auf die Zinszahlung 3,5 Mio., auf die Tilgung folglich 2,4825 Mio. Die Zinszahlungen sind bei der Berechnung der Gewerbeertragsteuer nur zu 75 % abzugsfähig. In Periode 1 resultiert – bei Ausblendung der Nettoeinzahlungen der Profilstahlanlage – eine Minderung der Gewerbeertragsteuer in Höhe von s_{GE} $(Ab_1 + 0{,}75\ i_V\ F_{t-1}) = 0{,}14\ (3.333{,}3 + 0{,}75 \cdot 3.500) = 834{,}2$. Die Minderung der Körperschaftsteuer beträgt $s_K\ (Ab_1 + i_V\ F_{t-1}) = 0{,}15\ (3.333{,}3 + 3.500) = 1.025{,}0$. Die Ausschüttungsminderung berechnet sich somit aus Tilgungs- und Zinszahlung abzüglich der Steuerminderungen.

Tabelle 9-2 zeigt die Barwerte der Ausschüttungsverkürzungen nach Einkommensteuer gemäß den Berechnungen der OL-GmbH. Die OL-GmbH benutzt einen Diskontierungssatz von 0,07. Die Berechnung beachtet, dass im neuen deutschen Steuersystem Ausschüttungen an die Eigentümer lediglich mit dem Abgeltungsteuersatz s_A besteuert werden.[2]

	(10)	(11)
Jahr	Ausschüttungsverkürzung nach ESt ($s_A = 0{,}25$)[a]	Barwertbeitrag $i = 0{,}07$
1	3.092,53	2.890,22
2	3.125,77	2.730,17
3	3.161,33	2.580,59
	Barwert in t = 0	8.200,97

[a] (9) · (1 - 0,25).

Tabelle 9-2: Barwerte der Ausschüttungsverkürzungen in der Eigentümerphase

Tabelle 9-3 präsentiert die Zahlungsbelastungen für den in t = 4 einsetzenden Finanzierungs-Leasing-Vertrag. Die Leasingrate LR_t kürzt die steuerliche Bemessungsgrundlage der Gewerbeertrag- und der Körperschaftsteuer und generiert die in Spalte (3) und (4) ausgewiesenen Steuerverkürzungen. Spalte (5) zeigt die resultierende Ausschüttungsverkürzung nach Unternehmensteuern. Die Spalte (6) gibt die Ausschüttungsverkürzungen nach Abgeltungsteuer mit $s_A = 0{,}25$ an. Barwerte der Ausschüttungsverkürzungen nach Abgeltungsteuer berechnet die OL-GmbH mit dem schon bekannten Diskontierungssatz von 7 %. Alle Barwertberechnungen sind auf das Ende der Periode 3 bezogen.

---

[2] Die Eigentümer der T-GmbH sind ebenfalls GmbHs. Die Ausschüttungen der T-GmbH an diese werden dann zu Recht der Abgeltungsteuer unterworfen, wenn unterstellt wird, dass auf Ebene der Muttergesellschaften keine weiteren Unternehmensteuerbelastungen auftreten und die Mütter die Ausschüttungen an deren private Gesellschafter weiterleiten.

(1)	(2)	(3)	(4)	(5)	(6)	(7)
Jahr	LR_t	GewESt[a]	KSt[b]	Ausschüttungsverkürzung[c]	$(5)\cdot(1-s_A)$	Barwertbeitrag in t = 3
4	5.260,20	-589,14	-789,03	3.882,03	2.911,52	2.721,05
5	5.260,20	-589,14	-789,03	3.882,03	2.911,52	2.543,03
6	5.260,20	-589,14	-789,03	3.882,03	2.911,52	2.376,67
7	5.260,20	-589,14	-789,03	3.882,03	2.911,52	2.221,19
8	5.260,20	-589,14	-789,03	3.882,03	2.911,52	2.075,87
9	5.260,20	-589,14	-789,03	3.882,03	2.911,52	1.940,07
10	5.260,20	-589,14	-789,03	3.882,03	2.911,52	1.813,15
11	5.260,20	-589,14	-789,03	3.882,03	2.911,52	1.694,53
12	5.260,20	-589,14	-789,03	3.882,03	2.911,52	1.583,67
13	5.294,30	-592,96	-794,15	3.907,19	2.930,40	1.489,66
					Barwert in t = 3:	20.458,90

[a] GewESt = $s_{GE} \bullet 0{,}8 \bullet LR_t$.
[b] KSt = $s_K \bullet LR_t$; $s_K = 0{,}15$.
[c] (5) = (2) + (3) + (4).

Tabelle 9-3: Finanzielle Auswirkungen des Abschlusses eines Finanzierungs-Leasing-Vertrages nach vorgeschalteter Kaufphase

Tabelle 9-4 fasst die bisherigen Ergebnisse zusammen (in TDM):

Barwert der Ausschüttungsverkürzungen in Eigentümerphase in t = 0	8.200,97
Barwert der Ausschüttungsverkürzungen in Leasingphase in t = 0	16.700,55
	24.901,52

Tabelle 9-4: Barwerte der Ausschüttungsverkürzungen im Leasing-Fall

Diesen Ergebnissen sind nun die Ergebnisse bei Kauf der Anlage und alternativer Finanzierung gegenüberzustellen. Die OL-GmbH berechnet auch hier die Ausschüttungsverkürzungen und die sich ergebenden Barwerte unter Beachtung der Einkommensteuer. Tabelle 9-6 enthält die Daten.

Die OL-GmbH unterstellt in Tabelle 9-6, dass die Profilstahlanlage im Falle des Kaufs finanziert würde mit 32 Mio. DM Fremdkapital zu $i_V = 0{,}07$ und annuitätischer Tilgung in 13 Jahren. Der Rest von 18 Mio. DM wäre mit Eigenkapital zu finanzieren. Die Kosten des Eigenkapitals werden in Spalte (7) im Kalkül untergebracht. Die OL-GmbH unterstellt Kosten des Eigenkapitals in Höhe von 8 % und definiert den Eigenkapitaleinsatz als Differenz zwischen Restbuchwert und Fremdkapitalvolumen zum Ende der Vorperiode. In t = 0 sind 18 Mio. Eigenkapital gebunden; der Alternativertrag beträgt 18.000 · 0,08 = 1.440. Dieser Betrag verstärkt die Ausschüttungsverkürzung in t = 1. Die OL-GmbH berechnet diese wie folgt: Tilgung + Zinsen + EK-Zins – Steuerverkürzungen. Sie erhält in t = 1 das Ergebnis 3.730,96. Die Ergebnisse der Profilstahlanlage werden also mit den erzielbaren Alternativerträgen aus dem buchmäßig gebundenen Eigenkapital belastet. Barwertberechnungen der Ausschüttungsverkürzungen nach Abgeltungsteuer erfolgen unverändert mit 7 %.

Welches Ergebnis präsentiert die OL-GmbH dem Management der T-GmbH bzw. den Managern der A- und B-GmbH? Tabelle 9-5 stellt die Daten zusammen:

Barwert der Ausschüttungsverkürzungen bei Kauf und Mischfinanzierung	17.335,48
Eigenkapitaleinsatz	18.000,00
Summe	35.335,48
Barwert der Ausschüttungsverkürzungen bei Abschluss des Leasingvertrages	24.901,52

Tabelle 9-5: Ergebnisse der Berechnungen der OL-GmbH

Die OL-GmbH folgert, dass der Barwert der Ausschüttungsverkürzungen bei Abschluss des FLV um mehr als 10 Mio. günstiger ist als die Belastungen bei Kauf und Mischfinanzierung, weshalb die Vorteilhaftigkeit ihres Angebots überwältigend sei. Jedenfalls dürfte es den Gesellschaftern der B-GmbH schwer fallen, ihre Präferenz für die Kaufalternative zu verteidigen. Das Management der A-GmbH wird darauf hinweisen, dass es außerordentlich selten sein dürfte, allein durch die Veränderung der Finanzierung eines Projektes so hohe Vorteile zu erzielen.

Bevor der Leser zum folgenden Abschnitt übergeht, sollte er sich mit der Argumentation der OL-GmbH vertraut machen und überlegen, welche Aspekte des Kalküls er für bedenklich hält und wie er den Kalkül ggf. korrigieren würde.

(1)	(2)	(3)	(4)	(5)	(6)	(7)	(8)	(9)	(10)	(11)	(12)
Jahr	RBW_t	Ab_t	Darlehens-stand	Tilgung	Zinsen	EK-Zins	GewESt	KSt	Ausschüt-tungsver-kürzung	(10) nach Abgeltung-steuer	Barwertbeitrag in t = 0
0	50.000,00		32.000,00								
1	46.666,67	3.333,33	30.411,17	1.588,83	2.240,00	1.440,00	-701,87	-836,00	3.730,96	2.798,22	2.615,16
2	43.333,33	3.333,33	28.711,13	1.700,05	2.128,78	1.300,44	-690,19	-819,32	3.619,76	2.714,82	2.371,23
3	40.000,00	3.333,33	26.892,08	1.819,05	2.009,78	1.169,78	-677,69	-801,47	3.519,44	2.639,58	2.154,69
4	36.666,67	3.333,33	24.945,70	1.946,38	1.882,45	1.048,63	-664,32	-782,37	3.430,77	2.573,08	1.962,99
5	33.333,33	3.333,33	22.863,07	2.082,63	1.746,20	937,68	-650,02	-761,93	3.354,56	2.515,92	1.793,81
6	30.000,00	3.333,33	20.634,66	2.228,41	1.600,41	837,62	-634,71	-740,06	3.291,68	2.468,76	1.645,04
7	26.666,67	3.333,33	18.250,26	2.384,40	1.444,43	749,23	-618,33	-716,66	3.243,06	2.432,29	1.514,71
8	23.333,33	3.333,33	15.698,95	2.551,31	1.277,52	673,31	-600,81	-691,63	3.209,71	2.407,28	1.401,06
9	20.000,00	3.333,33	12.969,05	2.729,90	1.098,93	610,75	-582,05	-664,84	3.192,69	2.394,51	1.302,46
10	16.666,67	3.333,33	10.048,05	2.920,99	907,83	562,48	-561,99	-636,17	3.193,14	2.394,85	1.217,42
11	13.333,33	3.333,33	6.922,59	3.125,46	703,36	529,49	-540,52	-605,50	3.212,29	2.409,22	1.144,60
12	10.000,00	3.333,33	3.578,34	3.344,25	484,58	512,86	-517,55	-572,69	3.251,45	2.438,59	1.082,76
13	6.666,67	3.333,33	0,00	3.578,34	250,48	513,73	-492,97	-537,57	3.312,02	2.484,01	1.030,78
											Barwert in t = 0: 17.335,48

Tabelle 9-6: Berechnung der Ausschüttungsverkürzungen bei Kauf der Anlage

10. Optimale Leasing GmbH – Lösungsvorschlag

10.1 Analyse

Die OL-GmbH setzt bei ihren Berechnungen einige begründungsbedürftige Annahmen, die im Vorschlag der Gesellschaft nicht explizit enthalten bzw. begründet sind:

(1) Der Restverkaufserlös der Anlage im Jahr 13, der bei der Kaufalternative erzielbar ist, ist nicht berücksichtigt. Annahme (3) unterstellt einen Verkaufserlös i. H. d. Restbuchwertes: Dieser beträgt 6.667 TDM. Wegen der Identität von Restbuchwert und Verkaufserlös löst ein Verkauf keine Ertragsteuerzahlungen aus; er führt aber zu einer Einzahlung. Nur für den Fall, dass der Restverkaufserlös durch Abbaukosten aufgezehrt wird, ist der Nichtansatz bei der Kaufalternative korrekt. Ansonsten ist der Restverkaufserlös nach Steuern in Periode 13 als Einzahlung zu berücksichtigen.

(2) Die OL-GmbH unterstellt für den Fall des Kaufes eine Mischfinanzierung von 32 Mio. Fremd- und 18 Mio. Eigenkapital und setzt in Spalte (7) der Tabelle 9-6 einen Eigenkapitalzins als Mindereinzahlung bzw. Auszahlung an. Damit konstruiert der potentielle Leasinggeber zwei Alternativen, die unter dem Aspekt des Finanzierungsrisikos nicht vergleichbar sind. Insoweit ist auch ein Vergleich der Barwerte der Auszahlungen von fraglichem Wert. Ein korrekter Kalkül sollte bei beiden Alternativen gleiche Auszahlungsbelastungen nach Steuern herstellen. Dann aber kann der Fremdfinanzierungsumfang nicht vorgegeben werden. Er müsste vielmehr so dimensioniert werden, dass Belastungsgleichheit in beiden Alternativen hergestellt wird. Zudem stellt die Berücksichtigung von EK-Zins und EK-Einsatz eine Doppelzählung dar.

(3) Unbegründet ist schließlich der von der OL-GmbH angesetzte Diskontierungssatz (7 %) zur Ermittlung der Barwerte. Dieser Zinssatz ist zwar der hier relevante Kostensatz für Fremdkapital. Aber $i_V = 0{,}07$ ist ein Bruttozinssatz; Anwendung finden muss der Fremdkapitalkostensatz *nach* Steuern.

Eine Lösung muss beachten, dass die vorgeschaltete Eigentümerphase auch bei Abschluss eines FLV Voraussetzung für den Erhalt der steuerlichen Subventionierung der Investition ist, auf die die T-GmbH nicht verzichten will. Da hier die Konditionen des von der OL-GmbH unterbreiteten FLV zu beurteilen sind, wird die dreiperiodige Kaufphase für den Fall des Kaufs der Anlage und den Fall der Annahme des Leasing-Angebotes gleich gestaltet. Damit ist die dreiperiodige Startphase des Projektes bei beiden Finanzierungsalternativen gleich und folglich entscheidungsirrelevant.

Am Ende der Periode 3 übernähme die OL-GmbH das Investitionsprojekt und das Restdarlehen in Höhe von 42,019 Mio. DM. Es kann angenommen werden, dass der LG das Projekt zu diesem Betrag aktiviert. Eine Verpflichtung zur Buchwertfortführung besteht nicht. Bei der T-GmbH entstünde ein Buchgewinn in Höhe von

2,019 Mio. DM, der Ertragsteuerbelastungen auslöst. Entscheidend ist die Finanzierungsleistung der OL-GmbH im Zeitpunkt 3: der LG stellt 42,019 Mio. DM zur Verfügung.

Um zu beurteilen, ob das Angebot der OL-GmbH lohnt, nutzen wir die Idee des belastungsgleichen Fremdkapitalvolumens in Periode t = 3, das wir mit F_3^* bezeichnen.[1] Das belastungsgleiche Fremdkapitalvolumen F_3^* ist dasjenige, das in Form von Zinszahlungen und Tilgungen genau die Belastungen herstellt, die ein FLV auslöst: Verlust von steuerlichen Vorteilen aus Abschreibungsverrechnung, Belastung durch Leasingraten nach Steuern, Verzicht auf positive Restverkaufserlöse. Da die OL-GmbH ein Kalkül unter Beachtung von Einkommensteuer entwirft, sind alle Nachteile nach Einkommen- bzw. Abgeltungsteuer zu definieren. Der Nachteil in Periode t ist – wenn wir den Restverkaufserlös unbeachtet lassen – $[s^0\ Ab_t + LR_t\ (1 - s^*)]\ (1 - s_A)$, wobei s^0 für $s_{GE} + s_K$ steht, also den kombinierten Ertragsteuersatz kennzeichnet; s^* steht für $0{,}8 \cdot s_{GE} + s_K$.

Die FLV-spezifischen Nachteile sind zu diskontieren mit dem Fremdkapitalkostensatz nach Steuern. Es folgt:

$$i_{V,S} = i_V\left(1 - 0{,}75 \cdot s_{GE} - s_K\right)\left(1 - s_A\right)$$

Für $s_A = 0{,}25$ folgt $i_{V,S} = 0{,}0391$.

Tabelle 10-1 erläutert die Berechnung der FLV-spezifischen Nachteile.

(1)	(2)	(3)	(4)	(5)	(6)	(7)
t	Ab_t	s^0Ab_t[a]	LR_t	$LR_t\ (1 - s^*)$	Zwischensumme	$(6) \cdot (1 - s_A)$
4	3.333,33	966,67	5.260,20	3.882,03	4.848,69	3.636,52
5	3.333,33	966,67	5.260,20	3.882,03	4.848,69	3.636,52
6	3.333,33	966,67	5.260,20	3.882,03	4.848,69	3.636,52
7	3.333,33	966,67	5.260,20	3.882,03	4.848,69	3.636,52
8	3.333,33	966,67	5.260,20	3.882,03	4.848,69	3.636,52
9	3.333,33	966,67	5.260,20	3.882,03	4.848,69	3.636,52
10	3.333,33	966,67	5.260,20	3.882,03	4.848,69	3.636,52
11	3.333,33	966,67	5.260,20	3.882,03	4.848,69	3.636,52
12	3.333,33	966,67	5.260,20	3.882,03	4.848,69	3.636,52
13	3.333,33	966,67	5.294,30	3.907,19	4.873,86	3.655,40

[a] $s^0 = s_{GE} + s_K$; $s^0 = 0{,}14 + 0{,}15 = 0{,}29$.

*Tabelle 10-1: Ermittlung des belastungsgleichen Fremdfinanzierungsvolumens F**

---

[1] Der von uns hier vorgestellte Lösungsweg ist etwas vereinfachend. Für eine ausführlichere Diskussion vgl. Drukarczyk/Schüler (2007), Kapitel 7; Kruschwitz L. (2005), S. 165-170; Schüler A. (2007).

Diskontiert man die Eintragungen in (7), erhält man F_3^*. Für $s_A = 0{,}25$ beträgt F_3^* 29.639,05; der Beleg findet sich in Anhang 1. Zur Erinnerung: die Finanzierungsleistung der OL-GmbH in Periode t = 3 ist 42,019 Mio. DM.

Nun ist der Restverkaufserlös in t = 13 zu beachten. Nehmen wir an, der Restverkaufserlös von 6.667 TDM sei in t = 13 mit Sicherheit erzielbar. Dann ist dieser Betrag – Unternehmensteuern fallen nicht an, da $RVE_{13} = RBW_{13}$ – in voller Höhe beleihbar. Die T-GmbH könnte ihn ungekürzt an Kreditgeber abtreten. Einkommensteuern sind dann nicht relevant. F_3^* erhöht sich dann um 6.667 TDM $(1{,}03911)^{-10}$ und damit um 4,542 Mio. DM.[2]

Am Ende der Periode 3 entsteht für die T-GmbH ein Buchgewinn in Höhe von 42.019 – 40.000 = 2.019 TDM, weil der LG einen Vermögensgegenstand (die Profilstahlanlage) zum Buchwert von 40 Mio. DM und Verbindlichkeiten in Höhe von 42,019 Mio. DM übernimmt. Dieser ist zu versteuern mit $s^0 = 0{,}29$. Damit entsteht ein Steuernachteil von 585,51 TDM. Dies ist eine negative Folge des FLV, die den belastungsäquivalenten Verschuldungsbetrag F_3^* erhöht. Unter der Annahme der Vollausschüttung verkürzte diese Steuerlast die Bruttoausschüttung (vor Einkommensteuern) und löste nach Einkommensteuer eine Minderausschüttung in Höhe von $s^0 \; SBG_3 \; (1 - s_A) = 585{,}51 \cdot 0{,}75$ aus. Diese beträgt 439,11. Um diesen Betrag steigt F_3^*.

Tabelle 10-2 trägt die Daten zusammen.

Kreditbetrag	42,019
F_3^*	29,639
F_3^* (RVE_{13})	4,542
F_3^* (SBG_3)	0,439
Summe	34,620

Tabelle 10-2: Ergebnisse

Tabelle 10-2 zeigt, dass das von der OL-GmbH in t = 3 zugestandene Kreditvolumen viel größer ist als das belastungsäquivalente Fremdkapitalvolumen F_3^*. Das bedeutet, dass die OL-GmbH der bessere Financier aus der Sicht der T-GmbH ist. Das Leasingangebot der OL-GmbH ist zwar nicht so überwältigend vorteilhaft, wie die Gesellschaft selbst behauptet, aber es ist ein sehr vorteilhaftes Angebot, das sich die T-GmbH nicht entgehen lassen sollte.

2 Als Diskontierungssatz ist dann i_V nach Unternehmensteuern zu verwenden, also $0{,}07 \; (1 - 0{,}75 \cdot 0{,}14 - 0{,}15) = 0{,}0391$. Diese Rechnung impliziert, dass die Zinszahlungen auf den Kredit in Höhe von 4,542 Mio. DM die steuerlichen Bemessungsgrundlagen auf Unternehmensebene kürzen, aber nicht die Ausschüttungen. Kredit und Zinszahlung sind aus Sicht der Eigentümer endfällig. Der Restverkaufserlös (nach Unternehmensteuern) in Höhe von 6,667 Mio. DM wird unmittelbar an die Bank abgeführt; die Ausschüttungen werden durch diesen Vorgang somit nicht berührt.

10.2 Anhang

(1)	(2)	(3)	(4)	(5)	(6)	(7)
t	s^0Ab_t	$LR_t\,(1 - s^*)$	$[(2) + (3)] \cdot (1 - s_A)$	Zins	Tilgung	F_t
3						29.639,05
4	966,67	3.882,03	3.636,52	1.159,26	2.478,84	27.160,20
5	966,67	3.882,03	3.636,52	1.062,30	2.575,80	24.584,41
6	966,67	3.882,03	3.636,52	961,56	2.676,54	21.907,87
7	966,67	3.882,03	3.636,52	856,87	2.781,23	19.126,64
8	966,67	3.882,03	3.636,52	748,09	2.890,01	16.236,63
9	966,67	3.882,03	3.636,52	635,06	3.003,04	13.233,59
10	966,67	3.882,03	3.636,52	517,60	3.120,50	10.113,09
11	966,67	3.882,03	3.636,52	395,55	3.242,55	6.870,54
12	966,67	3.882,03	3.636,52	268,72	3.369,38	3.501,16
13	966,67	3.907,19	3.655,40	136,94	3.501,16	0,00

Tabelle 10-3: Plausibilisierung des belastungsäquivalenten Fremdkapitals

10.3 Literatur

Drukarczyk, J. (2008): Finanzierung – Eine Einführung, 10. A., Stuttgart, Kapitel 8.

Drukarczyk, J./Schüler, A. (2007): Unternehmensbewertung, 5. A., München, Kapitel 7.

Kruschwitz, L. (2005): Investitionsrechnung, 10. A., München.

Schüler, A. (2007): Wann lohnt Leasing für den Leasingnehmer? Erscheint 2008 in Kredit & Kapital.

Teil B: Börsengänge

11. Fraport

11.1 Geschäftstätigkeit und Organisation des Fraport-Konzerns

Fraport ist Deutschlands größter Flughafen-Konzern und einer der größten Flughafen-Konzerne weltweit.[1] Die Fraport AG stellt den organisatorischen und operativen Kern von Fraport dar und trug im Geschäftsjahr 2000 zu ca. 90 % der Konzernumsatzerlöse bei. Wesentlicher Bestimmungsfaktor für die Wertentwicklung und die Geschäftstätigkeit des Fraport-Konzerns ist ein seit Jahren wachsendes Luftverkehrsaufkommen in Bezug auf Flugbewegungen, Anzahl der beförderten Passagiere und Menge der beförderten Luftfracht. Fraport bietet nahezu das gesamte Leistungsspektrum des Flughafengeschäfts an, ggf. über den Einsatz von Konzessionären wie zum Beispiel beim Retailing am Flughafen Frankfurt Main.

Der Schwerpunkt des Geschäfts von Fraport besteht im Betrieb des Flughafens Frankfurt Main. Dieser Flughafen ist eine der bedeutendsten Luftverkehrsdrehscheiben (Hub) Europas. Unter einem Hub versteht man einen Flughafen, an dem neben Direktverbindungen vor allem Zubringerflüge gebündelt und Passagiere auf Anschlussflüge verteilt werden. Gemessen an der Zahl der an- und abfliegenden Passagiere nahm er im Jahr 2000 europaweit Rang 2 (nach London-Heathrow) und weltweit Rang 7 ein, beim Luftfrachtumschlag inklusive Luftpost europaweit Rang 1 und weltweit Rang 8. Der Flughafen verfügt über zwei Start- und Landebahnen sowie über eine reine Startbahn. Im Laufe des Geschäftsjahres 2000 waren am Flughafen Frankfurt Main insgesamt 174 Fluggesellschaften tätig. Über 330 Streckenziele (Flugverbindungen mit Zwischenstopps) wurden angeflogen. 458.000 Flugbewegungen (Starts und Landungen) fanden statt. Das Luftverkehrsaufkommen belief sich auf ca. 49,4 Mio. Passagiere (inkl. Transit-Passagiere) und über 1,73 Mio. Tonnen Luftfracht einschließlich Luftpost (inkl. Transit-Fracht). Tabelle 11-1 enthält diese und weitere Volumenskennzahlen für die Jahre 1998 bis 2000.

Seine zentrale Lage innerhalb Deutschlands sowie die Anbindung an Schiene und Straße machen den Flughafen Frankfurt zu einem Verkehrsknotenpunkt. Dazu tragen vor allem zwei Bahnhöfe für Personenregional- und Personenfernverkehr und die Anbindung an das Autobahnkreuz Frankfurt bei. Das Einzugsgebiet des Flughafens ist u. a. durch die Anbindung an das ICE-Netz deutlich gewachsen. Im Umkreis von 200 km leben ca. 35 Mio. Menschen, für die der Flughafen aufgrund seiner Anbindung gut zu erreichen ist.

---

[1] Quelle der Abschnitte 11.1 bis 11.3 ist der Verkaufsprospekt/Börsenzulassungsprospekt.

	1998	1999	2000
Flugbewegungen	416.329	439.093	458.000
Veränderung Vorjahr (%)		5,5%	4,3%
Passagiere (in 1.000)	42.744	45.870	49.310
Veränderung Vorjahr (%)		7,3%	7,5%
MTOW (in 1.000 t)	22.519	23.764	24.994
Veränderung Vorjahr (%)		5,5%	5,2%
Luftfracht (in 1.000 t)	1.361	1.428	1.528
Veränderung Vorjahr (%)		4,9%	7,0%
Luftpost (in 1.000 t)	135	139	139
Veränderung Vorjahr (%)		2,6%	0%

Tabelle 11-1: Entwicklung zentraler Umsatztreiber[2]

11.2 Segmente

Die Geschäftstätigkeit Fraports ist in vier Segmente untergliedert:

- Aviation:

  Das Segment Aviation umfasst die Entwicklung und den Betrieb der Flughafeninfrastruktur einschließlich Start- und Landebahnsystem, Vorfeld- und Gepäckfördereinrichtungen sowie die Gewährleistung der Flughafensicherheit. Die Umsätze setzen sich v. a. aus Flughafenentgelten, Infrastrukturentgelten und sonstigen Aviation-Umsätzen (insbesondere Umsätze aus dem Geschäftsfeld Aviation des strategischen Geschäftsbereichs Verkehrs- und Terminalmanagement am Standort Frankfurt) zusammen. Die wichtigsten Umsatztreiber sind das Passagieraufkommen, die MTOW und die Flugbewegungen.

- Non-Aviation:

  Dieses Segment beinhaltet das Management der Flughafen-Immobilien. Darüber hinaus umfasst es den Instandhaltungsservice sowie Versorgungs- und Ingenieurleistungen für den Betrieb und die Verfügbarkeit aller Gebäude, Fahrzeuge, Geräte und technischen Anlagen auf dem Flughafen Frankfurt sowie die Parkierungsanlagen. Ferner beinhaltet es Retail-Aktivitäten sowie Planungs- und Beratungsleistungen weltweit für Luftverkehrsprojekte aller Art. Des Weiteren sind diesem Segment die Beratungsaktivitäten bei der Vermarktung des Know-hows von Fraport als Flughafenbetreiber sowie die Akquisition von Beteiligungen und die Entwicklung von Kooperationen mit anderen Flughäfen zugeordnet. Die Erträge dieses Segments ergeben sich somit hauptsächlich aus Mieten, Umsatzabgaben, Parkierung, Versorgungsleistungen und sonstigen Non-Aviation-Umsätzen.

---

2 MTOW: Maximum Take-Off Weight; Referenzgröße für die Bestimmung von Start- und Landeentgelten.

- Ground Handling:

  Das Segment Ground Handling umfasst die Erbringung von Bodenverkehrsdienstleistungen. Das schließt neben den Ramp Services, wie z. B. Flugzeugannahme, Bodenstromversorgung, Be- und Entladen, auch die Flugzeuginnen- und -außenreinigung sowie die Enteisung von Flugzeugen ein. Bei den Passenger Services stehen insbesondere die landseitige Betreuung von Passagieren und Airline-Crews sowie die Flugzeugbetreuung im Mittelpunkt. Die Cargo Services umfassen hauptsächlich die Frachtabfertigung und das Warehousing. Weiterhin fällt das Leasing von Ground Support Equipment und internationale Bodenverkehrsdienstaktivitäten in dieses Segment. Darüber hinaus beinhaltet dieses Segment die Fahrzeugtechnik und die Flugzeugkabinenreinigung.

- Sonstiges:

  Dieses Segment schließt Bereiche ohne unmittelbaren Bezug zum Flughafenbetrieb, z. B. Kantinenbetrieb, Informations- und Kommunikationsdienstleistungen, Gebäudereinigung etc. ein.

11.3 Marktumfeld & Unternehmensstrategie

Das Marktumfeld von Fraport wird nach Einschätzung der Gesellschaft auf der Nachfrageseite durch das allgemeine Wachstum des Luftverkehrsaufkommens, einen Nachfrageüberhang in Hinblick auf Flughafenkapazitäten an wichtigen Hubs wie eben z. B. Frankfurt Main, den Wettbewerb zwischen den Fluggesellschaften und die Bildung von Hubs, die Bildung und wachsende Bedeutung der Airline-Allianzen sowie technische Neuentwicklungen im Luftverkehr geprägt. Die Angebotsseite dieses Marktes werde hingegen insbesondere bestimmt von dem verstärkten Wettbewerb zwischen den Hubs im Bereich des Transfer- und Originärverkehrs, Trends zur Privatisierung von Flughäfen bei gleichzeitigem Eintritt neuer Marktteilnehmer und der Liberalisierung des Marktes für Bodenverkehrsdienste in Europa. Fraport arbeitet seit vielen Jahren eng mit der Lufthansa zusammen. Der Flughafen Frankfurt Main ist Heimatflughafen der Lufthansa und ihr wichtigster Hub. Er ist zudem ein wichtiger europäischer Hub der Kooperationspartner der Lufthansa, die in der „Star Alliance" zusammengeschlossen sind.

Als strategische Ziele werden genannt:

- Konsolidierung des Standortes Frankfurt:

  Im Bereich Verkehrs- und Terminalmanagement gilt es in erster Linie, die Effizienz aller Geschäfte am Standort Frankfurt zu steigern und das Retailgeschäft auszubauen. Im Ground Handling liegt der strategische Fokus auf einer Sicherung der attraktiven Geschäfte am Standort Frankfurt, insbesondere durch optimierte Kapazitätsauslastung, laufende Effizienzsteigerung und verstärkte Kundenorientierung. Für die primär serviceorientierten Bereiche steht im Wesentlichen die Erbringung hochwertiger und kostenoptimaler Vorleistungen für die Kerngeschäfte im Vordergrund.

- Kapazitätsausbau:

  Der Kapazitätsausbau ist ein wesentliches Element zur langfristigen Sicherung des Wachstums und der Wettbewerbsfähigkeit des Standortes Frankfurt. Die Inbetriebnahme der neuen Landebahn war zum Sommerflugplan 2006 und die des neuen Terminals (I. Ausbaustufe) ab 2007 vorgesehen. Mit der zusätzlichen Kapazität ist ein nachfragegerechtes Wachstum am Standort Frankfurt auf ca. 81 Mio. Passagiere bis 2015 geplant. Der Ausbau wird nicht nur die Kapazitätssituation am Standort Frankfurt deutlich verbessern, sondern auch die Hub-Funktion des Flughafens stärken und zu einer Umsatzsteigerung in anderen Geschäftsbereichen führen.

- Internationalisierung:

  Fraport plant nicht nur am Standort Frankfurt zu wachsen. Die Prognosen für die künftige Entwicklung des Airportsektors ließen weltweit attraktive Chancen erwarten, die durch eine fokussierte Internationalisierung der Geschäfte genutzt werden sollen. Die Expansion des Ground Handlings fokussiert sich auf die qualitätsorientierte Standorterweiterung sowie die Fortsetzung der selektiven Expansion vor allem in Europa.

Diese Ziele resultieren in einem Kapitalbedarf, der zusammen mit der geplanten Teilprivatisierung dazu geführt hat, dass die Gesellschaft bzw. deren Aktionäre im Sommer 2001 einen Börsengang planen. Dabei soll die Zahl der Aktien von 64 Millionen – gehalten von der Bundesrepublik Deutschland (25,9 %), dem Land Hessen (45,2 %) und den Stadtwerken Frankfurt (28,9 %) – inklusive Mehrzuteilungsoption unter Ausschluss des Bezugsrechts um 26,105 Mio. auf dann 90,105 Mio. erhöht werden. Die öffentliche Hand hält dann noch etwa 70 % der Anteile.

Die Fraport AG will den ihr zufließenden Nettoemissionserlös zur Finanzierung der Expansion der Geschäftstätigkeit, u. a. hinsichtlich des Ausbaus des Flughafens Frankfurt Main und des Erwerbs von Beteiligungen an anderen Standorten verwenden. Daneben soll der Emissionserlös zur Verringerung der Finanzschulden verwendet werden. Bis zur Verwendung soll der eingesammelte Betrag zunächst in festverzinslichen Finanzanlagen geparkt werden.

Nach intensiven Diskussionen mit Investmentbanken und anderen Beratern sowie nach Durchführung eines Bookbuilding-Verfahrens wird der Emissionskurs auf 35 € festgesetzt. In der Folge geht es nun darum, unter vereinfachenden Annahmen die Fraport AG zu bewerten, um so diesen Kurs diskutieren zu können.[3]

11.4 Bewertung mit Multiples

11.4.1 Peer Group

Üblicherweise kommen im Rahmen von Börsengängen (Initial Public Offerings, IPO) Multiplikator- und DCF-Verfahren zum Einsatz. Wir beginnen mit der Bewertung über

---

[3] Wir erheben keineswegs den Anspruch, mit den nachfolgend dargestellten Annahmen und Lösungsvorschlägen die tatsächlich durchgeführten Bewertungsrechnungen realitätsnah nachbilden zu können. Die Fallstudie hat nur illustrierenden Charakter.

Multiples. Nachfolgende Tabellen beinhalten P/E-Ratios, EV/EBITDA- und EV/EBIT-Multiples börsennotierter Flughäfen für die Jahre 1999-2001. Die Erfolgsgrößen für das Jahr 2001 – also Earnings, EBITDA und EBIT – basieren dabei auf den Konsensschätzungen Anfang 2001. Genannt werden auch (ungewichteter) Durchschnitt, Median und das sog. Harmonic Mean, welches den Durchschnitt des Kehrwerts der Multiples darstellt.

	1999	2000	2001
BAA (British Airport Authority)	18,4	16,4	14,7
Kopenhagen	17,9	16,5	14,7
Wien	14,3	11,9	10,9
Zürich	12,7	13,1	11,3
Florenz	59,0	53,1	39,9
TBI		24,2	24,2
Asur	35,4	23,8	16,3
Auckland	27,9	23,9	22,3
Malaysia	6,8	8,4	8,9
Mittelwert	24,1	21,3	18,1
Median	18,2	16,5	14,7
Harmonic Mean	16,4	16,5	15,0

Tabelle 11-2: PE-Ratio Peer Group

	1999	2000	2001
BAA	10,1	9,3	8,7
Kopenhagen	9,4	8,2	7,7
Wien	4,5	4,1	3,7
Zürich	8,8	7,9	6,6
Florenz	18,2	16,8	13,7
TBI	15,0	12,6	11,8
Asur	9,7	7,6	6,4
Auckland	13,8	12,3	11,4
Malaysia	5,7	4,7	4,1
Mittelwert	10,6	9,3	8,2
Median	9,7	8,2	7,7
Harmonic Mean	8,9	7,8	6,9

Tabelle 11-3: EV/EBITDA-Multiple Peer Group

	1999	2000	2001
BAA	13,8	12,7	11,9
Kopenhagen	14,6	13,0	11,9
Wien	7,1	6,5	5,8
Zürich	14,6	13,1	10,4
Florenz	41,4	33,3	25,5
TBI	19,2	16,7	15,4
Asur	19,4	14,1	11,1
Auckland	18,1	15,9	14,1
Malaysia	6,5	5,6	4,7
Mittelwert	17,2	14,5	12,3
Median	14,6	13,1	11,9
Harmonic Mean	13,1	11,4	9,8

Tabelle 11-4: EV/EBIT-Multiple Peer Group

Die letzten drei zum Bewertungsstichtag vorliegenden Jahresabschlüsse Fraports finden sich im Anhang.

11.4.2 Transaktionen

Neben diesen auf Marktpreisen basierenden Multipikatoren können nachfolgend aufgelistete transaktions-basierte Multiplikatoren von Interesse sein. Wir differenzieren dabei zwischen Börsengängen, d. h. der auf dem Emissionskurs aufbauenden Bewertung, und M&A-Transaktionen, d. h. der auf dem gezahlten Preis aufsetzenden Bewertung.

Jahr	Flughafen	EV/EBITDA	Kehrwert
1987	BAA	7,0	0,143
1992	Vienna Airport	8,6	0,116
1994	Copenhagen Airport	7,5	0,133
1995	Vienna Airport II	8,0	0,125
1996	Copenhagen Airport II	8,2	0,122
1997	Aeroporti di Roma	5,2	0,192
1998	Auckland	9,3	0,108
1999	Malaysia Airports	7,8	0,128
2000	Beijing	11,0	0,091
2000	Aeroporto di Firenze	8,9	0,112

Jahr	Flughafen	EV/EBITDA	Kehrwert
2000	Copenhagen Airport III	8,4	0,119
2000	Unique Zurich	8,1	0,123
	Mittelwert	8,2	0,126
	Median	8,2	
	Harmonic Mean	7,93	

Tabelle 11-5: Börsengänge in der Peer Group

Jahr	Bieter	Ziel	EV/EBITDA	Kehrwert
1995	TBI	Cardiff	14,3	0,070
1995	National Express Group	Bournemouth	20,4	0,049
1995	AER Rianta	Birmingham Airport	5,6	0,179
1996	TBI	Belfast International	10,0	0,100
1997	AGI consortium	Perth	20,7	0,048
1997	Wiggins Group	Kent International	16,6	0,060
1997	First Group	Bristol	13,7	0,073
1998	Capital Airports	Canberra	15,1	0,066
1998	Manchester Airport / Serco	Coolangatta	17,0	0,059
1998	Hobart Ports /AGI	Hobart Airport	13,5	0,074
1998	APA / BAA	Launceston	8,3	0,120
1998	Stagecoach	Prestwick Airport	11,1	0,090
1998	Frankfurt Airport / Nord LB	Hanover Airport	14,3	0,070
1999	TBI	AGI	18,5	0,054
1999	Changi Airport MRT	Auckland	13,2	0,076
2000	Leonardo Consortium	Aeroporti di Roma	18,2	0,055
2000	Hochtief / Aer Rianta	Hamburg	12,5	0,080
2000	Ferrovial/Macquarie	Bristol	19,1	0,052
2001	Infratil	Prestwick Airport	7,2	0,139
		Mittelwert	14,2	0,080
		Median	14,3	
		Harmonic Mean	12,54	

Tabelle 11-6: M&A-Transaktionen in der Peer Group

11.5 DCF-Bewertung

Startpunkt zur Ermittlung der bewertungsrelevanten Überschüsse ist die Planung der Umsatzerlöse. Die Verkehrseinheiten sind entsprechend einer üblichen Konvention der Branche definiert als Passagieranzahl multipliziert mit Hundert (kg) zuzüglich Luftfracht und Luftpost jeweils in kg. Basierend auf der geschätzten Entwicklung wichtiger

Parameter wie Wirtschaftswachstum oder Verkehrsvolumina kann unternehmensintern eine Prognose der Volumens- und Preisentwicklung der einzelnen Geschäftsbereiche erfolgen. Eine externe Analyse kann mit der Auswertung historischer Daten beginnen. Tabelle 11-1 hat bereits einige Eckdaten zu den Volumina geliefert. Tabelle 11-7 enthält die Zahl der beförderten Passagiere, die Verkehrseinheiten und die Umsatzerlöse der Jahre 1990 bis 1999.

	Passagiere (Tsd.)	Verkehrseinheiten (Tsd. t)	Umsatz (Mio. DM)
1990	29.631,4	4.228,0	1.616,7
1991	27.991,4	4.046,0	1.732,4
1992	30.758,9	4.356,0	1.918,3
1993	32.550,1	4.593,5	2.056,7
1994	35.134,8	4.951,4	2.202,7
1995	38.191,2	5.313,4	2.316,7
1996	38.770,2	5.405,0	2.363,1
1997	40.271,9	5.572,5	2.376,7
1998	42.744,0	5.680,4	2.461,4
1999	45.870,0	6.083,7	2.621,2

Tabelle 11-7: Umsätze und Verkehrsvolumen 1990 bis 1999

Nach der Schätzung der Umsatzerlöse könnte man folgende Annahmen treffen:

- Der Materialaufwand beträgt – dem relativ stabilen historischen Durchschnitt entsprechend – 16 % der Gesamtleistung bzw. der Umsatzerlöse.
- Der Personalaufwand beträgt – ebenfalls dem relativ stabilen historischen Durchschnitt entsprechend – 41 % der Umsatzerlöse.
- Der sonstige betriebliche Aufwand wird auf 12 % der Umsatzerlöse gesetzt; damit wird der Wert des Jahres 2000 übernommen.
- Das Beteiligungsergebnis steige aufgrund der geplanten Erweiterung des Beteiligungsportfolios beginnend von 60 Mio. DM in 2001 kontinuierlich um 15 Mio. DM p. a.
- Der Gewinnanteil Dritter betrage vereinfachend konstant 2 Mio. DM p. a.

Damit wird die Schätzung der EBITDA möglich. Die Abschreibungen werden separat in Abstimmung mit den Investitionsauszahlungen geplant. Der Ausbau des Flughafens bedingt einen deutlichen Anstieg des Investitionsvolumens in den nächsten Jahren. Da die derzeitige Kapazität bei weiterhin kontinuierlichem Wachstum in einigen Jahren erschöpft sein wird, ist der Bau einer weiteren Landebahn und eines neuen Terminals notwendig. Dann stiege die maximale Kapazität von 78 auf 120 Flugbewegungen pro Stunde und es wäre möglich, ca. 81 Mio. Passagiere pro Jahr abzufertigen. Man geht zunächst davon aus, das Genehmigungsverfahren 2004 abschließen und im gleichen Jahr mit dem Bau der Landebahn, die 2006 in Betrieb genommen werden soll, beginnen zu können. Daraufhin soll der Bau des Terminals erfolgen. Tabelle 11-9 enthält die geplanten Abschreibungen und Investitionsauszahlungen einschließlich der Investitionen in Beteiligungen. Zudem wird dort die geplante Entwicklung des Net Working Capital (NWC) dargestellt. Wie in der Branche üblich, ist sie nicht von zentraler Bedeutung.

Den Fremdkapitalzins kann man aus den Konditionen der einzelnen Kreditlinien ableiten. Tabelle 11-8 listet alle Kreditlinien mit einem Volumen von mindestens 50 Mio. DM auf.

Laufzeit von-bis	Währung	Zinssatz	Stand 31.12.2000	Stand 31.12.1999
		%	Mio. DM	Mio. DM
1993-2003	DM	6,83	50,0	50,0
1993-2000	DM	6,90	-	50,0
1999-2011	DM	4,72	50,0	50,0
1998-2010	DM	4,83	70,0	70,0
1993-2003	DM	6,61	100,0	100,0
1999-2009	DM	4,61	50,0	50,0
1999-2028	DM	4,15	64,5	64,5
1999-2028	DM	5,10	64,5	64,5
1996-2006	DM	6,80	50,0	50,0
1998-2008	DM	4,60	50,0	50,0
1998-2008	DM	4,57	50,0	50,0
1999-2009	DM	4,56	50,0	50,0
1993-2000	DM	6,99	-	50,0
1994-2003	DM	6,50	80,0	80,0
1994-2004	DM	6,43	100,0	100,0
1998-2008	DM	4,60	75,0	75,0
1998-2008	DM	4,60	50,0	50,0
1996-2022	DM	6,62	49,9	52,2
1992-2002	DM	7,89	60,0	60,0
1992-2002	DM	7,69	50,0	50,0
1992-2002	DM	7,70	50,0	50,0
1993-2001	DM	6,98	50,0	50,0
1993-2001	DM	6,96	50,0	50,0
2000-2007	US-$	7,11	102,5	-

Tabelle 11-8: Kreditlinien ab 50 Mio. DM[4]

[4] Quelle: Verkaufsprospekt/Börsenzulassungsprospekt, S. F-25.

Mio. DM	2001	2002	2003	2004	2005	2006	2007	2008	2009	2010	2011	2012	2013	2014
Abschreibungen	430	450	450	470	510	560	630	610	670	700	700	700	710	710
-/+ Zunahme/Abnahme UV	-54	50	-110	56	-60	-80	-70	-15	-17	-20	-20	-20	-20	0
+/- Zunahme/Abnahme RSt.	-90	70	10	20	20	-50	10	10	10	10	10	-50	10	0
+/- Zunahme/Abnahme übrige Verb.	30	-17	30	0	0	0	0	0	0	0	0	0	0	0
Investitionen in das AV	-1.100	-1.150	-1.100	-1.300	-1.600	-1.800	-1.500	-1.500	-1.100	-800	-800	-900	-800	-1.000
+/- Kreditaufnahmen/Tilgungen	-100	-250	100	720	680	1.000	600	500	-280	-610	-450	-350	-500	88

Tabelle 11-9: Weitere bewertungsrelevante Plandaten

Die Entwicklung des Fremdkapitals wird wesentlich durch die geplanten Investitionen bestimmt (vgl. Tabelle 11-9). Die Finanzschulden haben – so nehmen wir an – zur Hälfte gewerbesteuerlich Dauerschuldcharakter. Der relevante gewerbesteuerliche Hebesatz beträgt 469; der Körperschaftsteuersatz beträgt 25 %. Der Empfehlung des IDW folgend, könnte man den Einkommensteuersatz auf 35 % setzen.

Schließlich gehen wir davon aus, dass das Unternehmen eine residuale Ausschüttungspolitik verfolgt: Cashflows nach Investitionen und Fremdfinanzierung werden ggf. ausgeschüttet; das Eigenkapital wird immer dann erhöht, wenn die Investitions- und Fremdfinanzierungspolitik es erfordern.

Der Diskontierungssatz kann dem CAPM folgend bestimmt werden. Will man auf den APV-Ansatz zurückgreifen, ist zunächst Eigenfinanzierung zu unterstellen. Die risikolose Rendite betrage konstant 5,5 %. Die Marktrisikoprämie wird auf 5 % geschätzt. Tabelle 11-10 enthält die Betawerte bei Eigenfinanzierung einiger börsennotierter Flughäfen.

	Marktkapitalisierung	Beta bei Eigenfinanzierung (β^E)
Aeroporti di Roma S.p.A.	240,3	0,31
Aeroporto di Firenze S.p.A.	162,6	0,69
Auckland International Airport Ltd.	1.464,4	0,66
BAA plc	6.545,9	0,23
Beijing Capital International Airport	7.461,5	0,44
Flughafen Wien AG	814,4	0,59
Kobenhavns Lufthavne A/S	6.916,0	0,40
Malaysia Airports	1.584,0	0,85
TBI plc	466,7	0,48
Unique Zurich Airport	1.171,5	0,30
Xiamen Airport Development Ltd.	3.915,0	0,71
Ungewichteter Durchschnitt		0,52
Gewichteter Durchschnitt		0,45
Median		0,48

Tabelle 11-10: Betawerte vergleichbarer Unternehmen

11.6 Fragen

1. Welchen Emissionspreis schlagen Sie auf Basis von Multiples vor? Nennen Sie ggf. ein Intervall Ihnen plausibel erscheinender Preise und erläutern Sie Ihre Vorgehensweise!
2. Welchen Emissionspreis ermitteln Sie anhand einer DCF-Bewertung? Stellen Sie diese Ergebnisse denen gem. Frage 1 gegenüber und illustrieren Sie die Sensitivität Ihrer Ergebnisse auf Änderungen zentraler Bewertungsparameter!

11.7 Anhang

Aktiva	1998	1999	2000
A. Anlagevermögen	4.683,5	5.102,7	5.337,8
Immaterielle Vermögensgegenstände	38,3	158,1	216,5
Sachanlagen	4.488,4	4.760,8	4.787,2
Beteiligungen	107,3	115,9	138,9
Andere Finanzanlagen	49,5	67,9	195,2
B. Umlaufvermögen	320,8	380,1	516,6
Vorräte	45,4	25,4	20,2
Forderungen aus Lieferungen und Leistungen	179,2	208,9	265,2
Andere Forderungen und sonstige Vermögensgegenstände	70,0	100,6	115,5
Schecks, Kassenbestand, Guthaben bei Kreditinstituten	26,2	45,2	115,7
C. Rechnungsabgrenzungsposten	90,2	90,8	85,0
D. Latente Steueransprüche	6,0	8,8	11,7
Bilanzsumme	5.100,5	5.582,4	5.951,1
Passiva			
A. Eigenkapital	1.683,2	1.800,8	1.993,6
Gezeichnetes Kapital	1.000,0	1.000,0	1.251,7
Gewinnrücklagen	643,2	750,8	591,9
Konzernbilanzgewinn	40,0	50,0	150,0
B. Anteile fremder Gesellschafter	3,7	5,8	9,3
C. Sonderposten für Investitionszuschüsse zum Anlagevermögen	38,9	35,4	45,1
D. Rückstellungen	484,2	517,9	560,1
E. Verbindlichkeiten	2.397,1	2.705,8	2.840,7
Finanzschulden	1.970,9	2.289,5	2.479,9
Verbindlichkeiten aus Lieferungen und Leistungen	200,1	193,0	222,6
Andere Verbindlichkeiten	226,1	223,3	138,2
F. Rechnungsabgrenzungsposten	133,0	130,9	146,4
G. Latente Steuerverpflichtungen	360,4	385,8	355,9
Bilanzsumme	5.100,5	5.582,4	5.951,1

Tabelle 11-11: Bilanzen

Mio. DM	1998	1999	2000
Umsatzerlöse	2.506,1	2.689,0	3.004,5
Veränderung des Bestandes an unfertigen Leistungen	16,7	-23,3	-5,8
Andere aktivierte Eigenleistungen	21,6	22,3	30,2
Sonstige betriebliche Erträge	125,8	79,9	141,1
Gesamtleistung	2.670,2	2.767,9	3.170,0
Materialaufwand	416,3	443,8	517,1
Personalaufwand	1.118,6	1.167,1	1.238,8
Sonstige betrieblichen Aufwendungen	235,5	290,1	378,9
Ergebnis at equity	-0,4	-13,7	-8,5
Erträge aus Beteiligungen	-0,4	7,9	16,7
EBITDA	899,0	861,1	1.043,4
Abschreibungen auf immaterielle VG des Anlagevermögens und Sachanlagen	392,9	351,1	381,1
Abschreibungen auf Finanzanlagen	1,0	0,0	17,0
EBIT	505,1	510,0	645,3
Zinsergebnis	-163,8	-123,9	-129,5
Erträge aus Wertpapieren und Ausleihungen	2,6	2,7	4,2
Finanzergebnis	-161,2	-121,2	-125,3
Ergebnis der gewöhnlichen Geschäftstätigkeit	343,9	388,8	520,0
Steuern vom Einkommen und vom Ertrag	187,8	211,8	244,9
Sonstige Steuern	10,1	19,4	21,2
Fremden Gesellschaftern zustehendes Ergebnis	1,5	1,8	1,6
Konzernjahresüberschuss	144,5	155,8	252,3
Einstellungen in Gewinnrücklagen	104,9	105,8	102,3
Konzernbilanzgewinn	39,6	50,0	150,0

Tabelle 11-12: Gewinn- und Verlustrechnungen

Konzernjahresüberschuss	144,5	155,8	252,3
Ertragsteuern	187,8	211,8	244,9
Fremden Gesellschaftern zustehendes Ergebnis	1,5	1,8	1,6
Berichtigungen für:			
Abschreibungen/Zuschreibungen (Anlagevermögen)	394	350,2	398,1
Zinsergebnis	163,8	123,9	129,5
Beteiligungserträge	0,4	-7,9	-16,7
Gewinne/Verluste aus Anlagenabgängen	-67,5	26,1	-4
Unrealisierte Fremdwährungsgewinne	0	0	-22,7
Veränderungen der Equity-Bewertung	1,9	15,5	12,5
Veränderungen der Vorräte	-17,3	21,7	5,3
Veränderungen der Forderungen	-1,8	-36,7	-62,7
Veränderung des übrigen Umlaufvermögens	4,6	-16,4	2,9
Veränderungen der Rückstellungen	14,6	60,3	23,9
Veränderungen des übrigen Fremdkapitals	48,8	-56,3	-57
Gezahlte Zinsen	-176,5	-122	-151,3
Erhaltene Zinsen	2,5	0,6	14,3
Erhaltene Dividenden	0	7,9	16,7
Gezahlte Ertragsteuern	-121,2	-210	-252,1
Mittelzufluss aus laufender Geschäftstätigkeit	580,1	526,3	535,5
Investitionen in immaterielle Vermögensgegenstände	-7,2	-8,8	-80,2
Investitionen in Sachanlagen	-501,7	-539	-399,7
Erwerb von konsolidierten Tochter- und Gemeinschaftsunternehmen (abzüglich erworbener Finanztitel)	0	-166,8	-7,5
Investitionen in Beteiligungen at equity	-107,4	-24,5	-43,1
Sonstige Finanzinvestitionen	-2,6	-17,2	-142,2
Verkauf von konsolidierten Tochter- und Gemeinschaftsunternehmen	7,2	0	0
Erlöse aus Anlagenabgängen	97,2	50,7	42,4
Mittelzufluss aus Investitionstätigkeit	-514,5	-705,6	-630,3
Ausschüttungen	-40,1	-41,2	-51,8
Veränderung der Finanzschulden	-12,2	232,6	218,1
Mittelzufluss (Mittelabfluss) aus Finanzierungstätigkeit	-52,3	191,4	166,3
Währungsbedingte Veränderung des Finanzmittelbestandes	0	0	-2,6
Veränderung des Finanzmittelbestands	13,3	12,1	68,9
Finanzmittelbestand zum 01.01.	12,9	26,2	38,3
Finanzmittelbestand zum 31.12.	26,2	38,3	107,2

Tabelle 11-13: Kapitalflussrechnung

12. Fraport – Lösungsvorschlag

12.1 Bewertung mit Multiplikatoren

Die im Sachverhalt präsentierten Tabellen ermöglichen eine Vielzahl von Berechnungen, so dass sich dem Bewerter eine Reihe von Fragen stellen: Welcher Multiplikator soll verwendet werden? Welche Unternehmen bilden die Peer Group? Sollen alle Jahre in die Berechnung einfließen? Sollen die „laufenden" Multiplikatoren oder die transaktionsbasierten Multiples herangezogen werden? Auf welche Erfolgsgröße Fraports soll zurückgegriffen werden – den Durchschnitt der letzten Jahre, den aktuellsten Wert, einen prognostizierten Wert? Wenig überraschend führen diese Alternativen nicht zu einem einheitlichen Ergebnis. Wir präsentieren in der Folge eine mögliche Vorgehensweise, ohne dass wir diese empfehlen wollen. Wir gehen so vor: Wir greifen auf den aktuellsten Jahresabschluss Fraport's zurück, verwenden laufende und IPO-Multiplikatoren (und damit – aufgrund bezahlter Übernahmeprämien – nicht die M&A-basierten), verdichten die Daten aller Vergleichsunternehmen gem. den Konsensschätzungen des Jahres 2001 zum Harmonic Mean und berechnen so den Wert einer Fraport-Aktie auf Basis des PE-, EV/EBITDA und EV/EBIT-Multiplikators. Wir wählen das Harmonic Mean, da Multiples nichts anderes als grob vereinfachte DCF-Ansätze bei unterstelltem Rentenfall darstellen; denn sie repräsentieren den Kehrwert des Kapitalkostensatzes, der ggf. um eine Wachstumsrate verkürzt wird. Vor diesem Hintergrund erscheint die Durchschnittsbildung auf Basis des Kehrwerts des Multiples und damit auf Basis der Differenz zwischen Kapitalkostensatz und Wachstumsrate plausibel.[1] Tabelle 12-1 fasst die Ergebnisse zusammen.

Jahresüberschuss, EBIT und EBITDA Fraport's haben wir dem Jahresabschluss 2000 entnommen. Als Aktienanzahl haben wir die vor dem Börsengang bzw. der damit verbundenen Kapitalerhöhung vorliegende Zahl, also 64 Mio. Aktien, zugrundegelegt. Die für die Berechnung des sog. Enterprise Values (EV) erforderliche Größe „Net Debt" ist hier definiert als Finanzschulden des Jahres 2000 abzüglich der liquiden Mittel des gleichen Jahres. Der Wert des Eigenkapitals folgt nach Subtraktion der Net Debt vom Enterprise Value. Der jeweils resultierende Wert einer Aktie liegt im Intervall von 58,99 DM bis 75,11 DM. Legte man die Vergleichsdaten des Jahres 2000 zugrunde, folgten Werte zwischen 65,13 und 89,61 DM. Greift man dagegen auf die durchschnittlichen Earnings, EBIT und EBITDA Fraport's zurück, sinken die Aktienwerte deutlich.

Der Spielraum vergrößert sich weiter, wenn man das Börsengang-basierte EV/ EBITDA-Multiple berechnet: Das Harmonic Mean beträgt 7,93. Der Berechnung in Tabelle 12-1 folgend erhalten wir einen Wert je Aktie von 92,34 DM. Welchen Emissionskurs können wir empfehlen?

---

[1] Vgl. dazu Schwetzler, B. (2003), S. 88-89.

	PE-Ratio	EV/EBITDA-Multiple	EV/EBIT-Multiple
Harmonic Mean Vergleichsunternehmen	14,96	6,87	9,84
Erfolgsgröße Fraport	252,3 Mio. DM	1.043,4 Mio. DM	645,3 Mio. DM
Wert des Eigenkapitals	E^F = 3.775 Mio. DM	EV = 7.171,4 Mio. DM Net Debt = 2.364,2[a] Mio. DM E^F = 4.807,2 Mio. DM	EV = 6.348,4 Mio. DM Net Debt = 2.364,2 Mio. DM E^F = 3.984,2 Mio. DM
Wert je Aktie	58,99 DM	75,11 DM	62,25 DM

[a] Net Debt = Finanzschulden – Liquide Mittel = 2.480 - 115,7 = 2.364,2.

Tabelle 12-1: Marktpreisbasierte Multiple-Bewertung

12.2 DCF-Bewertung

Wir beginnen die DCF-Bewertung mit dem APV-Ansatz, da die Plandaten eine autonome Finanzierungsstrategie vermuten lassen, die wesentlich von den Ausbauinvestitionen determiniert wird. Im Anschluss zeigen wir die Bewertung gemäß WACC- und FTE-Ansatz, die aber lediglich bestätigenden Charakter haben.

Dem Sachverhalt können viele bewertungsrelevante Parameter unmittelbar entnommen werden. Aufwendiger ist die Ableitung der Umsatzerlöse. Wir schätzen diese hier, indem wir zunächst die historischen Daten auswerten und fragen, wie die Umsatzerlöse von den Verkehrseinheiten abhängen. Dazu führen wir eine einfache Regressionsanalyse durch mit den Verkehrseinheiten als unabhängiger und den Umsätzen als abhängiger Variable. Aufgrund des vorliegenden Datenmaterials ist die Zahl der Beobachtungen sehr klein; unsere Berechnung hat damit illustrierenden Charakter. Die Ergebnisse – wir setzen den Achsenabschnitt gleich Null – sind: Regressionskoeffizient 0,4318; R^2 = 0,99; t-Statistik bei 95 % 86,8. Zur Ableitung künftiger Umsatzerlöse greifen wir auf den Koeffizienten zurück, um die Umsatzerlöse aus den geplanten Verkehrseinheiten zu schätzen. Die Verkehrseinheiten wiederum schreiben wir hier vereinfachend fort, indem wir die Wachstumsrate des Jahres 2000 (7,3 %) bis zum Eintritt in den Rentenfall fortschreiben.

Von den Umsatzerlösen subtrahieren wir Materialaufwand, Personalaufwand und sonstigen betrieblichen Aufwand. Abschreibungen, Investitionen und Veränderungen des NWC werden im Sachverhalt genannt. Zinserträge sind nicht zu beachten, da wir – vereinfachend – alle liquiden Mittel als nicht betriebsnotwendig klassifizieren und daher separat bewerten. Der gewerbesteuerliche Hebesatz beträgt 469; daraus folgt ein Gewerbeertragsteuersatz von 19 %. Es wurde angenommen, dass 50 % der Finanzschulden gewerbesteuerlich als Dauerschulden zu behandeln sind. Den durchschnittlichen Fremdkapitalzins (6 %) leiten wir aus der Liste der Kreditlinien (Tabelle 11-8) ab. Ergebnis unserer Überlegungen sind die Plan-GuV-Rechnungen in Tabelle 12-2.

In der ersten Stufe der APV-Bewertung ist zunächst Eigenfinanzierung zu unterstellen; Zinsaufwand nach Steuern sowie Kreditaufnahmen und -tilgungen sind nicht relevant. Tabelle 12-3 zeigt die bewertungsrelevanten Überschüsse bei Eigenfinanzierung bei residualer Ausschüttungspolitik. Ab 2015 beginnt die Rentenphase; unterstellt ist eine Wachstumsrate der bewertungsrelevanten Überschüsse (und aller Bestandteile) von 2,5 %. Der Diskontierungssatz folgt aus:[2]

$$k = i(1-s_I) + \beta^E\left[\bar{r}_M - 0{,}5 s_I \bar{r}_D - i(1-s_I)\right] =$$
$$= 0{,}055(1-0{,}35) + 0{,}5\left[0{,}105 - 0{,}5 \cdot 0{,}35 \cdot 0{,}03 - 0{,}055(1-0{,}35)\right] = 0{,}06775$$

Der Unternehmenswert bei Eigenfinanzierung (V^E) beläuft sich dann auf 5.788 Mio. DM. Dazu sind die Steuereffekte der Fremdfinanzierung zu addieren. Da hier der Standardfall der Unternehmensbewertungslehre, der gekennzeichnet ist durch positive steuerliche Bemessungsgrundlagen und positive bewertungsrelevante Überschüsse bei Eigen- und bei Fremdfinanzierung, in einigen Jahren nicht vorliegt, zerlegen wir die Steuereffekte in drei Teile:[3]

$$WB^F = \underbrace{s^0(EBIT - EBT)}_{\substack{\text{Unternehmensteuereffekt} \\ \text{v. ESt}}} - \underbrace{s_I i_V F_{t-1}}_{\text{ESt-Effekt I}} + \underbrace{0{,}5 s_I\left[\max(0; Div^E) - \max(0; Div^F)\right]}_{\text{ESt-Effekt II}}$$

Diese Zerlegung, v. a. die separate Formulierung des zweiten Einkommensteuereffekts, erlaubt es uns abzubilden, dass bei Eigenfinanzierung in den Jahren 2001 - 2008 und bei Fremdfinanzierung in den Jahren 2001 - 2003, 2005 und 2009 - 2010 das Eigenkapital erhöht werden muss, um den jeweiligen Finanzierungsbedarf zu decken, und damit keine hälftige Einkommensteuer anfällt.[4] Nach etwas vereinfachender Diskontierung mit der risikolosen Rendite nach Einkommensteuer folgt ein Barwert der Steuervorteile Ende 2000 i. H. v. 845 Mio. DM. Nach Abzug der Finanzschulden (2.480 Mio. DM) erhalten wir den Wert des Eigenkapitals mit 4.154 Mio. DM. Tabelle 12-4 enthält die Wertbausteine gem. APV-Ansatz der Jahre 2000 bis 2014.

Zum Wert des Eigenkapitals zum Ende des Jahres 2000 addieren wir die liquiden Mittel zum gleichen Zeitpunkt (115,7 Mio.) abzüglich der geplanten Dividende für 2000 (50 Mio.), die in 2001 auszuschütten wäre.[5] Bezogen auf die Anzahl der Aktien vor Börsengang (sog. „pre money"-Perspektive) resultiert ein Wert pro Aktie von 65,9 DM bzw. 33,7 €. Nun ist der Börsengang für Mitte 2001 geplant. Nach Aufzinsung mit

---

2 Die Berechnungen könnten durch Anwendung der Zinsstrukturkurve verfeinert werden.

3 Vgl. Drukarczyk J./Schüler A. (2007), S. 399, Formel (9-18). Da Verlustvorträge in der Fallstudie nicht auftreten, können wir diese Formel etwas verschlanken. Der kombinierte Unternehmensteuersatz (s^0) beträgt bei 50 % Dauerschulden:

$$s_K + 0{,}75 s_{GE}(1-s_K) = 0{,}25 + 0{,}75 \cdot 0{,}19 \cdot 0{,}75 = 0{,}3569.$$

4 Gemäß der Systematik in Drukarczyk J./Schüler A. (2007) liegen demnach die Fälle 1, 2, 3 und 4 vor; vgl. dort die Seiten 388-390.

5 Einer üblichen Konvention folgend, unterstellen wir ansonsten für unsere Bewertung, dass Steuern und Dividenden in dem Jahr des Entstehens zu Auszahlungen führen.

einem k^F-Wert von 7,84 % über 6 Monate[6] beläuft sich der Wert je Aktie auf 35 € bzw. 68,4 DM. Geht man zur sog. „post money“-Perspektive über, ändert sich das Vermögen der Alteigentümer trotz Bezugsrechtsausschluss nicht, da – Emissionskosten blenden wir aus – bei Ausschöpfung der Mehrzuteilungsoption 26,105 Mio. neue Aktien zu 35 € ausgegeben werden.

Anzumerken ist, dass diese Argumentation unterstellt, dass der Emissionserlös wertneutral verwendet wird. Dies ist hinsichtlich der Zahlungswirkungen des Flughafenausbaus unproblematisch, da diese bereits im Bewertungskalkül enthalten sind. Anders sieht es mit einer vorläufigen Investition des Emissionserlöses in festverzinsliche Finanzanlagen oder mit einer (partiellen) Ablösung von Fremdkapital aus. Diese Maßnahmen beeinflussen v. a. aufgrund von Steuereffekten den Unternehmenswert; der obige Kalkül wäre somit zu modifizieren.

Tabelle 12-5 zeigt die WACC- und FTE-Bewertung. Da sich der Verschuldungsgrad jedes Jahr ändert, schwanken auch die Diskontierungssätze. Wir legen folgende Definitionen zugrunde:

$$k_{S,t}^F = k_S + \left[k_S - i_V(1-s_I)\right]\frac{F_{t-1}}{V_{t-1}^F} - \left[k_S - i(1-s_I)\right]\frac{V_{t-1}^{St}}{V_{t-1}^F}$$

$$WACC_t = k_{S,t}^F \frac{E_{t-1}^F}{V_{t-1}^F} + i_V(1-s_I)\frac{F_{t-1}}{V_{t-1}^F} - \frac{WB_{t-1}^F}{V_{t-1}^F}$$

Die geforderte Eigenkapitalrendite bei Fremdfinanzierung (k^F) bewegt sich zwischen 7 % und 8 %, der WACC zwischen 6 % und 7 %. Die Bewertungsergebnisse entsprechen denjenigen des APV-Ansatzes.

Abschließend stellt Tabelle 12-6 die resultierenden Planbilanzen dar. Von bewertungsrelevanten Parametern unbeeinflusste Positionen entsprechen betragsmäßig den Werten gem. Jahresabschluss 2000. Die Nebenrechnung ist von Bedeutung, da ohne Planbilanzen die Ausschüttungsfähigkeit der bewertungsrelevanten Überschüsse nicht geprüft werden kann. Dass diese Prüfung ein nicht vernachlässigbarer Teil einer Unternehmensbewertung ist, hat der Fall Friedrich Deckel AG gezeigt.

---

6 Der Diskontierungssatz wird unter Vorgriff auf die FTE-Methode eingesetzt. Hier schlummert aber kein Interdependenzproblem, da man die APV-Bewertung von Anfang an auch konsequent auf die Jahresmitte 2001 beziehen könnte. Zur besseren Übersichtlichkeit haben wir darauf verzichtet.

Mio. DM		2001	2002	2003	2004	2005	2006	2007	2008	2009	2010	2011	2012	2013	2014
Gesamtleistung		3.023	3.243	3.479	3.733	4.004	4.296	4.608	4.944	5.304	5.690	6.104	6.548	7.025	7.536
Materialaufwand	16%	484	519	557	597	641	687	737	791	849	910	977	1.048	1.124	1.206
Personalaufwand	41%	1.240	1.330	1.427	1.530	1.642	1.761	1.889	2.027	2.175	2.333	2.503	2.685	2.880	3.090
sonstiger betrieblicher Aufwand	12%	363	389	418	448	481	515	553	593	636	683	732	786	843	904
Beteiligungsergebnis		60	75	90	105	120	135	150	165	180	195	210	225	240	255
EBITDA		997	1.080	1.169	1.262	1.361	1.467	1.579	1.698	1.824	1.959	2.102	2.255	2.418	2.591
Abschreibungen		430	450	450	470	510	560	630	610	670	700	700	700	710	710
EBIT		567	630	719	792	851	907	949	1.088	1.154	1.259	1.402	1.555	1.708	1.881
Zinsaufwand		149	143	128	134	177	218	278	314	344	327	290	263	242	212
EBT		418	488	591	658	674	689	671	774	810	932	1.112	1.291	1.465	1.669
Gewerbeertragsteuer		101	113	130	144	153	162	167	192	203	224	253	283	313	347
Körperschaftsteuer		79	94	115	129	130	132	126	146	152	177	215	252	288	330
Dritten zustehendes Ergebnis		2	2	2	2	2	2	2	2	2	2	2	2	2	2
Jahresüberschuss		236	279	343	384	389	393	376	435	454	529	642	754	862	989
Zinsaufwand		149	143	128	134	177	218	278	314	344	327	290	263	242	212
Steuern auf Zinsaufwand		-53	-51	-46	-48	-63	-78	-99	-112	-123	-117	-104	-94	-87	-76
Jahresüberschuss bei Eigenfin.		332	371	425	470	503	533	555	636	675	739	829	924	1.018	1.126

Tabelle 12-2: Plan-GuV

	Mio. DM	2000	2001	2002	2003	2004	2005	2006	2007	2008	2009	2010	2011	2012	2013	2014
	Jahresüberschuss bei Eigenfin.		332	371	425	470	503	533	555	636	675	739	829	924	1.018	1.126
+	Abschreibungen		430	450	450	470	510	560	630	610	670	700	700	700	710	710
	-/+ Zunahme/ Abnahme UV		-54	50	-110	56	-60	-80	-70	-15	-17	-20	-20	-20	-20	0
	+/- Zunahme/ Abnahme RSt.		-90	70	10	20	20	-50	10	10	10	10	10	-50	10	0
	+/- Zunahme/ Abnahme übrige Verbindlichkeiten		30	-17	30	0	0	0	0	0	0	0	0	0	0	0
-	Veränderung NWC		-114	103	-70	76	-40	-130	-60	-5	-7	-10	-10	-70	-10	0
=	Operativer Cashflow (EF)		648	924	805	1.016	973	963	1.125	1.241	1.338	1.429	1.519	1.554	1.718	1.836
-	Investitionen in das AV		-925	-1.150	-1.100	-1.300	-1.600	-1.800	-1.500	-1.500	-1.100	-800	-800	-900	-800	-1.000
=	Dividende/ Kapitalerhöhung		-277	-226	-295	-284	-627	-837	-375	-259	238	629	719	654	918	836
-	Hälftige ESt. auf Dividende		0	0	0	0	0	0	0	0	-42	-110	-126	-114	-161	-146
=	Bewertungsrel. Überschuss		-277	-226	-295	-284	-627	-837	-375	-259	196	519	593	539	757	689
	V^E	5.788	6.457	7.121	7.898	8.717	9.935	11.445	12.596	13.708	14.441	14.900	15.316	15.814	16.128	16.531

Tabelle 12-3: Bewertungsrelevante Überschüsse und Unternehmenswert bei Eigenfinanzierung

Mio. DM	2000	2001	2002	2003	2004	2005	2006	2007	2008	2009	2010	2011	2012	2013	2014
V^E	5.788	6.457	7.121	7.898	8.717	9.935	11.445	12.596	13.708	14.441	14.900	15.316	15.814	16.128	16.531
Zinsaufwand		149	143	128	134	177	218	278	314	344	327	290	263	242	212
Steuereffekt		53	51	46	48	63	78	99	112	123	117	104	94	87	76
V^{USt} *	5.284	5.420	5.562	5.716	5.872	6.019	6.156	6.277	6.390	6.496	6.611	6.744	6.891	7.051	7.227
Zinsaufwand		149	143	128	134	177	218	278	314	344	327	290	263	242	212
Steuereffekt		-52	-50	-45	-47	-62	-76	-97	-110	-120	-114	-102	-92	-85	-74
$V^{ESt\,I}$	-5.182	-5.315	-5.456	-5.606	-5.759	-5.903	-6.038	-6.157	-6.267	-6.371	-6.484	-6.614	-6.759	-6.915	-7.088
Div/KE bei EF		-277	-226	-295	-284	-627	-837	-375	-259	238	629	719	654	918	836
Div/KE bei FF		-473	-568	-277	350	-61	23	46	40	-263	-191	82	134	262	788
Steuereffekt		0	0	0	-61	0	-4	-8	-7	42	110	111	91	115	8
$V^{ESt\,II}$	744	771	798	827	917	950	988	1.032	1.075	1.072	1.000	925	867	783	803
V^{St}	845	875	905	936	1.030	1.066	1.106	1.152	1.198	1.197	1.127	1.054	999	918	941
$V^F = V^E + V^{St}$	6.634	7.332	8.026	8.834	9.747	11.001	12.552	13.748	14.906	15.638	16.027	16.370	16.813	17.046	17.472
F	2.480	2.380	2.130	2.230	2.950	3.630	4.630	5.230	5.730	5.450	4.840	4.390	4.040	3.540	3.629
$E^F - F$	4.154	4.952	5.896	6.604	6.797	7.371	7.922	8.518	9.176	10.188	11.187	11.980	12.773	13.506	13.844

Tabelle 12-4: APV-Bewertung

Mio. DM	2000	2001	2002	2003	2004	2005	2006	2007	2008	2009	2010	2011	2012	2013	2014
WACC-Ansatz															
Dividende nach ESt.		-277	-226	-295	-284	-627	-837	-375	-259	196	519	593	539	757	689
WACC		6,35%	6,38%	6,40%	7,12%	6,42%	6,49%	6,54%	6,54%	6,22%	5,81%	5,84%	6,00%	5,89%	6,54%
V^F	6.634	7.332	8.026	8.834	9.747	11.001	12.552	13.748	14.906	15.638	16.027	16.370	16.813	17.046	17.472
Flow-to-Equity-Ansatz															
JÜ bei Fremdfin.		236	279	343	384	389	393	376	435	454	529	642	754	862	989
+ Abschreibungen		430	450	450	470	510	560	630	610	670	700	700	700	710	710
- Veränderung NWC		-114	103	-70	76	-40	-130	-60	-5	-7	-10	-10	-70	-10	0
= Operativer Cashflow (FF)		552	832	723	930	859	823	946	1.040	1.117	1.219	1.332	1.384	1.562	1.699
- Investitionen in das AV		-925	-1.150	-1.100	-1.300	-1.600	-1.800	-1.500	-1.500	-1.100	-800	-800	-900	-800	-1.000
+/- Kreditaufnamen/Tilgungen		-100	-250	100	720	680	1.000	600	500	-280	-610	-450	-350	-500	88
= Div./Kapitalerhöhung		-473	-568	-277	350	-61	23	46	40	-263	-191	82	134	262	788
- Hälftige ESt. auf Div.		0	0	0	-61	0	-4	-8	-7	0	0	-14	-24	-46	-138
= Dividende nach ESt.		-473	-568	-277	288	-61	19	38	33	-263	-191	68	111	216	650
k^F		7,84%	7,59%	7,32%	7,29%	7,54%	7,73%	8,01%	8,11%	8,15%	7,94%	7,70%	7,55%	7,43%	7,31%
E^F	4.154	4.952	5.896	6.604	6.797	7.371	7.922	8.518	9.176	10.188	11.187	11.980	12.773	13.506	13.844

Tabelle 12-5: WACC- und FTE-Bewertung

Mio. DM	2000	2001	2002	2003	2004	2005	2006	2007	2008	2009	2010	2011	2012	2013	2014
Anlagevermögen	5.338	5.833	6.533	7.183	8.013	9.103	10.343	11.213	12.103	12.533	12.633	12.733	12.933	13.023	13.313
Umlaufvermögen	517	521	471	581	525	585	665	735	750	767	787	807	827	847	847
Aktive Rechnungsabgrenzung	85	85	85	85	85	85	85	85	85	85	85	85	85	85	85
Aktive latente Steuern	12	12	12	12	12	12	12	12	12	12	12	12	12	12	12
Bilanzsumme	5.951	6.450	7.100	7.860	8.634	9.784	11.104	12.044	12.949	13.396	13.516	13.636	13.856	13.966	14.256
Eigenkapital	1.994	2.653	3.500	4.120	4.154	4.604	4.974	5.304	5.699	6.416	7.136	7.696	8.316	8.916	9.117
Grundkapital+Kapitalrücklagen	1.252	1.724	2.292	2.569	2.569	2.630	2.630	2.630	2.630	2.894	3.085	3.085	3.085	3.085	3.085
Gewinnrücklagen	592	928	1.207	1.551	1.585	1.973	2.343	2.673	3.068	3.522	4.051	4.611	5.231	5.831	6.033
Konzernbilanzgewinn	150														
Anteile fremder Gesellschafter	9	9	9	9	9	9	9	9	9	9	9	9	9	9	9
Sonderposten	45	45	45	45	45	45	45	45	45	45	45	45	45	45	45
Rückstellungen	560	470	540	550	570	590	540	550	560	570	580	590	540	550	550
Verbindlichkeiten	2.841	2.771	2.504	2.634	3.354	4.034	5.034	5.634	6.134	5.854	5.244	4.794	4.444	3.944	4.032
Finanzschulden	2.480	2.380	2.130	2.230	2.950	3.630	4.630	5.230	5.730	5.450	4.840	4.390	4.040	3.540	3.628
Übrige Verbindlichkeiten	361	391	374	404	404	404	404	404	404	404	404	404	404	404	404
Passive Rechnungsabgrenzung	146	146	146	146	146	146	146	146	146	146	146	146	146	146	146
Passive latente Steuern	356	356	356	356	356	356	356	356	356	356	356	356	356	356	356
Bilanzsumme	5.951	6.450	7.100	7.860	8.634	9.784	11.104	12.044	12.949	13.396	13.516	13.636	13.856	13.966	14.256

Tabelle 12-6: Plan-Bilanzen

12.3 Zusammenfassung und Sensitivitätsanalyse

Abbildung 12-1 fasst die Bewertungsschritte zusammen.

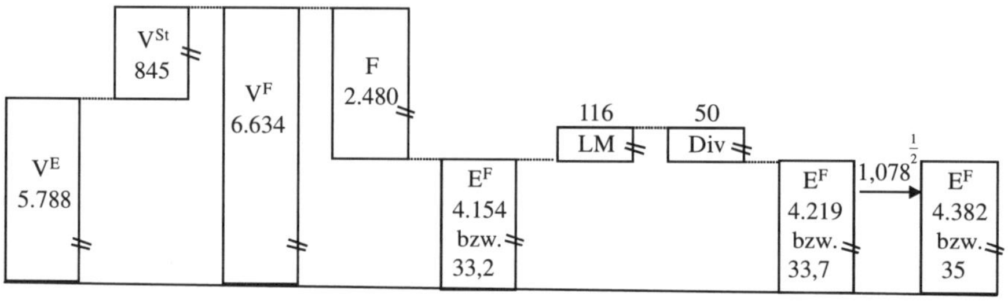

Abbildung 12-1: Zusammenfassung der Fraport-Bewertung

Hat man die Bewertung vollständig abgebildet, fällt es leicht, die Sensitivität des Bewertungsergebnisses auf Änderungen einzelner Bewertungsparameter zu illustrieren. Abbildung 12-2 illustriert z. B. die Abhängigkeit des Aktienwertes von der Wachstumsrate im Rentenfall. Obwohl die Detailplanungsphase aufgrund des geplanten Ausbaus relativ lang ist, wird doch der erhebliche Einfluss der Wachstumsrate deutlich.

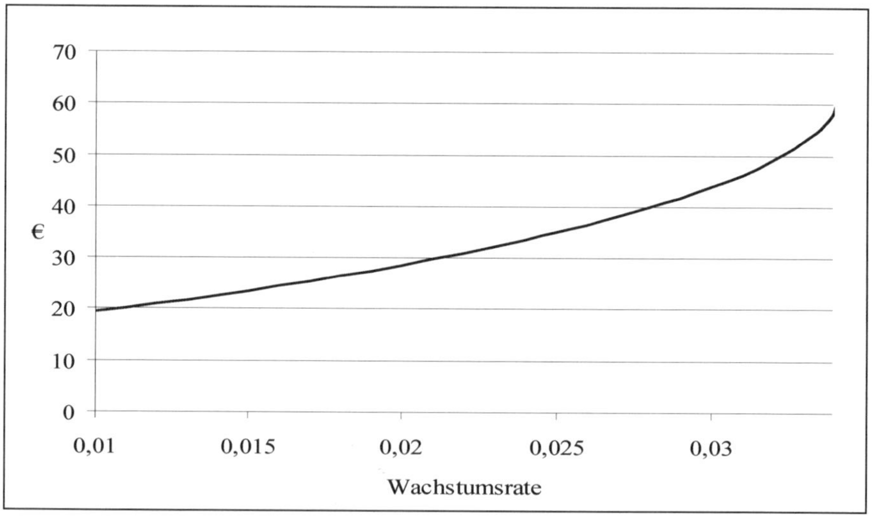

Abbildung 12-2: Wert einer Aktie in Abhängigkeit von der Wachstumsrate

Interessant ist hier auch das implizierte Zusammenspiel aus Wachstumsrate (g), Thesaurierungs- bzw. Nettoinvestitionsquote (b) und Reinvestitionsrendite (r_I): $g = b \cdot r_I$ bzw. $r_I = g/b$. Im Ausgangsfall gilt für das Jahr 2014bei Eigenfinanzierung mit

$$b = 1 - \frac{Div}{JÜ} = 1 - \frac{836}{1.126} = 0,26$$

$$r_I = \frac{g}{b} = \frac{0,025}{0,26} = 0,097$$

Die Reinvestitionsrendite ist damit deutlich größer als der Kapitalkostensatz 6,775 %. Beträgt die Inflationsrate 0 %, wäre dies begründungsbedürftig. Man kann nun fragen, bei welcher Inflationsrate reale Rendite und realer Kapitalkostensatz übereinstimmen. Zunächst gilt:[7]

$$r_I^{real} = \frac{g - inf(1-b)}{b} \quad \text{und} \quad k^{real} = \frac{1+k}{1+inf} - 1$$

In unserem Fall entspricht die reale Rendite dem realen Kapitalkostensatz bei einer Inflationsrate von etwa 1,6 %. Das ist nicht unplausibel.

Weitere interessante Variationen des Basisfalls wären eine Erhöhung der v. a. für die Jahre 2004 bis 2008 geplanten Ausbauinvestitionen oder eine Verzögerung des Ausbaus einschließlich eines sich zumindest temporär verlangsamenden Wachstums.

12.4 Literatur

Arzac, E. R. (2005): Valuation for Mergers, Buyouts, and Restructuring, Hoboken.

Drukarczyk, J./Schüler, A. (2007): Unternehmensbewertung, 5. A., München. Kapitel 9 und 11.

Schwetzler, B. (2003): Probleme der Multiple-Bewertung. In: Finanz Betrieb, 5. Jg., S. 79-90.

---

7 Vgl. Arzac E. R. (2005), S. 18. Eine analoge Diskussion könnten wir schon bei der Bewertung durch Multiples führen. Oder anders ausgedrückt: Eine auf Multiplikatoren gestützte Bewertung entspricht einer DCF-Bewertung mit einer Detailplanungsphase von Null Jahren.

13. Eurotunnel: Börsengang 1987

13.1 Ausschreibung

Von November 1984 bis Februar 1985 bereitete eine Kommission im Auftrag der britischen und der französischen Regierung die Ausschreibung einer festen Verbindung zwischen Großbritannien und dem europäischen Kontinent vor. Anfang April 1985 wurde das Projekt, verbunden mit der Einladung zur Abgabe von Angeboten, ausgeschrieben. Bis zum 31. Oktober 1985, dem Ende der Ausschreibungsfrist, hatten neun Bewerber Angebote abgegeben, von denen vier weiter berücksichtigt wurden:

1. *EuroRoute*: Eine Autobahn führt von beiden Seiten des Ärmelkanals über Brücken bis zur Schifffahrtrinne und geht dort in einen Tunnel über. Die Kosten werden auf etwa 6,5 Mrd. £ veranschlagt.
2. *Channel Expressway*: Zunächst sind zwei Tunnelröhren von großem Durchmesser geplant, durch die sowohl Straßen- als auch Schienenverkehr im Einbahnsystem fließen sollen.[1] Nach erheblichen Zweifeln an der technischen Machbarkeit wird der Vorschlag dann abgeändert in vier kleinere Tunnelröhren (je zwei Tunnel für Straße und Schiene). Hinter diesem Angebot steht James Sherwood; er ist Fährenbesitzer und Mitglied von Flexilink, einer Vereinigung von Fährgesellschaften und Häfen, die sich gegen eine feste Verkehrsanbindung engagiert.
3. *Eurobridge*: Eine Brücke über den Kanal für den Schienen- und Straßenverkehr.
4. *Eurotunnel*: Zwei Eisenbahntunnel vorgeschlagen von der Channel Tunnel Group Limited (gebildet aus fünf britischen Baufirmen und zwei britischen Banken) und France Manche SA (gebildet aus fünf französischen Baufirmen und drei französischen Banken). Die Kosten sollen 4,8 Mrd. £ betragen.

Am 20. Januar 1986 bekamen Channel Tunnel Group Limited und France Manche SA den Zuschlag. Gründe hierfür waren die bei Expressway und Eurobridge erwarteten technischen Schwierigkeiten und die vergleichsweise hohen Kosten des EuroRoute-Vorschlags. Außerdem sprach für Eurotunnel, dass die Finanzierung durch die Einbindung namhafter Banken bereits über eine reine Planungsphase hinauszugehen schien.

13.2 Beteiligte Parteien & Vertragswerke im Überblick

Am 12. Februar 1986 unterzeichneten die britische Premierministerin Margaret Thatcher und der französische Staatspräsident François Mitterand das Abkommen (Treaty of Canterbury) über dieses Projekt. In Article 1 dieses Abkommens wurde auf Drängen der britischen Seite unmissverständlich festgelegt, dass das Projekt zu finanzieren ist

[1] Das Konzept sah vor, dass der Straßenverkehr in bestimmten Intervallen gestoppt wird, um Zügen die Durchfahrt (auf in die Fahrbahn eingelassenen Gleisen) zu ermöglichen.

„without recourse to government funds or to government guarantees of a financial or commercial nature". Vereinbart wurde weiter die Einsetzung einer Kommission aus Regierungsvertretern beider Staaten (Intergovernmental Commission, IGC), der die Kontrolle der Erstellung und des Betriebs des Tunnels obliegt; in Sicherheitsfragen unterstützt sie eine Sicherheitsaufsicht (Safety Authority).

Am 14. März 1986 wurde der Konzessionsvertrag zwischen den beiden Regierungen und der Channel Tunnel Group Limited (CTG) und France Manche SA (FM) unterzeichnet. Die Konzession gilt gemäß Clause 3.2 für 55 Jahre. Das für die Errichtung benötigte Land wurde von den Staaten bereitgestellt (Clause 4), und den Konzessionären zur Verfügung gestellt. Außerdem fordert der Konzessionsvertrag in Clause 6 die Einsetzung eines unabhängigen Projektmanagers (Maitre d'Oeuvre, MdO). Dieser soll die Entwicklung und Errichtung der Tunnel überwachen und die IGC beraten. Der Maître d´Oeuvre ist ein Gemeinschaftsunternehmen von zwei Konstruktionsbüros (W.S. Atkins & Partners und Société d´Etudes Techniques et Economiques) und zwei Beratungsunternehmen (Sir William Halcrow & Partners Ltd. und Tractionel Electrobel Engineering). Nach Ablauf der Konzession fallen die für die Errichtung und den Betrieb nötigen Immobilien und Mobilien entschädigungslos den Staaten zu (Clause 39.2). Clause 34 enthält die Option für CTG und FM, einen zweiten Tunnel für den Straßenverkehr zu errichten. Falls diese Option bis zum Jahr 2010 nicht ausgeübt wird, kann die Regierung einem anderen Vertragspartner Bau und Betrieb des zweiten Tunnels gestatten; dieser darf nicht vor dem Jahr 2020 eröffnet werden.

Am 13. August 1986 unterzeichneten CTG und FM sowie das Baukonsortium Transmanche Link (TML), bestehend aus den zehn Baufirmen, die auch im Anbieterkonsortium vertreten waren, das Construction Agreement.

Im September 1986 stellten die 15 Mitglieder des Anbieterkonsortiums die erste Tranche Eigenkapital i. H. v. 46 Mio. £ bereit (EK 1). Im Oktober 1986 brachten institutionelle Investoren die zweite Tranche über 206 Mio. £ auf (EK 2).

Im Sommer 1987 wurden in Frankreich die Declaration d'Utilité Publique und in Großbritannien der Channel Tunnel Act verabschiedet, in denen sich die Staaten u. a. verpflichteten, das zum Tunnelbau benötigte Land zu erwerben. Konzessionsvertrag und Treaty wurden am 15. Juni 1987 von der französischen und am 29. Juli 1987 von der britischen Legislative ratifiziert. Dies war der Startpunkt der Konzessionslaufzeit.

Am 29. Juli 1987 wurde der Benutzungsvertrag (Railway Usage Contract) mit den Eisenbahngesellschaften British Railways und SNCF abgeschlossen, der diesen Gesellschaften die Nutzung der halben Tunnelkapazität ermöglicht.

Im August 1987 sicherten 50 Banken ihre Bereitschaft für die Bereitstellung eines Kredits i. H. v. 5 Mrd. £ durch ein Underwriting Agreement zu. Nach Syndizierung Anfang November 1987 wurde der Kreditvertrag durch 198 Banken aufgebracht. Die Europäische Investitionsbank (EIB) stellte eine Kreditlinie i. H. v. 1 Mrd. £ und die Credit National eine Kreditlinie über 4 Mrd. Französische Francs (FF) bereit; diese beiden Kredite wurden nicht zusätzlich ausgereicht, sondern sind über Letters of Credit aus o. g. Kreditvolumen zu besichern. Abbildung 13-1 gibt einen Überblick über das Vertragsgeflecht.

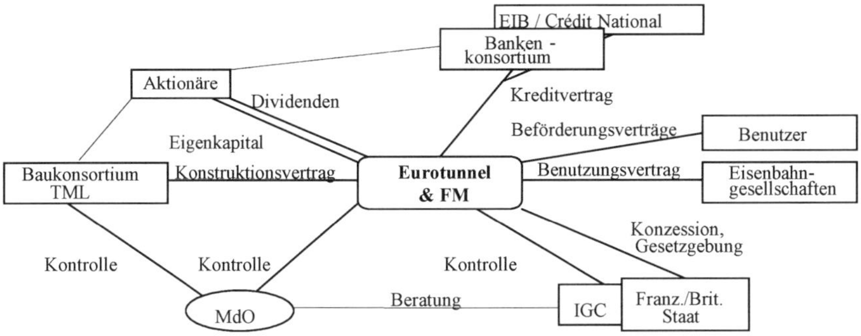

Abbildung 13-1: Vertragliche Beziehungen

Im November 1987 soll nun das Eigenkapital durch einen Börsengang um 770 Mio. £ erhöht werden.

13.3 Technische Beschreibung und Leistungsfähigkeit des Systems

Der Eurotunnel besteht aus zwei Eisenbahntunneln und einem dazwischen liegenden Servicetunnel. Die Tunnellänge vom Bahnhof im französischen Coquelles, in der Nähe von Calais, bis zum britischen Folkestone nahe Dover beträgt 50 km. Davon verlaufen 38 km unter dem Ärmelkanal und liegen zwischen 25 und 45 m unter dem Meeresboden. Nach je einem Drittel der Strecke kreuzen sich die Haupttunnel, um so bei Bedarf die Umleitung von Zügen zu ermöglichen. Der Servicetunnel kann von speziell konstruierten Servicefahrzeugen befahren werden, die bei Instandhaltungsmaßnahmen oder Notfällen eingesetzt werden. Alle 375 m gibt es eine Querverbindung von den Haupttunneln zum Servicetunnel. Der Servicetunnel dient darüber hinaus auch der Ventilation der Haupttunnel. Der Bahnhof Folkestone umfasst ein Areal von ca. 170 Hektar. Der Terminal bei Coquelles hat eine Fläche von ca. 500 Hektar. Dort werden die Shuttles über mehrere parallele Schleifen zu Be- und Entladestationen geführt, so dass gleichzeitig mehrere Züge abgefertigt werden können. Auf diesen Arealen befinden sich auch Geschäfte, Restaurants, Tankstellen und Autowerkstätten. Die Zollabfertigung erfolgt auf dem Terminal, von dem aus die Reisenden die Reise beginnen. Die Terminals sind an die Schienen- und Autobahnnetze angeschlossen.

Eingesetzt werden sowohl Passagier- als auch Frachtshuttles. Es sind doppel- (für Fahrzeuge unter 1,85m Höhe) und einstöckige (für Fahrzeuge über 1,85m Höhe, inkl. Busse) Passagierwaggons vorgesehen. Die Passagiershuttles bestehen aus einer Reihe doppelstöckiger Waggons, die insgesamt 100 Personenkraftwagen aufnehmen können oder einstöckiger Waggons für insgesamt entweder 50 Personenkraftwagen oder eine Kombination aus maximal 12 Bussen und einer entsprechenden Anzahl von Personenkraftwagen. Die Waggons der Frachtshuttles können je einen voll beladenen Lastkraftwagen befördern. Die Anzahl der Waggons eines Zuges variiert mit der Nachfrage. An beiden Enden der Shuttles befindet sich eine Lokomotive, so dass auch bei dem Ausfall einer Zugmaschine der Zug den Tunnel verlassen kann. Es sollen 38 Elektro- und 5 Diesellokomotiven, 252 Passagier- und 270 Frachtwaggons bestellt werden.

Die Fahrzeit der Shuttles beträgt 35 Minuten. Bei einer Tunnellänge von 50 km entspricht dies einer Durchschnittsgeschwindigkeit von 115,4 km/h. Die zunächst geplante Spitzengeschwindigkeit der Shuttles von 160 km/h wird u. a. aus Kostengründen auf 130 km/h gesenkt. Inklusive der Ladezeiten benötigt ein PKW von Autobahn zu Autobahn durch den Tunnel ungefähr 1 Stunde und 15 Minuten. Eine Fährpassage nimmt hingegen etwa 2 Stunden und 45 Minuten in Anspruch; die Fahrt mit dem Luftkissenboot dauert 1 Stunde und 50 Minuten.

Neben den Shuttles nutzen Passagier- und Frachtzüge den Tunnel. Die Gesamtkapazität beträgt 20 Züge pro Stunde und Richtung. Im Oktober 1987 kündigt die französische Regierung die Errichtung einer Hochgeschwindigkeitsverbindung (TGV Nord) zwischen Paris und Brüssel an. Das französische Terminal soll an diese Verbindung angeschlossen werden. Das Schienennetz könnte später über Brüssel hinaus nach Amsterdam und Köln ausgedehnt werden. Die Verbindung zwischen London und dem englischen Terminal ist für Hochgeschwindigkeitszüge zunächst noch nicht geeignet.

Die Gesellschaften planen folgende Leistungen:

- Im Stundentakt verkehrende Züge zwischen London und Paris sowie London und Brüssel. Höhere Frequenzen während der Hauptverkehrszeiten sind vorgesehen. Einige Züge sollen auch in der Nähe der englischen und französischen Endstationen halten.
- Züge mit Schlafwagen, die zweimal pro Tag in beiden Richtungen zwischen London und Städten in Deutschland und der Schweiz verkehren, sowie Schlafwagen-Züge, die lange Entfernungen überbrücken (Italien, Spanien).
- Non-Stop-Verbindungen von Städten im Norden Großbritanniens mit Paris und Brüssel.
- Güterzüge zwischen Städten im UK und dem europäischen Kontinent: Diese sollen außerhalb der Hauptverkehrszeiten rollen, um den anderen Verkehr nicht zu behindern.

Ein Hochgeschwindigkeitszug könnte die Strecke London-Paris bzw. London-Brüssel via Eurotunnel in ungefähr 3 Stunden bzw. 2 Stunden und 40 Minuten zurücklegen. Containerfracht von Großbritannien nach Belgien oder Nordfrankreich würde vermutlich 1 1/2 Tage weniger benötigen als bisher. Für das Jahr 2000 ist die Inbetriebnahme einer Hochgeschwindigkeitsstrecke vom Tunnelende bei Folkstone bis London geplant. Die Fahrt von London nach Brüssel soll dann – so die Planung zum Zeitpunkt des Börsengangs – 2 Stunden und 15 Minuten und die von London nach Paris 2 Stunden und 35 Minuten dauern.

Die Kapazität des Tunnels wird hauptsächlich begrenzt durch das Signalsystem, das bei der Tunneleröffnung zunächst 20 sog. Standardzugbewegungen in einer Stunde für jede Richtung zulässt. Durch geringfügige Änderungen sind 24 Bewegungen pro Stunde möglich. Für 2013 ist die Installation eines neuen Signalsystems geplant, das 30 Zugbewegungen pro Stunde erlaubt.

Zunächst stehen Eurotunnel gemäß der Kapazitätsaufteilung mit den Bahngesellschaften 10 Standardbewegungen (eine Shuttlefahrt entspricht einer Standardbewegung) für jede Richtung zur Verfügung. Diese werden zum Zeitpunkt der Eröffnung auch zu Hauptverkehrszeiten nicht ganz ausgenutzt, da für diese Zeiten 7 Fahrten (4 Passagier- und 3 Frachtshuttles) in jede Richtung geplant sind.

13.4 Struktur der Eurotunnel Group

Auf die Ausschreibung hin geben die Channel Tunnel Group Limited und France Manche SA den später ausgewählten Vorschlag gemeinsam als Anbieterkonsortium ab. Das Anbieterkonsortium besteht somit aus folgenden britischen und französischen Banken und Bauunternehmen:

	Channel Tunnel Group Limited	France Manche SA
Banken	Midland Bank National Westminster	Banque Indosuez Banque Nationale de Paris Crédit Lyonnais
Baufirmen	Balfour Beatty Construction Ltd. Costain UK Ltd. Tarmac Construction Ltd. Taylor Woodrow Construction Ltd. George Wimpey International Ltd.	Bouygues SA Dumez SA Société Auxiliaire d'Entreprises SA Société Générale d'Entreprises SA Spie Batignolles SA

Tabelle 13-1: Am Anbieterkonsortium beteiligte Unternehmen

Im Konzessionsvertrag zwischen den Konzessionären CTG (später ein Tochterunternehmen der Eurotunnel PLC) und FM (später ein Tochterunternehmen der Eurotunnel SA) und den Regierungen wird vereinbart, dass die Konzessionäre eine gemeinsame Geschäftsführung einrichten sollen, die zu gleichen Teilen aus Vertretern der beiden Firmen besteht. Die Realisierung weiterer, sich durch das Projekt ergebender Aufgaben erfordert dann den Zusammenschluss zur Eurotunnel Group. Die Aktien von Eurotunnel sollen als Einheiten (Units) gehandelt werden, die aus je einer Aktie der Eurotunnel PLC und Eurotunnel SA bestehen.

Zentrales Managementorgan ist der Joint Board der Eurotunnel Gruppe. In ihm finden sich sowohl Vertreter der Geschäftsführung (Executives) als auch Vertreter, beispielsweise der Aktionäre, mit Kontrollaufgaben. Zusammensetzung und Aufgaben dieses Organs müssen aufgrund des binationalen Projektcharakters im Einklang mit britischem und französischem Recht stehen. So hatte der Joint Board zunächst zwei Vorsitzende (Co-Chairmen): André Bénard und Alastair Morton. Die Anzahl der Mitglieder beträgt 19 Personen. Dabei sind neben den beiden Vorsitzenden mit dem Managing Director Operations und dem Managing Director Finance zwei weitere Executives vertreten. Unter den im Board vetretenen Non-Executives finden sich Vertreter der Banken des Anbieterkonsortiums, die auch einen Teil der ersten Eigenkapitaltranche gezeichnet hatten (National Westminster Bank, Crédit Lyonnais, Banque Nationale de Paris). Es wird ein Group Management Committee gebildet, dem der Chief

Executive Alastair Morton vorsitzt. André Bénard darf an dessen Sitzungen teilnehmen. In diesem Committee sitzen auch die Leiter der drei Abteilungen Finanzen, Projekt und Transport. Sie unterstehen direkt dem Chief Executive, haben aber keine Stimmrechte im Joint Board. Als weitere Organe von Eurotunnel sind zudem die Hauptversammlungen der beiden Holdinggesellschaften Eurotunnel PLC und Eurotunnel SA zu nennen. Die Aufgaben einer Hauptversammlung nach britischem Recht (Annual General Meeting) sind mit denen einer nach französischem Recht (Assemblée Générale Annuelle) vergleichbar, so dass eine Durchführung der Hauptversammlungen mit weitgehend gleichen Tagesordnungspunkten möglich ist.

13.5 Construction Agreement

Der Konstruktionsvertrag ist untergliedert in die drei Teile Target Works, Lump Sum Works und Procurement Items.[2] Das Verhältnis dieser Teile gemessen an der Vertragssumme beträgt 5:4:1:

- Die Target Works (Auftragsbestandteile, die zu einem Zielpreis erstellt werden sollen) umfassen die Tunnelröhren und Untergrundarbeiten. Dafür werden Zielkosten festgelegt. Der Auftraggeber erhält die angefallenen Kosten zuzüglich eines fixen Aufschlages von 12,63 % der Zielkosten. Falls die tatsächlichen Kosten die Zielkosten unterschreiten, erhält der Auftragnehmer zusätzlich einen Bonus von 50 % dieser Ersparnisse. Wenn die tatsächlichen Kosten die Zielkosten überschreiten, hat der Auftragnehmer 30 % der Mehrkosten bis zu einer Obergrenze von 6 % der Zielkosten, zu tragen.
- Die Lump Sum Works (Auftragsbestandteile, die zu einem Pauschalpreis erstellt werden sollen) beinhalten die Gebäude, die Infrastruktur für die Terminals (auf dem Betriebsgelände) sowie die mechanischen und elektrischen Elemente des Tunnelsystems. Alle Kosten über den Pauschalpreisen, soweit nicht von Änderungs- oder Zusatzwünschen von Eurotunnel oder durch Inflation verursacht, trägt der Auftragnehmer.
- Die Procurement Items (Auftragsbestandteile, die vom Auftragnehmer über Unterverträge beschafft werden müssen) umfassen vor allem die Shuttles und Lokomotiven. TML erhält für die Vorbereitung, Abschluss und Überwachung dieser Kaufverträge die dadurch entstehenden Kosten und eine Zahlung von 11,5 % des Kaufpreises der Procurement Items.

Der Ziel- und der Pauschalpreis werden neben einer Inflationsanpassung erhöht, falls sich z. B. zusätzliche Kosten aufgrund geänderter Anforderungen der IGC und Änderungswünsche von Eurotunnel ergeben.

Der Auftragnehmer hat das System voll betriebsfähig zum 15. Mai 1993 zu übergeben. Es werden Meilensteine (Milestones) vereinbart, zu denen TML bestimmte Stufen der Fertigstellung abgeschlossen haben muss. Ansonsten kann Eurotunnel Teile der Zahlung einbehalten und Konventionalstrafen werden fällig.

---

2 Vgl. Anhang 1.

Als Sicherheit für den Auftraggeber wird im Vertrag die Bereitstellung von Performance Bonds durch TML festgeschrieben. Sie umfassen 10 % der Summe aus Zielkosten, Pauschalkosten und der voraussichtlich erforderlichen Zahlung für die Procurement Items. Performance Bonds sind Erfüllungsgarantien, durch die sich der Garantiegeber verpflichtet, bei nicht ordnungsgemäßer oder verzögerter Vertragserfüllung den vereinbarten Prozentsatz der Vertragssumme an den Begünstigten zu bezahlen. Sie werden zumeist über Versicherungsgesellschaften gestellt. Darüber hinaus hat TML einen Retention Bond bereitgestellt. Durch diesen werden 5 % des dem Auftragnehmer zustehenden Betrages während der Bauphase zurückgehalten. Dieser Retention Bond dient Eurotunnel ebenfalls als Sicherheit für die Vertragserfüllung. Die Mitglieder des Baukonsortiums haben Eurotunnel zudem Garantien eingeräumt: Die französischen Firmen gemeinsam über 50 % aller Verpflichtungen, Verluste und Schulden aus der Erfüllung des Vertrages, die fünf britischen Firmen über jeweils 10 %. Diese Garantien laufen 10 Jahre nach Fertigstellung ab.

Im Einklang mit dem Konstruktionsvertrag entwickelt das Baukonsortium folgenden Zeitplan:

Dezember 1987:	Beginn der Haupt-Arbeiten
1988 - 1991:	Bohren des Tunnels
Herbst 1990:	Durchbruch beim Versorgungs- und Rettungstunnel
Sommer 1991:	Durchbruch bei den Haupttunnelröhren
1990 - 1992:	Ausstaffierung des Tunnels
Herbst 1992:	Beginn des Testbetriebs
Mai 1993:	Tunneleröffnung

13.6 Rail Usage Contract

Eurotunnel und die Bahngesellschaften haben einen Benutzungsvertrag abgeschlossen, der British Rail (BR) und Société Nationale des Chemins de Fer Français (SNCF) zusammen 50 % der Tunnelkapazität zuspricht.[3] Dabei ist Eurotunnel für die Benutzbarkeit des Tunnels verantwortlich; die Bahngesellschaften müssen Schienenanbindungen und geeignete Züge bereitstellen. Bei Nichteinhaltung der Verpflichtungen einer Vertragspartei hat diese Strafzahlungen an den Vertragspartner zu leisten. Die Zahlungen der Eisenbahngesellschaften an Eurotunnel bestehen aus einem fixen Betrag und einer variablen Komponente, die sich nach der Passagierzahl richtet. Falls die Einkünfte von Eurotunnel eine bestimmte Grenze überschreiten, sind die Bahngesellschaften durch eine Senkung der Benutzungsgebühren daran beteiligt. Zudem haben die Bahngesellschaften einen Teil der Ersatzinvestitionen, der Betriebs- und Instandsetzungskosten zu tragen.

---

3 Vgl. Anhang 2.

13.7 Finanzierung

13.7.1 Kapitalbedarf

Das Finanzierungspaket muss den Bau, die Inbetriebnahme und den anfänglichen Betrieb von Eurotunnel abdecken. Zum Zeitpunkt des Börsengangs geht man von insgesamt 4.874 Mio. £ aus. Darin enthalten sind die Konstruktionskosten, die Kosten der Eurotunnel Group (für Management, Verwaltung usw.), sogenannte andere Kosten (z. B. für den MdO), ein Inflationsausgleich und die Nettofinanzierungskosten. Letztere bestehen aus dem Zinsaufwand zuzüglich der Gebühren für Eigen- und Fremdkapital abzüglich des Zinsertrages.

Mio. £	Nov.1987
Tunnel	1.367
Terminals & Fixed Equipment	1.169
Shuttles	252
Ges. Konstruktionskosten	2.788
Kosten von Eurotunnel	
und andere Kosten	642
Inflationsausgleich	469
Nettofinanzierungskosten	975
Gesamt	4.874

Tabelle 13-2: Kapitalbedarf

13.7.2 Credit Agreement

An dem Konsortialkredit beteiligen sich 198 Banken. Die Funktion von sog. Arranging Banks übernehmen die fünf Banken, die auch am Anbieterkonsortium beteiligt sind (Banque Nationale de Paris, Crédit Lyonnais, Banque Indosuez, National Westminster Bank, Midland Bank). Im Anhang 4 sind die sog. Underwriting Banks aufgelistet.

Der Kredit hat ein Volumen von umgerechnet 5 Mrd. £ (bestehend aus 2,6 Mrd. £, 21 Mrd. FF und 450 Mio. US $[4]) und soll im November 1987 unterzeichnet werden. 1 Mrd. £ davon sind als Stand-By-Fazilität vorgesehen, die nur bei Kostenüberschreitungen in Anspruch genommen werden darf und deshalb teurer als der Hauptkredit ist (Marge 1,75 % für die Stand-By-Fazilität im Vergleich zu 1,25 % des Hauptkredites vor Fertigstellung; 1,25 % im Vergleich zu 1 % nach Fertigstellung). Die Rückzahlung bzw. Refinanzierung des Kredites soll bis spätestens November 2005 erfolgen. Der Berechnung der Zinszahlungen liegen Referenzzinssätze wie LIBOR oder PIBOR zuzüglich der Marge an die Banken zugrunde. Das Management nimmt an, dass der durchschnittliche Referenzzinssatz während der gesamten Laufzeit 9 % beträgt. Wie bereits erwähnt, stellt die Europäische Investitionsbank (EIB) 1 Mrd. £ des Hauptkre-

4 Es werden folgende Wechselkurse angenommen: 1£ = 10 FF, 1£ = 1,5 US $.

dites bereit. Dies sind keine zusätzlichen Mittel, sondern die Inanspruchnahme muss über Letters of Credit, die von Banken des Konsortiums ausgegeben werden, in gleicher Höhe gedeckt sein. Die Laufzeit dieser Kreditlinie beträgt 25 Jahre. Im Dezember 1987 wird eine ähnliche Vereinbarung mit der Crédit National über 4.000 Mio. FF getroffen.

Eine Voraussetzung für die Kreditziehung ist, dass zunächst mindestens 700 Mio. £ Eigenkapital aufgebracht werden müssen. Das erfordert einen erfolgreichen Börsengang, da bis zum November 1987 erst ca. 250 Mio. £ Eigenkapital eingesammelt worden sind. Eine weitere Voraussetzung ist, dass die Banken mit dem Baufortschritt, den Ergebnissen von Design- und Erschließungsstudien, dem prognostizierten Fertigstellungstermin sowie mit den Kostenprognosen von Eurotunnel einverstanden sind.

Als Sicherheiten dienen die Projektaktiva. Der Kreditvertrag enthält weitere Auflagen für Eurotunnel in Form von Covenants. Diese beziehen sich z. B. auf die Organisationsstruktur, die Projektentwicklung und die Einschränkung des Tätigkeitsfelds von Eurotunnel auf dieses Tunnelprojekt. Eine Negativklausel verbietet die Sicherheitenstellung an und die Kreditaufnahme bei Banken, die nicht im Bankenkonsortium vertreten sind. Weiterhin wird die periodische Durchführung sog. Banking Cases vereinbart, bei denen Cashflow-Prognosen aufgestellt und anhand derer Kennziffern (Cover Ratios) errechnet werden, die z. B. das Verhältnis des Barwerts der Cashflows zu den Verbindlichkeiten messen. Diese Kennzahlen müssen bestimmte Mindestwerte erreichen, bevor eine Kreditziehung, Refinanzierung oder Dividendenzahlung zulässig ist. Bei Unterschreiten bestimmter Werte liegt ein Kündigungsgrund vor. Weitere Kündigungsgründe sind eine Tunneleröffnung nach dem 29. Juli 1994, ein Anstieg der Kostenschätzungen über die zur Verfügung stehenden Kreditmittel, ein Bruch der Verpflichtungen von Eurotunnel oder die Nichteinhaltung des Tilgungsplans. Das Eintreten eines Kündigungsgrundes berechtigt die Banken, weitere Kreditziehungen zu untersagen, die ausstehenden Tilgungszahlungen fällig zu stellen und ihre Sicherheiten zu verwerten. Details zum Kreditvertrag enthält Anhang 3.

13.7.3 Eigenkapital

Wie in Tabelle 13-3 zusammengefasst, wird das EK 1 durch die Mitglieder des Anbieterkonsortiums und das EK 2 v. a. durch institutionelle Investoren aufgebracht (z. B. die Versicherungsgesellschaften Standard Life, Legal & General oder die Compagnie Financiére de Suez); es beteiligen sich aber auch EK 1-Aktionäre. Ende September 1987 wird beschlossen, die ursprünglichen Units des EK 1 und EK 2 in 10 Units aufzusplitten; diese Entscheidung ist in Tabelle 13-3 berücksichtigt.

Nun, im Herbst 1987, soll der Börsengang (EK 3) erfolgen. Investoren, die Aktien zeichnen, erhalten je nach Aktienzahl (gegen eine geringe Gebühr) Freifahrten. Im Folgenden blenden wir diese Gutscheine aus. Aufgrund des binationalen Projektcharakters sollen die Anteile an Eurotunnel als Units, die aus je einer Aktie von Eurotunnel PLC und Eurotunnel SA bestehen, in London und Paris gelistet werden.

	EK 1	EK 2	EK 3 (Börsengang)
Zeitpunkt	Sept. 86	Okt. 86	Nov. 87
Preis p. Unit (£)	1,74	2,4	3,5
Units in Mio.	26,52	85,8	220
Betrag (Mio. £)	46	206	770
Zeichner	29% Banken 65% Baufirmen (Founding Shareholders)	Institutionelle Investoren	Breite Streuung

Tabelle 13-3: Eigenkapital

Ein erfolgreicher Börsengang vorausgesetzt, kann Eurotunnel Ende 1987 auf ein Finanzierungspaket aus rund 1 Mrd. £ Eigenkapital – abzüglich der bereits erfolgten Auszahlungen – und 5 Mrd. £ Fremdkapital zurückgreifen. Der Kapitalbedarf von rund 4,9 Mrd. € wäre mehr als gedeckt. Vor dem Börsengang sind den EK 1-Aktionären und Banken Warrants zugeteilt worden. Auch die EK 3-Aktionäre sollen Warrants erhalten. Werde diese ausgeübt, fließt Eurotunnel weiteres Eigenkapital zu. Tabelle 13-4 listet die Details auf.

	EK 3-Aktionäre	EK 1-Aktionäre	Banken	
Anzahl (Mio.)	220	2,652	7,142	7,403
Ausübungsverhältnis (Warrants: Units)	10 : 1,1 für 4,6 £	1 : 10,78 für 19,72 £	1 : 1,07 für 3,5 £	1 : 1 für 5 £
Ende der Ausübungsfrist	15.11.1992	30.6.1995	offen	30.6.2000
Bezugskurs	4,18	1,83	3,27	5
EK-Beitrag bei voller Ausübung (Mio. £)	101	52	25	37

Tabelle 13-4: Weitere potentielle Eigenkapitalbeiträge

13.8 Finanzplanung

13.8.1 Umsatzplanung

Die Umsatzprognosen sind von entscheidender Bedeutung für die Kapitalgeber. Denn sollten sie deutlich unterschritten werden, fällt das Finanzierungskonzept in sich zusammen. Den Umsatzschätzungen liegen Verkehrsprognosen zugrunde, für deren Erstellung man die Entwicklung der Vergangenheit analysiert und unter Annahmen in die Zukunft fortschreibt. Die Annahmen betreffen die qualitativen (z. B. Umwelt, Technik und Organisation des Verkehrs), sozioökonomischen (Bevölkerungs- und Wirtschaftsentwicklung) und verkehrspolitischen Rahmenbedingungen. Die Berater von Eurotunnel entwickelten ein Nachfragemodell für den Kanalverkehr auf Basis historischer Daten. Sie schätzen, dass das zukünftige Verkehrsaufkommen vornehmlich vom Anstieg des Bruttosozialprodukts im UK und Kontinentaleuropa abhängen wird, da dieser Faktor historisch die Zahl der Kanalüberquerungen britischer Staatsbürger, die 1985 zwei Drittel dieses Marktes ausmachten, und das Volumen von Im- und Exporten nach und von Großbritannien am besten erklärt. Die prognostizierten BSP-Wachstumsraten sind mit 2 bis 2,15 % geringer als die 2,25 % p. a., die zwischen 1960 und 1985 durchschnittlich erreicht wurden. Als weitere signifikante Variable wurde das Wachstum des Pro-Kopf-Konsums identifiziert, das auf 1,9 bis 2,05 % geschätzt wird. Daneben ist auch die künftige Wettbewerbssituation auf dem Kanalverkehrsmarkt relevant. Eurotunnel nennt als Wettbewerbsvorteile seines Systems die Verlässlichkeit, interpretiert als Wetterunabhängigkeit, den regelmäßigen Betrieb, die Bequemlichkeit und die relativ kurze Reisedauer.

Die Berater bezogen diese Argumente in ihr Modell ein, um den Marktanteil von Eurotunnel zu prognostizieren. Sie schätzen das zusätzliche Verkehrsaufkommen, das durch die Existenz der Tunnel-Lösung geschaffen wird, vorsichtig ein. Einige historische und geplante Daten zum Personenverkehr zeigt Tabelle 13-5.

	Historie		Prognose		
	1975	1985	1993	2003	2013
Marktvolumen	25,7	48,1	64,3	88,1	111,9
Zusätzlich durch den Tunnel geschaffenes Marktvolumen	-	-	2,8	5,5	6,8
Gesamtes Marktvolumen	25,7	48,1	67,1	93,6	118,7
Eurotunnelvolumen	-	-	29,7	39,5	46,6
Ø jährliche Wachstumsrate des gesamten Passagieraufkommens	6,5%	4,2%		3,4% 2,4%	

Tabelle 13-5: Personenverkehr (Mio. Überquerungen p. a.)

Die Prognosen für den Güterverkehr zeigt Tabelle 13-6. Man erwartet, dass die Frachtshuttles etwas weniger als 25 % des sog. Roll-on-Roll-off-LKW-Verkehrs anziehen werden und die Non-Stop-Zugverbindungen etwas unter 6 %. Letztere sollten auch für etwa 1/3 der Container- oder Eisenbahnfracht interessant sein. Von nicht standardisierten Gütern oder Gefahrengütern, wie zum Beispiel Öl oder Chemikalien, erwartet man künftig nur ungefähr 7 % durch den Tunnel zu transportieren.

	Historie		Prognose		
	1975	1985	1993	2003	2013
Marktvolumen	37,2	60,4	84,4	122,1	169,8
Zusätzlich durch den Tunnel geschaffenes Marktvolumen	-	-	-	0,5	0,6
Gesamtes Marktvolumen	37,2	60,4	84,4	122,6	170,4
Eurotunnelvolumen	-	-	14,8	21,1	27,8
∅ jährliche Wachstumsrate des gesamten Frachtverkehrs	5,0%	4,3%	3,8%	3,3%	

Tabelle 13-6: Frachtverkehr (Mio. Tonnen p.a.)

Die Berater nehmen weiterhin an, dass die Preise für Shuttletickets nicht über den Fährpreisen liegen dürften. Ihrer Meinung nach werden die Fährgesellschaften ihre inflationsbereinigten Preise gegenüber den 1986 gültigen senken, um im Geschäft zu bleiben. Tabelle 13-7 zeigt den für 1993 prognostizierten Preis (ohne inflationsbedingte Preissteigerungen).

	Luftkissenboot	Fähre	Fähre oder Shuttle
£	1986	1986	1993
PKW inkl. Personen[a]	64,6	58,7	55,8
LKW[b]	-	147,7	118,2

[a] Mit durchschnittlich 2,55 Personen besetzt.
[b] Durchschnittlich 11,7 t Fracht pro LKW.

Tabelle 13-7: Preise pro Fahrzeug

Man erwartet, dass die Preise für Flüge auf den relevanten Strecken teilweise wegen der zu erwartenden Deregulierungen im Luftverkehr und aufgrund der Konkurrenz durch den Eurotunnel fallen werden. Die Prognosen hierzu wiederum in Preisen von 1987 zeigt Tabelle 13-8.

Für die Nutzung des Tunnels durch Zugreisende oder Frachtzüge entrichten British Rail und SNCF Nutzungsgebühren an Eurotunnel in Abhängigkeit von der Zahl der Züge, der Anzahl der Passagiere und dem Frachtvolumen. Für die ersten zwölf Jahre garantieren die Bahngesellschaften eine monatliche Benutzungsgebühr von mindestens 9 Mio. £.[5]

[5] Vgl. Anhang 2.

£	Flug 1986	Flug 1993	Non-Stop-Züge 1993
Geschäftsreisen	80,0	64,0	39,9
Tourismus	52,1	49,5	23,9
Paketangebote	37,0	37,0	14,4

Tabelle 13-8: Preise pro Person

Weitere Cashflows können insbesondere durch Duty-Free-Verkäufe generiert werden. Dieses Einkommen wird sich aber beträchtlich verringern, falls Duty-Free-Privilegien für Reisende innerhalb der EG abgeschafft werden.

Aus den vorangegangenen Überlegungen leitet die Gesellschaft die in den Plan-Gewinn- und-Verlustrechnungen (Tabelle 13-9) und in den Finanzplänen (Tabelle 13-10) zugrundegelegten Umsätze der drei Geschäftsbereiche Shuttle, Rail und Ancillary (Nebengeschäft) ab. Es wird eine sog. „post money"-Perspektive eingenommen, d. h. die Planungen werden unter der Annahme eines erfolgten Börsengangs formuliert. Eurotunnel unterstellt dabei eine Inflationsrate von 6 % für den gesamten Planungszeitraum. Die Jahre 1993 bis 2003 werden vollständig dokumentiert; ab 2003 wird nur in 10-Jahresschritten berichtet. Das letzte volle Betriebsjahr ist 2041. Mitte 2042 erfolgt die entschädigungslose Übertragung aller Assets auf den britischen und den französischen Staat. Die aus den Prognosen ableitbare Wachstumsrate für z. B. den Shuttleumsatz sinkt bis 2003 auf real 2,5 %. Aus der Gegenüberstellung der Shuttleumsätze für die Jahre 2003 bis 2013 lässt sich ein jährliches Nominalwachstum von 7,7 % bzw. ein jährliches Realwachstum von 1,6 % ableiten. Letzteres sinkt bis 2023 auf 1,1 %, bis 2033 auf 0,6 % und schließlich bis 2041 auf 0 %. Analog kann man die Entwicklung der Umsätze in den Bereichen Rail und Ancillary nachzeichnen. Da Eurotunnel annimmt, dass die realen Preise konstant bleiben, ist das Realwachstum allein durch Mengenwachstum bedingt. Bei der Umsatzplanung wird unterstellt, dass die vertraglich vereinbarte Option auf Eröffnung einer zweiten festen Verbindung nicht ausgeübt wird.

13.8.2 Weitere Planungsannahmen

Die operativen Aufwendungen betragen in der Detailplanungsphase 1993 bis 2003 durchschnittlich 18,7 % der Umsätze. Im weiteren Verlauf steigt dieser Anteil auf etwa 20 %. Diese Aufwendungen werden in einen variablen und einen fixen Bestandteil zerlegt. Die Fixkosten steigen ab 2003 i. H. d. Inflationsrate. Die variablen Kosten in Prozent des Umsatzes steigen über die Konzessionslaufzeit von ca. 7,5 % auf etwa 11 %. Die Abschreibungen auf die Investitionen bis zur Eröffnung und alle nachfolgenden Investitionen steigen kontinuierlich bis zum Ende der Konzessionslaufzeit. Man kann annehmen, dass das Anlagevermögen zum Zeitpunkt der Verstaatlichung vollständig abgeschrieben ist.

Die vor Eröffnung aufgelaufenen Auszahlungen für z. B. Personal oder Zinsen sorgen für den Aufbau eines steuerlichen Verlustvortrags, der in den ersten Betriebsjahren abgebaut wird. Laut Emissionsprospekt wird ein Unternehmensteuersatz von 39 %

unterstellt. Dieser Satz ist plausibel, da alle Erträge und Aufwendungen zu gleichen Teilen zwischen der britischen und der französischen Zwillingsgesellschaft aufgeteilt werden. Damit erfolgt die Besteuerung je zur Hälfte unter Anwendung des britischen Unternehmensteuersatzes (35 %) und des französischen Steuersatzes auf einbehaltene Gewinne (39 %). Die verbleibende Differenz zu den o. g. 39 % ist durch andere Steuerarten bedingt. Der Unterschied in der Angabe zwischen der Besteuerung des Gewinns (taxation) und der tatsächlich zu zahlenden Steuern (tax paid) erklärt sich aus den Modifikationen der Steuerschuld bei Ausschüttungen. Gemäß den britischen Vorschriften zum Zeitpunkt des Börsengangs hat Eurotunnel eine Advance Corporation Tax (ACT)-Zahlung in Höhe von 25 % der ausbezahlten Dividende zu leisten, gemäß den französischen müssen auf Ausschüttungen 42 % Körperschaftsteuer gezahlt werden. Der Anteilseigner kommt aufgrund der ACT-Zahlung von Eurotunnel nach britischem Steuerrecht in den Genuss einer Steuergutschrift in Höhe von einem Drittel der ausbezahlten Dividende. Nach französischem Recht beträgt diese 50 % der Ausschüttung. Dies ergibt einen Faktor von 1 + (0,33 + 0,5)/2 = 1,415, der unten auch im Rahmen der Sensitivitätsanalyse zur Berechnung der Dividenden bzw. Renditen inklusive Steuergutschrift zum Einsatz kommt.

Der ab 2013 ausgewiesene negative Zinsaufwand verdeutlicht zusammen mit den offensichtlich die residualen Dividenden unterschreitenden Dividendenzahlungen (bzw. der Erhöhung der Liquid Funds), dass Eurotunnel Finanzanlagen aufbaut, die gegen Ende der Laufzeit ein beträchtliches Volumen angenommen haben werden. Ein Grund für dieses Vorgehen ist eine entsprechende Vorgabe der Gläubiger.[6] Der risikolose Zinssatz beträgt 8,5 %.

Der Finanzplan macht weiter deutlich, dass eine Refinanzierung des Konsortialkredits und eine Ausübung der ausgegebenen Warrants eingeplant sind.

13.8.3 Vorteilhaftigkeitsprüfung und Sensitivitätsanalysen

Zur Prüfung der Stabilität zentraler Ergebnisse werden (im Emissionsprospekt dokumentierte) Sensitivitätsanalysen durchgeführt. Tabelle 13-11 zeigt, wie der Barwert der Dividenden in 1995 – in diesem Jahr soll die erste Dividende gezahlt werden –, der interne Zinsfuß des Projektes bei einem Emissionspreis von 3,5 £ je Unit, die Dividende und die Dividendenrendite in Prozent dieses Kurses zu bestimmten Stichtagen auf Änderungen des Umsatzes, der Betriebskosten, der Investitionsauszahlungen (Konstruktionskosten) und des Eröffnungstermins reagieren. Die Net Dividend entspricht dabei der Dividende ohne Steuergutschrift. Die Gross Dividends bzw. die Gross Dividend Yields sind inklusive Steuergutschrift definiert. Die ausgewiesenen internen Zinsfüße (Gross dividend yield over life of project) erwecken einen robusten Eindruck. Die Dividendenrendite, definiert als Dividende ausgewählter Jahre bezogen auf den Emissionspreis 3,5 £ (die sog. Gross dividend yield per Unit at the UK offer price) ist eigenwillig definiert, da die Inflation die Vergleichbarkeit der z. T. mehrere Jahrzehnte auseinander liegenden Renditebestandteile erheblich beeinträchtigt.

---

6 Vgl. (kurze) Ausführungen zu den Capital und Interest Reserve Accounts in Anhang 3, Abschnitt „Availability, repayment and refinancing“.

Mio. £	1993	1994	1995	1996	1997	1998	1999	2000	2001	2002	2003	2013	2023	2033	2041
Shuttle	251	384	423	463	505	551	599	652	709	770	836	1.763	3.527	6.682	10.650
Rail	194	314	341	368	396	430	459	493	530	569	612	1.191	2.105	3.641	5.526
Ancillary	43	64	71	77	85	91	100	109	117	127	138	282	552	1.033	1.648
Turnover	488	762	835	908	986	1.072	1.158	1.254	1.356	1.466	1.586	3.236	6.184	11.356	17.824
Operating costs	86	145	155	168	183	206	216	235	255	277	304	631	1.207	2.246	3.604
Fixed expenses	53	88	92	99	107	117	126	137	148	161	174	314	562	1.006	1.604
Variable expenses	33	57	63	69	76	89	90	98	107	116	130	317	645	1.240	2.000
Depreciation	103	158	159	160	162	167	169	171	173	176	184	234	271	328	383
Operating profit	299	459	521	580	641	699	773	848	928	1.013	1.098	2.371	4.706	8.782	13.837
Interest, net	229	351	322	307	291	277	265	234	212	190	171	-39	-173	-370	-616
Profit before taxation	70	108	199	273	350	422	508	614	716	823	927	2.410	4.879	9.152	14.453
Taxes	7	18	38	53	69	88	198	240	279	321	361	934	1.893	3.547	5.573
Profit after taxation	63	90	161	220	281	334	310	374	437	502	566	1.476	2.986	5.605	8.880
Transfer to reserves	1	2	3	3	4	6	7	9	5	0	0	0	0	0	0
Profit for the year available	62	88	158	217	277	328	303	365	432	502	566	1.476	2.986	5.605	8.880
Dividends payable		149	169	217	277	328	303	365	432	502	566	1.476	2.986	5.605	8.880
Number of units (shares)		383	390	390	390	390	390	390	390	390	390	390	390	390	390
Per unit		0,39	0,44	0,56	0,71	0,85	0,78	0,94	1,11	1,29	1,46	3,80	7,70	14,44	22,88

Tabelle 13-9: Plan-GuV

Mio. £	1993	1994	1995	1996	1997	1998	1999	2000	2001	2002	2003	2013	2023	2033	2041
Source of funds															
Profit before taxation	70	108	199	273	350	422	508	614	716	823	927	2.410	4.879	9.152	14.453
Depreciation	103	158	159	160	162	167	169	171	173	176	184	234	271	328	383
Issue of long-term debt	321		776	352	361	452									
Issue of share capital		52	25												
	494	318	1.159	785	873	1.041	677	785	889	999	1.111	2.644	5.150	9.480	14.836
Application of funds															
Purchase of fixed assets	262	37				39				9	108	227	1.042	650	
Repayment of long-term debt			799	493	478	561	111	102	111	122	133	97	55	55	55
Dividends paid			181	173	229	290	318	308	377	442	513	1.387	2.857	5.340	8.453
Tax paid		15	84	103	128	158	175	192	251	290	331	919	1.868	3.528	5.574
	262	52	1.064	769	835	1.048	604	602	739	863	1.085	2.630	5.822	9.573	14.082
Movement in working capital	-3	-7	-11	-11	-10	-12	-7	-14	-10	-12	-20	-24	-40	-49	-50
Movement in net liquid funds	229	259	84	5	28	-19	66	169	140	124	6	-10	-712	-142	704

Tabelle 13-10: Finanzplan

		1994	1998	2003	2013	2023	2033	Net value in 1995 of gross dividends per Unit discounted at 12 per cent.	Gross dividend yield over life of project
		Net dividend per Unit - £ (Gross dividend yield per Unit at the UK Offer price - %)							
Sensitivities	Eurotunnel's projections:	£0,39 (16%)	£0,85 (34%)	£1,46 (60%)	£3,80 (155%)	£7,70 (315%)	£14,44 (591%)	£24	17,7%
Increased revenue	assuming an increase in revenues of 10 per cent. and in operating costs of 5 per cent.	£0,67 (27%)	£0,82 (33%)	£1,67 (68%)	£4,21 (172%)	£8,53 (349%	£16,13 (660%)	£28	18,8%
Reduced revenue	assuming a decrease in revenues of 10 per cent. and in operating costs of 5 per cent.	£0,15 (6%)	£0,67 (27%)	£1,22 (50%)	£3,32 (136%)	£6,77 (277%)	£12,75 (522%)	£20	16,6%
Increased construction costs	assuming construction costs increased by 10 per cent.	£0,17 (7%)	£0,76 (31%)	£1,38 (56%)	£3,74 (153%)	£7,63 (312%)	£14,37 (588%)	£23	17,3%
Delay	assuming a delay in commencement of operations of six months and an increase of £30 million (at July 1987 prices) in corporate and other costs		£0,81 (33%)	£1,42 (58%)	£3,77 (154%)	£7,67 (314%)	£14,43 (590%)	£23	17,4%

Tabelle 13-11: Sensitivitätsanalyse gemäß Börsengang-Prospekt I

Zudem zeigt Tabelle 13-12, wie die Umsätze auf Änderungen der makroökonomischen Parameter wie die Wachstumsrate des britischen Bruttosozialprodukts und die Konsumausgaben reagieren.

Im Ausgangsfall beläuft sich der interne Zinsfuß einschließlich Steuergutschrift auf 17,7 %; der Barwert der Dividenden inkl. Gutschrift beträgt 24 £ im Jahr 1995. Diskontiert man diesen Wert mit der von Eurotunnel genannten Rendite von 12 % auf das Jahr 1987, folgt bei unterstellter Ausübung des Warrants ein Barwert von etwa 10 £ per Unit. Zwar sind die diskontierten Überschüsse noch der Einkommensteuer zu unterwerfen, der zu zahlende Emissionspreis – unabhängig von der einkommensteuerlichen Behandlung des Diskontierungssatzes – wird aber durch den Barwert der erwarteten Dividenden deutlich überschritten. Die Zeichnung lohnt wohl.

	1985-1993		1993-2003		2003-2013	
Rates of growth in UK (% per annum)	GDP	Consumer expenditure	GDP	Consumer expenditure	GDP	Consumer expenditure
Eurotunnel's projections	2,15	2,05	2,15	2,05	2,00	1,90
Lower growth	1,50	1,50	1,50	1,50	1,40	1,40
Higher growth	2,50	2,30	2,50	2,30	2,35	2,15
	1993		2003		2013	
Changes in revenue projections						
Lower growth	-7%		-13%		-16%	
Higher growth	+3%		+ 5%		+ 8%	

Tabelle 13-12: Sensitivitätsanalyse gemäß Börsengang-Prospekt II

13.9 Fragen

1. Vervollständigen Sie die in Tabelle 13-9 angegebene Dividendenreihe und überprüfen Sie die Angaben von Eurotunnel zur Vorteilhaftigkeit des Projekts, d. h. den internen Zinsfuß und den Barwert der Dividenden zum Ende 1995! Blenden Sie die Steuergutschrift (und weitere einkommensteuerliche Effekte) aus.
2. Berechnen Sie den Wert der Projektgesellschaft zum Projektstart 1986 und nach erfolgtem Börsengang mit einem Ihnen adäquat erscheinenden DCF-Ansatz!
3. Wie beurteilen Sie die Empfindlichkeit des Projektes gegenüber Realisations- und Planabweichungen bei Umsatzerlösen oder Betriebskosten? Wie schätzen Sie den finanziellen Spielraum des Unternehmens ein?

13.10 Anhang

Anhang 1: Construction Contract

The works under the construction contract are divided into three categories: target works, lump sum works and procurement items.

Target works

The tunnels and other underground structures, accounting for approximately 50 per cent. of the value of the construction contract, are being constructed on a target cost basis with the Contractor being reimbursed for actual costs incurred plus a fixed fee of 12.36 per cent. of the target cost. If the actual cost at completion is less than the target cost, the Contractor will receive a bonus equal to 50 per cent. of the saving. If the actual cost is more than the target cost, the Contractor will meet 30 per cent. of the excess up to a point where the Contractor has borne an excess equal to six per cent. of the target cost.

Lump sum works

The buildings and all related infrastructure for the terminals, the fixed equipment and the mechanical and electrical elements of the System, representing approximately 40 per cent. of the value of the construction contract, will be constructed on a lump sum basis. The lump sum provided in the contract will be paid to the Contractor irrespective of the actual cost of the specified items. Any overruns will therefore be borne by the Contractor except to the extent that they relate to variations or additions to the contract required by Eurotunnel or caused by inflation.

Procurement items

Subject to the approval of Eurotunnel and following a procedure defined in the construction contract, the Contractor will conclude sub-contracts for the supply and installation of procurement items, principally the locomotives and shuttles. The amount provided in the construction contract (the Contractor's fee included) represents approximately 10 per cent. of the value of the contract. The Contractor, which will be responsible for the preparation, management and supervision of the sub-contracts in order to ensure the adequacy and fitness of the procurements items, will be reimbursed for its costs and will be paid a fee of 11.5 per cent. of the cost of the procurement items purchased.

Adjustment to contract price

The target cost and lump sum are subject to price adjustments to reflect, inter alia, additional costs incurred by reason of unforeseeable ground conditions, variations to contract specifications requested by the Inter-Governmental Commission (except where reasonably foreseeable), and changes requested by Eurotunnel. The lump sum and the fee for the target works are subject to adjustments for inflation, and similar adjustments will be made in respect of the target cost.

Contractor's obligations and incentives

The Contractor is under a general obligation to design, construct, test and commission a fully operational System for delivery by 15th May, 1993. The System will be required to meet specified performance criteria.

In addition to the incentives and penalties described above in relation to costs, milestone dates have been established by which certain events or project stages are to have been completed. If these milestone dates are not met, payments to the Contractor will be reduced by the application of advance liquidated damages. One half of such advance liquidated damages will be repaid if the delay is recovered and the completion date is met. The Contractor will suffer financial penalties at an initial rate of £ 354,000 per day to be increased after six months to £ 536,000 per day up to a maximum of £ 165 million (all in September 1985 prices subject to adjustments for inflation), if the completion date is delayed for reasons in respect of which the Contractor is not entitled to an extension of time.

Bonds and guarantees

Performance bonds have been provided in amount equal to ten per cent. of the total of the target cost, the lump sum price and the provisional sum for procurement items. Liability under the bonds will cease on the issue of the certificate of completion.

The construction contract provides for five per cent. of the amount due to the Contractor to be withheld (or covered by a bond) during the constructions period. The amounts withheld (or bonded) will be released in two instalments at the end of the maintenance periods for civil works and for mechanical and electrical works, which expire 12 months and 24 months after completion date, respectively. The Contractor has provided a retention bond in lieu of the actual retention of amounts due.

Eurotunnel has obtained guarantees of the Contractor's obligations under the construction contract from the parent companies of the companies comprising the Contractor. The joint liability of the French guarantors and the several liabilities of each of the UK guarantors are respectively limited to 50 per cent. and 10 per cent. of a liabilities, losses and damages under the contract. The guarantees will expire ten years after completion of the System.

Anhang 2: Rail Usage Contract

Eurotunnel has entered into a usage contract with the Railways, dated 29th July, 1987 setting out the basis upon which the Railways will use the System. At the time the contract was signed, it provided for two alternative modes of operation, one including and the other excluding a high-speed train service from the French terminal to Paris. The Railways have since certified to Eurotunnel that they have received appropriate governmental assurances and that the alternative providing for high-speed trains with apply.

The railway usage contract, which is intended to continue throughout the Concession period, contains, inter alia, the provisions summarised below.

Use of the Tunnel

The Railways will be entitled to use half of the capacity of the tunnel.

Obligations of the Railways

The Railways have undertaken to start regular commercial passenger and freight service through the System on the date defined in the railway usage contract as the "Target Commencement Date" (which is expected to be the same as the date on which the System opens). They have agreed to use their best endeavours to ensure that the normal scheduled journey time for non-stop high-speed train passenger services from London to Paris at the commencement of services is between 2 hours 55 minutes and 3 hours 5 minutes, and have undertaken that this will in any event be achieved within 24 months of that date.

British Rail and SNCF have respectively undertaken that by the start of regular commercial services they will have available sufficient railway infrastructure in the UK and France to enable them to pass through the System in the first 12 months of such services 17.4 million passengers, 5.2 million tonnes of non-bulk freight and 2.9 million tonnes of bulk freight. The Railways have agreed to have available, by the time their regular commercial services begin, sufficient rolling stock to carry the annual levels of different kinds of traffic envisaged in the relevant traffic forecasts for the next three years, to be agreed between them and Eurotunnel.

British Rail and SNCF have respectively agreed to use their best endeavours to provide after the start of services such railway infrastructure and (with effect from the third year) rolling stock as is required to satisfy throughout the Concession period the demand envisaged in traffic forecasts to be regularly agreed between them and Eurotunnel. These obligations are, however, conditional upon their normal investment criteria being met.

Obligations of Eurotunnel

Eurotunnel has undertaken that, provided the Railways are by then ready to use the System, the System will be available for the passage of through trains on the Target Commencement Date, or, if earlier, the date upon which the System is available for use by shuttles.

Eurotunnel has also undertaken to take all steps that would be taken by a prudent and diligent operator in order to ensure that (except in certain circumstances) the System is available to permit a steady and continuous flow of the Railways' traffic 24 hours a day thoughout the Concession period, and has undertaken to have a system of scheduled maintenance to minimise, so far as practicable, any disruption of services.

Revenues

The Railways will pay usage charges to Eurotunnel for the passage of their trains through the System. Usage charges are composed of a fixed annual amount and a variable element made up of tolls, the amounts of which depend upon the number of passengers, tonnes of bulk freight and tonnes of non-bulk freight that the Railways pass through the System. The Railways have, however, agreed to pay (subject to adjustment for certain periods during which they are unable to use the System) a minimum amount of 4,167,000 units of account (£ 9,042,390, at the exchange rate assumed in this document and before indexation) per month during the first twelve years after they commence full operations. The usage charges are fixed for the whole term of the Concession period but are indexed in accordance with French and UK retail price indices.

In addition to the usage charges the Railways have agreed to reimburse Eurotunnel in respect of the proportion of the operating, maintenance and renewal costs of the System which is attributable to the passing of the Railways' trains.

Provisional amounts of usage charges and contributions to operating costs will be paid by the Railways at the end of each month and balancing adjustments (with interest) made following the end of each year.

Reduction in usage charges

The railway usage contract provides a mechanism whereby, in the event of returns exceeding certain specified returns (which are higher than those included in Eurotunnel's financial projections), the Railways would be entitled to share equally in the excess. The amount repaid to the Railways under the provision cannot, however, exceed 20 per cent. of the usage charges for the relevant period.

Anhang 3: Credit Agreement

Eurotunnel has entered into an agreement for project finance credit facilities with an international group of lending banks for the provision, in six tranches, of loans and letter of credit facilities of the equivalent of £ 5,000 million (of which 20 per cent. is a standby element), consisting of £ 2,600 million, FRF 21,000 million and US$ 450 million, with the ability to make drawings in other currencies. Parts of these facilities will be used to secure loans from the European Investment Bank and Crédit National, which are referred to below.

Conditions precedent

A number of conditions precedent will have to be satisfied before the facilities can first be used. In particular:

(i) capital expenditure and overhead costs expended by Eurotunnel must have totalled at least £700 million;

(ii) specified progress must have been made under the construction contract; and

(iii) the banks or (depending on the particular condition) their technical advisers must be reasonably satisfied with the future construction programme, the outcome of design and development studies, the likely cost and forecast duration of the construction works and Eurotunnel's cost control procedures and information systems.

In addition, there are other conditions precedent, certain of which will also have to be satisfied at each subsequent use of the facilities. In particular, the ability of Eurotunnel to draw under the facilities will be dependent on its satisfying utilisation cover ratio tests (see below) and on regular consultants' and other reports revealing no material adverse change.

Availability, repayment and refinancing

Drawings may take place (subject to satisfaction of the conditions precedent) from 1st July, 1988. The facilities will be available for drawings thereafter for a maximum period of approximately seven years. Repayment out of cash flow will commence after the end of the availability period and a regular repayment schedule is designed to ensure repayment in full by 15th November, 2005.

Drawings may be in the form of cash or letters of credit issued to secure loans from third parties, including the European Investment Bank and Crédit National (see below).

In the early years of operation, Eurotunnel will be required to set aside funds out of its cash flow (after making certain deductions) to establish and maintain capital and interest reserve accounts. These obligations are taken into account in the dividend projections include in this document.

The facilities may, after the System has been operational for two complete summers, be pre-paid, subject to a cumulative limit of 20 per cent. per annum, out of surplus cash or, subject to the satisfaction of cover ratio tests and other conditions, out of the proceeds of refinancing which satisfy certain criteria. Eurotunnel intends to make use of opportunities to refinance if these should prove to be attractive at the time. Eurotunnel also has the right to repay the facilities after the start of commercial operations in full, on payment of a fee.

Fees and interest

The principal fees payable under the Credit Agreement are an arrangement fee of ¼ per cent., and an initial fee of 7/8 per cent., of the total amount of the facilities; and a commitment fee at the basic rate of 1/8 per cent. per annum on undrawn commitments. However, Eurotunnel is required to estimate the amount to be drawn each half-year and a higher commitment fee of ¼ per cent. per annum is payable on the amounts undrawn from time to time up to the amount of such estimates. If Eurotunnel draws in excess of such estimates, a higher commitment fee of 5/16 per cent. per annum is payable on the excess amount from the beginning of the half-year. A commitment fee of 1/8 per cent. per annum was payable from 14th March, 1986 to the date of signature of the Credit Agreement.

Interest will be based on reference rates designed to reflect the lenders' cost of funds, which will differ according to the currency and market of drawing, plus margins which will vary according to the amount of the facilities which have been drawn and the time at which they are outstanding. Fees for letters of credit will be payable at the same rates as these margins.

With certain exceptions, the margins per annum will be as follows.

Margins on main facility

(i) before completion - 1 ¼ per cent.

(ii) after completion - 1 per cent.

(iii) from three years after completion, if the conditions permitting Eurotunnel to refinance have not then been satisfied - 1 ¼ per cent.

(iv) on borrowings which at any time exceed a schedule of maximum outstandings - 1 ¼ per cent.

Margins on standby facility

If the total principal outstanding under any of the six tranches exceeds 80 per cent. of the maximum amount available under that tranche, the margins per annum applicable to subsequent drawings of that tranche will increase to the following:

(i) before completion - 1 ¾ per cent. per annum

(ii) after completion - 1 ¼ per cent. per annum

(iii) from three years after completion, if the conditions permitting Eurotunnel to refinance have not then been satisfied - 1 ½ per cent. per annum.

These standby margins will be increased by 1/8 per cent. per annum if the total principal outstanding under a trance exceeds 90 per cent. of its maximum amount.

Completion for these purposes is expected to be 45 days after the start of commercial operations.

Security

Eurotunnel will grant security to the lending banks over all of its assets, including the benefit of the Concession and the other principal agreements relating to the project and the shares in the subsidiaries and companies jointly owned by EPL and ESA. This will enable the banks, if an event of default occurs, to assume management of the project, to apply revenues in satisfaction of sums due to them and, subject to limitations imposed by the UK and French governments, to sell Eurotunnel's assets other than the benefit of the Concession.

The banks will also have certain rights derived from the Concession itself, including the right, exercisable through companies controlled by them, to take over the Concession if certain events of default should occur.

Warranties and undertakings

The Credit Agreement contains a number of warranties and positive covenants by Eurotunnel in favour of the banks. These cover such matters as the corporate structure of Eurotunnel and other corporate matters, the development of the project, the operation of the System, the performance of relevant agreements, insurance and the supply of information to the banks. In addition, Eurotunnel has given a number of negative covenants, which will restrict its activities during the term of the Credit Agreement. In particular, with limited exceptions, Eurotunnel will not be able to carry on activities other than the project (although it will be able, subject to conditions, to make minority investments in companies carrying on activities outside the project), or to borrow money from or grant security over its assets to persons other than the banks.

Events of default

The Credit Agreement contains a number of events of default, the occurrence of any of which would entitle the banks to take various actions, including preventing further borrowing, requiring immediate repayment of existing borrowings and enforcing their security. These events include, inter alia, (i) the default cover ratio tests (see below) not being met, (ii) the opening of the System for operations being delayed beyond 29th July, 1994, (iii) the banks' reasonable belief (taking into account the relevant experts reports) that such a delay will occur or that there will be a cost overrun in excess of that provided for under the Credit Agreement, unless, within 90 days, Eurotunnel satisfied the banks that the relevant event will not occur, (iv) an unremedied breach of Eurotunnel's obligations and (v) once repayments start, the amounts outstanding under the Credit Agreement exceeding a specified level.

Banking cases and cover ratios

The terms of the Credit Agreement provide a mechanism by which the banks case monitor the progress and expected cash flows of the project. Cash flow forecasts known as banking cases, will be prepared at least semi-annually on the basis of variable assumptions as to, inter alia, corporate cost, capital expenditure, operating expenditure, traffic and revenue, taxation, inflation, future interest rates and other economic factors. These variable assumptions will be determined on the basis of information supplied by Eurotunnel, The Maître d'Oeuvre and Eurotunnel's traffic and revenue consultants and reports commissioned by the banks. They will be discussed between Eurotunnel and the banks but, in the event of dispute, will be determined by the banks.

Banking cases will be used in the calculation of cover ratios which are relevant in determining Eurotunnel's ability to make drawings under the facilities, to refinance the facilities and to pay dividends and in determining the occurrence of an event of default. The ratios are as follows:

Bank debt cover ratio

This is the present value of forecasted net cash flow (after deducting inter alia, payments to refinancing creditors and, once the letters of credit in its favour have been released, the European Investment Bank) to 15th November, 2005 or (for certain purposes) to the current estimated maturity date of the facilities, and certain cash balances and a proportion of the interest reserve mentioned above, divided by the expected maximum amount of debt due to the banks lending under the Credit Agreement, all calculated as at a particular date.

Eurotunnel will not be entitled to make drawings under the facilities if, at the relevant time, the bank debt cover ratio is below 1.2, or to refinance borrowings under the facilities if the ratio is less than 1.3, or to pay dividends if the ratio is less than 1.25. If the ratio remains below 1.0 for 90 days or more this will be an event of default.

Total debt cover ratio

This is the present value of forecasted net cash flow to 31st December, 2020 and certain cash balances and the interest reserve divided by the aggregated expected maximum amount of debt due to the banks, refinancing creditors and (once the letters of credit in its favour have been released) the European Investment Bank, all calculated as at a particular date.

Eurotunnel will not be entitled to make drawings under the facilities if, at the relevant time, the total debt cover ratio is below 1.9, or to refinance borrowings under the facilities if the ratio is less than 1.95. If the ratio remains below 1.3 for 90 days or more this will be an event of default.

Debt service cover ratio

This is the ratio of forecasted net cash flow during any annual period to the estimated interest and principal repayments on both the credit facilities and refinancing debt during the same year. A ratio of at least 1.1 must be satisfied to permit refinancing to take place.

Dividend restrictions

The Credit Agreement imposes certain restrictions on dividend payments. Eurotunnel will not generally be permitted to pay dividends until after the last day upon which drawings may be made under the Credit Agreement and unless certain conditions are satisfied at the time of the declaration of the dividend. Broadly, these are that: (i) the interest reserve account referred to above is fully established; (ii) the aggregate repayments made up to that time (and projected for the next year) are not less than the aggregate amounts required by the repayment schedule; and (iii) the bank debt cover ratio (referred to above) is not less than 1.24.

Anhang 4: Underwriting Banks[7]

	Mio. £		Mio. £
Banque Indosuez	170	The Saitama Bank	64
Banque Nationale de Paris	170	The National Bank of Kuwait	64
Crédit Lyonnais	170	Banque Arabe & Internationale d'Investissement	64
Midland Bank	170		
National Westminster Bank	170		
Amsterdam-Rotterdam Bank	128	Hessische Landesbank Girozentrale	64
Arab Banking Corporation	128		
Banca Commerciale Italiana	128	Westdeutsche Landesbank Girozentrale	64
The Bank of Tokyo	128		
Barclays Bank	128	The Mitsubishi Trust & Banking Corporation	64
Bayerische Vereinsbank	128		
Caisse Nationale de Crédit Agricole	128	The Taiyo Kobe	64
Citibank	128	Kreditbank International	64
Commerzbank	128	Crédit National	60
Deutsche Bank	128	Canadian Imperial Bank of Commerce	60
Dresdner Bank	128		
The Industrial Bank of Japan	128	Nederlandsche Middenstandsbank	60
Lloyds Bank	128		
The Sanwa Bank	128	Standard Chartered Bank	60
The Long-Term Credit Bank of Japan	128	The Yasuda Trust & Banking Company	60
Union Bank of Switzerland	128	The Sumitomo Bank	60
The Tokai Bank	128	The Nippon Credit Bank	60
The Dai-Ichi Kangyo Bank	98	The Bank of Nova Scotia	60
Crédit Suisse	98	Al Ubaf Banking Group	30
The Daiwa Bank	98	Banque Internationale à Luxembourg	39
Generale Bank	98		
The Fuji Bank	98	Banque Internationale pour l'Afrique Occidentale	35
The Misubishi Bank	98		
The Mitsui Bank	98		
Gesamt	5.000 Mio. £		

Tabelle 13-13: Underwriting Banks

7 Wilson, N. (1990), S. 45.

13.11 Literatur

Eurotunnel (1987): Offer for Sale Prospectus.

Her Majesty´s Stationery Office (1986a): Treaty between the United Kingdom of Great Britain and Northern Ireland and the French Republic concerning the Construction and Operation by Private Concessionaires of a Channel Fixed Link with Exchange of Notes, Cmnd. 9745, London.

Her Majesty´s Stationery Office (1986b): The Secretary of State for Transport/Le Ministre de l'Urbanisme, du Logement et des Transports/The Channel Tunnel Group Limited/France-Manche SA: Concession Agreement; Cmnd. 9769, London.

Nevitte, P.K./Fabozzi, F.J. (2000), Project Financing, 7th ed.

Wilson, N. (1990): Big, black hole. In: The Banker, Vol. 140, S. 44-46.

Artikel aus nationalen und internationalen Tageszeitungen, die herangezogen wurden, werden hier nicht aufgeführt.

14. Eurotunnel: Börsengang 1987 – Lösungsvorschlag

14.1 Rekonstruktion der im Emissionsprospekt genannten Renditen

Will man den im Emissionsprospekt genannten internen Zinsfuß und den Barwert der Dividenden rekonstruieren, bietet sich eine lineare Interpolation der Dividends Payable je Unit (vor und nach Steuergutschrift) für die Jahre an, die nicht Teil der veröffentlichten Planung sind. Wir erhalten folgende jährlichen Wachstumsraten:

2003-2013:	10,06 %
2013-2023:	7,3 %
2023-2033:	6,5 %
2033-2041:	5,92 %

Für das Rumpfbetriebsjahr 2042 setzen wir 50 % der Vorjahresdividende an. Geht man davon aus, dass der kumulierte Finanzanlagenbestand in 2042 an die Eigentümer ausgekehrt wird, folgt eine zusätzliche Ausschüttung, deren Höhe man aus den Zinserträgen 2041 und dem genannten risikolosen Anlagezins schätzen kann:

$$\frac{616}{0,085} = 7.247$$

Wir erhalten dann einen internen Zinsfuß über die Gesamtlaufzeit von 17,4 % und einen Barwert der Dividenden in 1995 von 24,7 £. Damit sind die von Eurotunnel genannten Werte, 17,7 % und 24 £, in etwa rekonstruiert. Beide Werte verstehen sich einschließlich Steuergutschrift. Ohne die Gutschrift folgt ein interner Zinsfuß von 15,4 % und – bei Diskontierung mit unverändert 12 % – ein um den Steuerhebel von 41,5 % herab skalierter Barwert von 17,5 £.

14.2 DCF-Bewertung

Die zentrale Frage, die sich jeder Leser des Prospektes stellen muss, ist: Lohnt die Zeichnung der Eurotunnel-Aktien? Eine grobe Schätzung des internen Zinsfusses, dessen methodische Schwächen zurecht beklagt werden, ist keine befriedigende Antwort. Erforderlich ist vielmehr eine explizite Ableitung bewertungsrelevanter Überschüsse bei Eigen- und Fremdfinanzierung, um so die konsistente Anwendung aller DCF-Varianten – einschließlich der Ermittlung risikoäquivalenten Alternativrenditen – zu ermöglichen und die Sensitivitäts- bzw. Simulationsanalysen vorzubereiten.

Die Umsätze können nach Sparten getrennt und unter Beachtung des kontinuierlichen Rückgangs der realen Wachstumsraten auch für die nicht explizit genannten Jahre rekonstruiert werden. Die Fixkosten wachsen jährlich in Höhe der Inflationsrate. Die variablen Kosten können auf Basis der Stichtagsinformationen für die fehlenden Jahre geschätzt werden, indem man z. B. den Anteil der variablen Kosten am Umsatz kontinuierlich bis auf etwa 11 % erhöht. Stellt man die in den Gewinn- und Verlustrechnungen berichteten Vorsteuergewinne und Unternehmensteuern der ersten Betriebsjahre gegenüber, kann man bei einem angenommenen Unternehmensteuersatz von 39 % den Verlustvortrag ermitteln (722 Mio. £). Anlagevermögen 1993, Abschreibungen und Investitionsauszahlungen sollten so aufeinander abgestimmt sein, dass am Ende der Konzessionslaufzeit das abschreibbare Anlagevermögen Null beträgt. Eine mögliche Lösung könnte wie folgt aussehen: Der Bestand des Anlagevermögens in 1993 entspricht den gesamten Konstruktionskosten abzüglich Verlustvortrag; die Abschreibungen werden linear interpoliert und die Investitionsauszahlungen werden so gewählt, dass die Bedingung der Abschreibung des Anlagevermögens auf Null erfüllt wird. Für unsere Berechnung unterstellen wir, dass die Investitionsauszahlungen in den nicht aufgedeckten Prognosejahren konstant 168,2 Mio. £ betragen. Die im Prospekt genannten Veränderungen des Nettoumlaufvermögens werden zwar übernommen; für die nicht explizit ausgewiesenen Perioden unterstellen wir aufgrund ihres geringen Volumens aber, dass das Nettoumlaufvermögen konstant bleibt.

Nachstehende Abbildungen verdeutlichen die Zusammensetzung der bewertungsrelevanten Cashflows (post money) bei Eigen- und bei Fremdfinanzierung, wenn gesetzliche und vertragliche Ausschüttungsnormen unbeachtet bleiben.

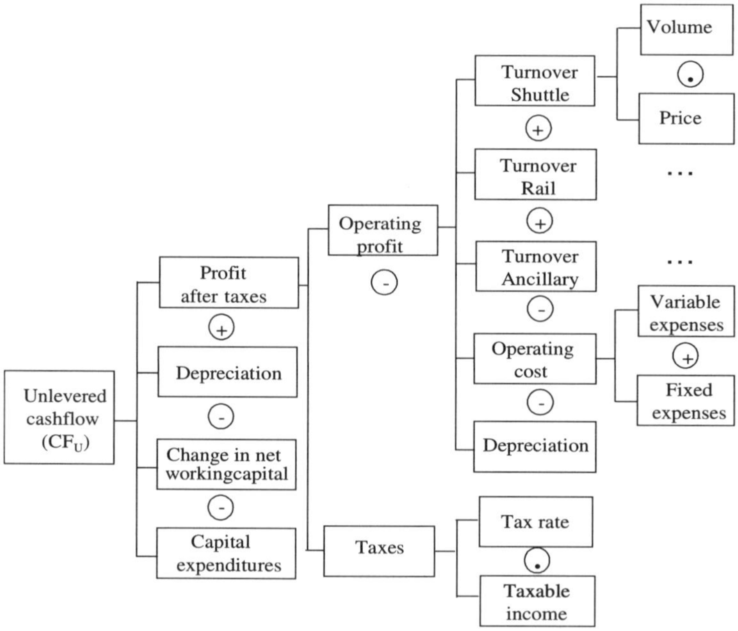

Abbildung 14-1: Struktur des bewertungsrelevanten Überschusses bei Eigenfinanzierung (Unlevered Cashflow)

Nicht zuletzt aufgrund der hier vorliegenden autonomen Finanzierungsstrategie bietet sich die Anwendung des APV-Ansatzes an. Bewertungsrelevant sind die Überschüsse bei Eigenfinanzierung. Wir nehmen eine residuale Ausschüttungspolitik an. Die geforderte Bildung von Finanzanlagen berücksichtigen wir aus Vereinfachungsgründen weder bei Eigenfinanzierung noch bei (anteiliger) Fremdfinanzierung. Von einer Berücksichtigung der Steuergutschriften sehen wir ebenfalls ab. Für die Bauphase ist zu beachten, dass bei unterstellter Eigenfinanzierung weitere Eigenkapitalaufnahmen an die Stelle der Kreditaufnahmen (verringert um den Zinsaufwand) treten müssen. Mangels Umsätzen können in diesen Jahren die Steuervorteile der Fremdfinanzierung nicht realisiert werden, sondern sind Teil des Verlustvortrags.

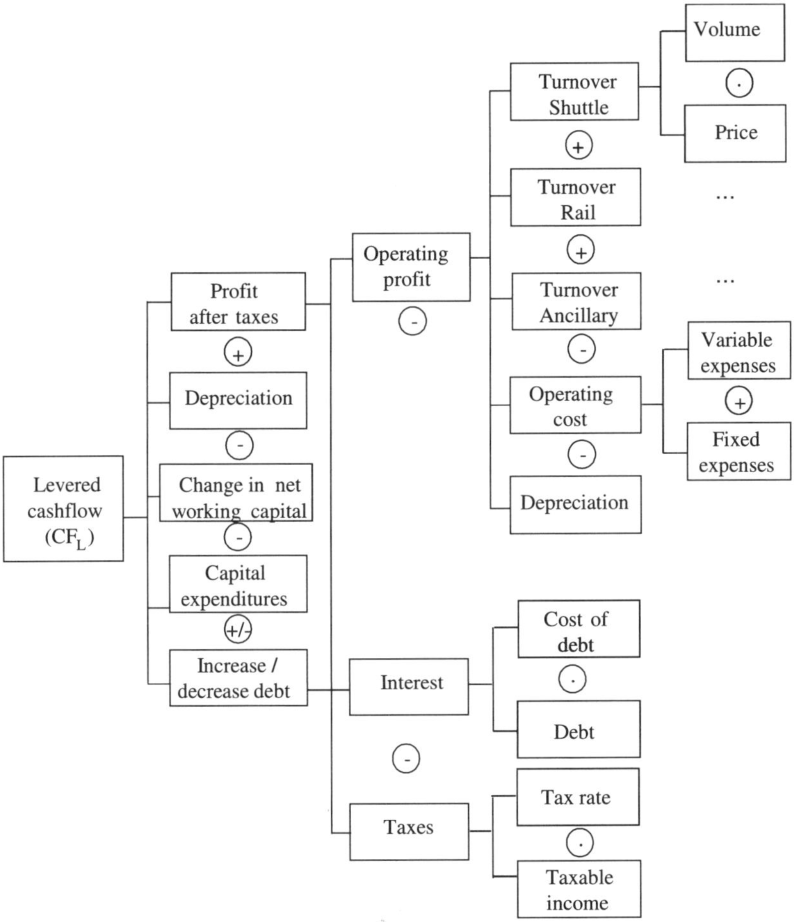

Abbildung 14-2: Struktur des bewertungsrelevanten Überschusses bei Fremdfinanzierung (Levered Cashflow)

Höhe und Zeitpunkt der Kreditziehungen in der Bauphase müssen angenommen werden. Unterstellt man einen Verschuldungszinssatz (i_V) von 10 % (= Referenzzinssatz 9 % zuzüglich 100 Basispunkte) liefert der für das erste volle Betriebsjahr 1994 berichtete Zinsaufwand (351 Mio. £) einen Anhaltspunkt über die Höhe des ausstehenden Kreditvolumens zum Zeitpunkt der Eröffnung (3.510 Mio. £). Bei unterstellter Eigenfinanzierung treten (hypothetische) Eigenkapitalerhöhungen an die Stelle der Kreditaufnahmen. Wir berücksichtigen sowohl bei Eigen- als auch bei Fremdfinanzierung alle EK-Tranchen sowie die Ausübung der Warrants. Als Diskontierungssatz bei Eigenfinanzierung (k) verwenden wir hier 11,7 %. Damit ist – ausgehend vom risikofreien Zins (i) i. H. v. 8,5 % – eine Prämie für das Investitionsrisiko i. H. v. 3,2 % unterstellt. Wir wählen diesen Zins, da er mit dem im Emissionsprospekt genannten Diskontierungssatz bei anteiliger Fremdfinanzierung (k^F) i. H. v. 12 % im Jahre 1995 korrespondiert.[1]

Der Unternehmenswert bei Eigenfinanzierung (V^E) beträgt 1986 gemäß unseren Annahmen 1.209 Mio. £. Bezogen auf das Ende des Jahres 1987, also nach erfolgtem Börsengang, ist das Projekt bei Eigenfinanzierung dann 2.120 Mio. £ wert.

Nun ist der Barwert der Unternehmensteuervorteile aus der Fremdfinanzierung (V^{St}) zu ermitteln. Einkommensteuern blenden wir vereinfachend aus. Den Verschuldungszinssatz haben wir auf 10 % gesetzt.[2] Wir übernehmen die prognostizierten Tilgungen aus dem Finanzplan. Die Lücken in der Prognose schließen wir, indem wir z. B. die für 2003 genannte Tilgung bis zum Jahr 2012 verwenden und für die Folgejahre auf die genannte Tilgung für 2013 solange zurückgreifen, bis der Kreditbetrag vollständig zurückgeführt ist. Die periodischen Steuereffekte (WB^F) können durch Gegenüberstellung der Steuern bei Eigen- und Fremdfinanzierung abgeleitet werden. So ist die Berücksichtigung der Verlustvorträge möglich. Diskontiert man die resultierenden Steuereffekte mit dem risikolosen Zins (8,5 %), folgt der Barwert der Steuereffekte in 1986 (1987): 667 (724) Mio. £. Der resultierende Unternehmensgesamtwert bei Fremdfinanzierung (V^F) entspricht 1986 (1.876 Mio. £) und 1987 (2.944 Mio. £) dem Wert des Eigenkapitals (E^F), da die erste Kreditziehung erst 1988 erfolgt.

---

1 Es gilt bei einem Verschuldungszinssatz, der den risikolosen Zins übersteigt:

$k^F = k + (k - i_V)\frac{F}{E^F} - (k - i)\frac{V^{St}}{E^F}$; vgl. Drukarczyk J./Schüler A. (2007), S. 407, 417.

2 Eine dem Kreditvertrag folgende Differenzierung der Margen nach Projektphase und Kreditlinie ist aber durchaus erhellend.

Mio. £	1986	1987	1988	1989	1990	1991	1992	1993	1994	1995	1996	1997	1998	1999
CF bei Eigenfinanz.	-252	-770	-300	-370	-630	-660	-870	135	507	441	503	543	542	634
V^E	1.209	2.120	2.668	3.350	4.372	5.544	7.063	7.754	8.155	8.668	9.179	9.710	10.304	10.876
Steuereffekt p. a.		0	0	0	0	0	0	0	14	203	226	221	126	122
V^{St}	667	724	785	852	925	1.003	1.088	1.181	1.267	1.172	1.045	913	865	816
V^F	1.876	2.844	3.454	4.202	5.297	6.547	8.151	8.935	9.422	9.840	10.225	10.623	11.168	11.692
F	0	0	300	700	1.400	2.200	3.189	3.510	3.510	3.487	3.346	3.229	3.120	3.009
E^F (APV)	1.876	2.844	3.154	3.502	3.897	4.347	4.962	5.425	5.912	6.353	6.879	7.394	8.048	8.683
F/E^F	0,0%	0,0%	9,5%	20,0%	35,9%	50,6%	64,3%	64,7%	59,4%	54,9%	48,6%	43,7%	38,8%	34,7%
CF bei Fremdfinanz.	-252	-770	0	0	0	0	-101	137	170	270	239	313	236	332
k^F		10,6%	10,9%	11,1%	11,3%	11,6%	11,8%	12,1%	12,1%	12,0%	12,0%	12,0%	12,0%	12,0%
E^F (Equity)	1.876	2.844	3.154	3.502	3.897	4.347	4.962	5.425	5.912	6.353	6.879	7.394	8.048	8.683
WACC		10,6%	10,9%	11,0%	11,1%	11,1%	11,2%	11,3%	11,1%	9,1%	9,0%	9,2%	10,2%	10,4%
V^F (WACC)	1.876	2.844	3.454	4.202	5.297	6.547	8.151	8.935	9.422	9.840	10.225	10.623	11.168	11.692

Tabelle 14-1: DCF-Bewertung Eurotunnel

Auf Basis der Resultate der APV-Bewertung können nun auch WACC- und Flow-to-Equity-Ansatz angewandt werden. Der WACC ist dabei definiert mit:[3]

$$\begin{aligned} WACC_t &= k_t^F \frac{E_{t-1}^F}{V_{t-1}^F} + i_V \frac{F_{t-1}}{V_{t-1}^F} - \frac{WB_t^F}{V_{t-1}^F} \\ &= k\left(1 - \frac{V_{t-1}^{St}}{V_{t-1}^F}\right) + \frac{iV_{t-1}^{St} - WB_t^F}{V_{t-1}^F} \end{aligned}$$

Die Ansätze haben aber lediglich bestätigenden Charakter. Der Wert des Eigenkapitals geteilt durch die 390 Mio. Units ergibt einen Wert per Unit von 16,3 £ für das Jahr 1995, der trotz zahlreicher getroffener Annahmen in der Nähe des von Eurotunnel genannten Barwerts ohne Steuergutschrift liegt, da

$$\frac{24£}{1{,}415} = 16{,}96\ £\,.$$

Auf Basis der Prospektdaten bestätigt sich hier die versprochene Vorteilhaftigkeit der Zeichnung der 220 Mio. Aktien zu je 3,5 £ im November 1987, da der Wert des Eigenkapitals pro Aktie Ende 1987 7,5 £ beträgt.

Mio. £	2000	2001	2002	2003	2033	2041
CF bei Eigenfinanz.	674	729	773	726	4.986	8.605
V^E	11.474	12.087	12.729	13.492	36.394	3.826
Steuereffekt p. a.	117	113	109	104	0	0
V^{St}	768	720	673	626	0	0
V^F	12.243	12.808	13.401	14.118	36.394	3.826
F	2.907	2.796	2.674	2.541	0	0
E^F (APV)	9.336	10.012	10.727	11.577	36.394	3.826
F/E^F	31,1%	27,9%	24,9%	21,9%	0,0%	0,0%
CF bei Fremdfinanz.	389	441	480	430	4.986	8.605
k^F	12,0%	12,0%	11,9%	11,9%	11,7%	11,7%
E^F (Equity)	9.336	10.012	10.727	11.577	36.394	3.826
WACC	10,5%	10,6%	10,7%	10,8%	11,7%	11,7%
V^F (WACC)	12.243	12.808	13.401	14.118	36.394	3.826

Tabelle 14-2: DCF-Bewertung Eurotunnel (Forts.)

[3] Vgl. Drukarczyk J./Schüler A. (2007), S. 400, 407, 417; vereinfachend setzen wir hier die erwartete Rendite der Gläubiger gleich dem Vertragszinssatz.

Weitere Ergebnisse sind:

- Der Unterschied zwischen den Eigenkapitalkosten bei Eigen- und bei Fremdfinanzierung ist gering, da die Fremdkapitalkosten relativ nahe bei den Eigenkapitalkosten bei Eigenfinanzierung liegen.
- Da der Börsengang Voraussetzung für die Ausreichung des Konsortialkredits ist, liegt zum Bewertungsstichtag noch kein Fremdkapital vor: Ex ante ist der Barwert der Kreditaufnahmen und der späteren Zins- und Tilgungszahlungen – marktübliche Konditionen unterstellt – gleich Null. Der Barwert der Steuervorteile hingegen ist von Anfang an relevant.
- Der APV-Ansatz eignet sich nicht nur aufgrund der autonomen Finanzierungsstrategie für die Bewertung des Projekts, sondern auch aufgrund der flexiblen Abbildung der Steuervorteile der Fremdfinanzierung, die hier aufgrund der vorliegenden Verlustvorträge erst Jahre nach Projektstart anfallen.

14.3 Zur finanziellen Stabilität

Man kann die Robustheit des Finanzplans z. B. durch Sensitivitätsanalysen testen, wie es Eurotunnel getan hat. Möglich sind auch Monte-Carlo-Simulationen. Man könnte z. B. annehmen, dass die Inflationsrate und die realen Wachstumsraten für die drei Geschäftsbereiche normalverteilt sind; hilfsweise verwenden wir die Durchschnitte und Standardabweichungen unseres Basisfalls als Normalverteilungsparameter. Wir nehmen auch an, dass die Wachstumsraten des Shuttle- und Rail-Umsatzes positiv korreliert sind mit $\rho = 0{,}8$. Unterstellt man zudem, dass der variable Kostensatz in % der Umsätze dreiecksverteilt ist mit dem für 1994, dem ersten vollen Betriebsjahr, geplanten Kostensatz als wahrscheinlichstem Wert, resultiert – beispielhaft – die nachstehend abgebildete Verteilung des Cashflows bei Fremdfinanzierung für das Jahr 1996. Die Wahrscheinlichkeit eines negativen Cashflows und damit die Wahrscheinlichkeit, dass vertragliche Zins- und Tilgungsverpflichtungen nicht erfüllt werden können, beträgt dabei immerhin 13 %.

Informativ ist auch die Berechnung der im Kreditvertrag festgeschriebenen Covenants, z. B. der Debt Service Cover Ratio (kritischer Wert 1,1) oder der Total Debt Cover Ratio (kritischer Wert 1,4). Die Wahrscheinlichkeit für ein Unterschreiten der Mindestwerte mindestens in einem beliebigen Planjahr beträgt unter den genannten Annahmen etwa 33 % für die Debt Service Cover Ratio und über 40 % bei der Total Debt Cover Ratio. Diese Simulationen verdeutlichen die Anfälligkeit des Finanzierungskonzeptes.

Wir können also festhalten, dass – vor dem Hintergrund der getroffenen Annahmen – eine Zeichnung der Eurotunnelaktien anläßlich des Börsengangs Ende 1987 vorteilhaft scheint. Unsere Simulationsrechnung zeigt aber – wiederum vor dem Hintergrund unserer Annahmen – viel deutlicher als die im Emissionsprospekt enthaltene Sensitivitätsanalyse, dass das finanzielle Fundament von Beginn an feine Risse aufweist.

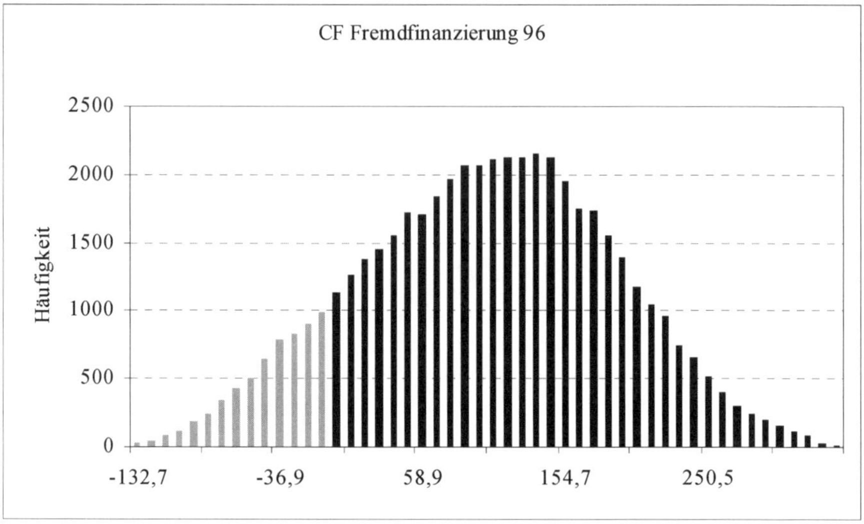

Abbildung 14-3: Cashflow-Verteilung

14.4 Literatur

Drukarczyk, J./Schüler, A. (2007): Unternehmensbewertung, 5. A., München.

Inselbag, I./Kaufold, H. (1997): Two DCF Approaches for Valuing Companies under Alternative Financing Strategies. In: Journal of Applied Corporate Finance, Vol. 10, S. 114-122.

Luehrmann, T. A. (1997): Using APV – A better tool for valuing operations. In: Harvard Business Review, Vol. 75, S. 145-154.

Teil C: Restrukturierungen

15. Eurotunnel: Restrukturierung 2007

15.1 Überblick

Kapitel 13 und 14 hatten den Börsengang von Eurotunnel im November 1987 zum Inhalt. Dort finden sich Informationen über die Planungsphase und die technischen Daten des Projekts. Tabelle 15-1 stellt weitere Ereignisse zusammenfassend dar. Die Jahre nach Projektstart waren ereignisreich: Die Baukosten waren doppelt so hoch wie geplant, die Eröffnung hatte sich um über ein Jahr verzögert, ungeplante Finanzierungsrunden waren notwendig und in den Jahren 1996 und 1997 konnte nur durch das Entgegenkommen der Gläubiger eine Insolvenz verhindert werden. Dass auch die Aktionäre Opfer der finanziellen Schwierigkeiten des Unternehmens sind, verdeutlicht die deprimierende Entwicklung des Aktienkurses.

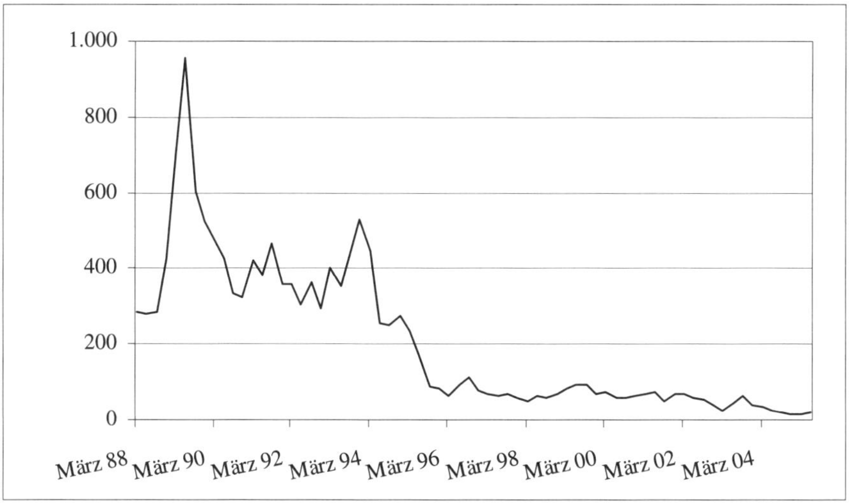

Abbildung 15-1: Kursverlauf Eurotunnel (in Pence)

Bereits 2004 zeichnete sich eine neue finanzielle Krise ab, der Anfang 2007 ein Restrukturierungskonzept entgegengesetzt wurde. Mit diesem Konzept, insbesondere dessen Beurteilung aus Sicht der beteiligten Kapitalgebergruppen, beschäftigt sich diese Fallstudie. Zu analysieren ist zunächst die finanzielle Situation zu Beginn des Jahres 2007, um dann den Restrukturierungsvorschlag vor dem Hintergrund der Verschuldungskapazität des Unternehmens beurteilen und daraus das Votum wichtiger Kapitalgebergruppen zum vorliegenden Sanierungspaket ableiten zu können.

1987	Dezember	Beginn der Tunnelarbeiten
1989	Juli	Erste Verletzung von im Kreditvertrag vereinbarten Covenants
1990	Okt/Nov	Kapitalerhöhung i. H. v. 568 Mio. £
		Zusätzlicher Kredit über 1,8 Mrd. £ und Kreditlinie der Europäischen Investitionsbank (EIB) über 300 Mio. £
	Dezember	Durchbruch im Versorgungstunnel
		Als Ausgleich für den Verzicht auf Ansprüche von Eurotunnel gegenüber den Regierungen wird die Konzessionslaufzeit bis 2052 verlängert.
1991	November	Zusätzliche Kreditlinie über 200 Mio. £ durch die Europäische Gemeinschaft für Kohle und Stahl (ECSC)
1992	März	Erneuter Bruch von Covenants
1994	Mai	Offizielle Eröffnung
		Zusätzlicher Kredit (647 Mio. £), Kapitalerhöhung (858 Mio. £)
	Juli	Erste Frachtzüge und LKW-Shuttles
	November	Erste Eurostar-Fahrt
	Dezember	Erster PKW-Shuttle
1995	Juni	Erster Reisebus-Shuttle
	September	Eurotunnel stellt die Zinszahlungen auf nachrangiges FK ein.
1996	Oktober	Grundzüge einer finanziellen Restrukturierung werden vorgestellt.
	November	Feuer im Tunnel, ausgelöst durch einen LKW auf einem Shuttle.
1997	Juli	Die Aktionäre stimmen auf einer außerordentlichen Hauptversammlung der Restrukturierung zu. Die Regierungen verlängern die Konzessionslaufzeit bis 2086 gegen einen Anteil von 59% (inklusive Steuern) des Vorsteuergewinns nach 2052.
	November	Kreditgeber stimmen dem Restrukturierungsplan zu.
1999	November	Kapitalerhöhung, um den Rückkauf von Schulden zu finanzieren
2001/02		Rückkauf nachrangiger Gläubigeransprüche unter Nennwert
2003	September	Eröffnung des ersten Teils der Hochgeschwindigkeitsstrecke zwischen Folkestone und London

Tabelle 15-1: Weiterer Verlauf des Projekts

15.2 Bauphase

In Folge technischer Schwierigkeiten während des Baus und auch bedingt durch die unerwartet hohen Kosten für die sog. Procurement Items, hauptsächlich für die speziell konstruierten Shuttles, war der finanzielle Spielraum, bestehend aus den ersten Eigenkapitaleinlagen der Gründer (EK 1), der institutionellen Investoren (EK 2), der Kapitalerhöhung durch den Börsengang (EK 3) und den Konsortialkredit, bereits im Jahr 1989 erschöpft. Bevor die Banken den Kredit aufstockten, forderten sie eine weitere Eigenkapitalerhöhung. Diese wurde im November 1990 mit einem Volumen von 568 Mio. £ platziert. Die Kredite wurden von rund 5 Mrd. £ auf 7,1 Mrd. £ und ein Jahr später auf 7,3 Mrd. £ erhöht. Tabelle 15-2 fasst diese Finanzierungsmaßnahmen, die Kapitalerhöhung 1994 und die erneute Erhöhung der Kredite um 647 Mio. £ im gleichen Jahr zusammen.

Eigenkapital	EK 1	46
	EK 2	206
	EK 3 (Börsengang)	770
	Kapitalerhöhung 1990	568
	Kapitalerhöhung 1994	858
	Ausübung Warrants	ca. 200
	Summe Eigenkapital	2.648
Fremdkapital	Credit Agreement 1987	4.985
	Revised Credit Agreement	1.800
	EIB Credit Agreement	300
	ECSC Credit Agreement	200
	Senior Debt	647
	Zinsgarantien	-29
	Summe Fremdkapital	7.903
Gesamt	Summe Eigen- und Fremdkapital	10.551

Tabelle 15-2: Finanzierung bis zur Eröffnung (in Mio. £)

Tabelle 15-3 zeigt, wie sich die Baukosten bis 1994 mehr als verdoppelt hatten. Die dramatischen Kostensteigerungen führten zu intensiven Diskussionen mit dem Baukonsortium Transmanche Link (TML) und den Regierungen, deren Interessen eine regierungsübergreifende Kommission (Intergovernmental Commission, IGC) vertrat. Die Bauunternehmen unterlagen dabei einem beachtlichen Interessenkonflikt: Da sie Gründungsinvestoren waren, saßen sie auf beiden Seiten des Tisches, als über den Konstruktionsvertrag verhandelt wurde. Es wurde auch deutlich, dass das System im Voraus nicht klar genug spezifiziert wurde. Die Sicherheitsvorschriften der IGC führten zu Änderungen in der Konstruktion des Tunnels und der Shuttles, die in Forderungen von Eurotunnel auf den Ausgleich dieser Mehrkosten resultierten. Eurotunnel und die IGC legten ihre Meinungsverschiedenheiten im Dezember 1993 bei, als Eurotunnel nach Verlängerung der Konzessionslaufzeit von Juli 2042 auf Juli 2052 seine Forderungen an die beiden Staaten aufgab. Ein weiterer Grund für die Verdopplung des Finanzierungsbedarfs war die verspätete Eröffnung. Der Tunnel war erst Ende 1994 voll betriebsbereit, obwohl er schon im Mai 1993 hätte eröffnet werden sollen.

Bereits während der Bauphase zeichnete sich für die Zeit nach Eröffnung weiterer Finanzierungsbedarf ab, da das Management die Cashflow-Prognosen mehrfach nach unten korrigieren musste. Abbildung 15-2 fasst die Prognosen zusammen. Abgebildet ist jeweils der operative Cashflow vor Investitionsauszahlungen. Auf Basis dieser Finanzpläne und der relevanten Aktienkurse wurden den Investoren im Rahmen der Kapitalerhöhungen die in Tabelle 15-4 genannten internen Zinsfüße (IZF) vor Einkommensteuern in Aussicht gestellt.

Mio. £	Nov. 1987	Nov. 1990	Okt. 1991	Mai 1994
Target works[a]	1.367	2.009	2.009	2.110
Lump sum works[b]	1.169	1.305	1.305	1.753
Procurement items[c]	252	583	692	705
Bonus TML		72	72	46
Direct works				36
Project contingency		239	239	
Total construction costs	2.788	4.208	4.317	4.650
Corporate costs	642	787	829	1.128
Provision for inflation	469	1.031	1.031	1.146
Net financing costs	975	1.386	1.534	4.757
Capital expenditure				222
Transfer to interest reserve				72
Net Cash Outflow		196	343	-1.859
Total	4.874	7.608	8.054	10.116

[a] Auftragsbestandteile, die zu einem Zielpreis erstellt werden sollen: z. B. Tunnel und Untergrundarbeiten.

[b] Auftragsbestandteile, die zu einem Pauschalpreis erstellt werden sollen: z. B. Gebäude, die Infrastruktur für die Terminals, feste Einrichtungen, mechanische und elektrische Elemente des Systems.

[c] Auftragsbestandteile, die vom Auftragnehmer über Unterverträge beschafft werden müssen: v. a. Shuttles und Lokomotiven.

Tabelle 15-3: Kostenentwicklung

Bei beiden Kapitalerhöhungen sind die Bezugsrechte nicht ausgeschlossen. Der Einfachheit halber basiert der IZF auf dem durchschnittlichen Kurs während der Bezugsfrist. Es ist offensichtlich, dass die Rentabilität aufgrund der revidierten Cashflow-Prognosen signifikant absinkt. Es überrascht daher nicht, dass der Aktienpreis nach der Ankündigung der Kapitalerhöhung 1994 und der Veröffentlichung der Cashflow-Prognosen beträchtlich sank.

	Preis per Unit in £	IZF in %
Börsengang 1987	3,5	17
Kapitalerhöhung 1990	Durchschnittlicher Kurs während Bezugsfrist (12.11. bis 03.12.): 3,62	11,8
Kapitalerhöhung 1994	Durchschnittlicher Kurs während Bezugsfrist (02.06. bis 22.06.): 3,17	8,9

Tabelle 15-4: Interne Zinsfüße

15.3 Entwicklung des operativen Geschäfts

Dass das operative Geschäft weit hinter den Erwartungen zurückbleibt, verdeutlichen die im Laufe der Jahre regelmäßig nach unten revidierten Cashflow-Prognosen und die in Tabelle 15-5 bzw. Tabelle 15-6 zusammengefassten tatsächlichen Verkehrsvolumina bzw. Finanzdaten.

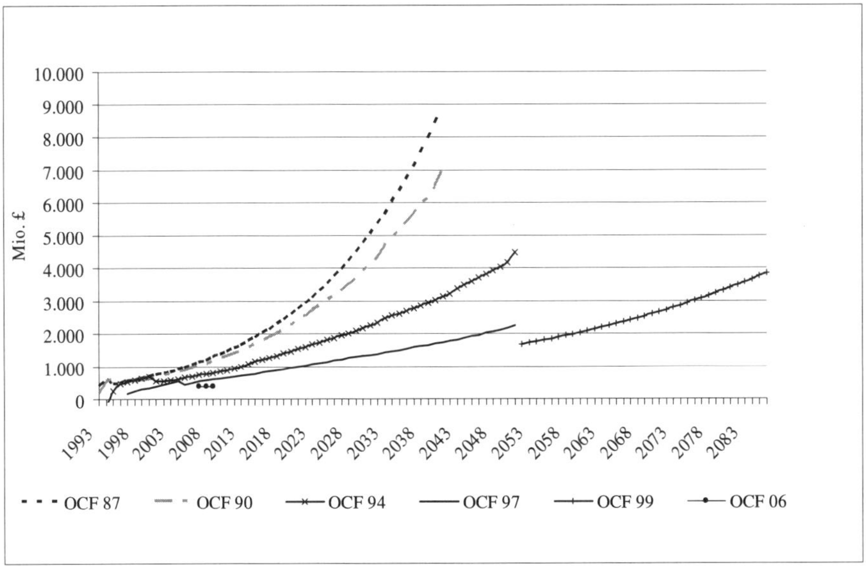

Abbildung 15-2: Cashflow-Prognosen

	1994	1995	1996	1997	1998	1999	2000	2001	2002	2003	2004	2005	2006
Truck Vehicles (000)	65	391	519	267	705	839	1.133	1.198	1.231	1.285	1.281	1.309	1.296
Car Vehicles (000)	82	1.224	2.097	2.340	3.351	3.260	2.784	2.530	2.336	2.279	2.101	2.047	2.022
Coach Vehicles (000)	0	24	58	65	96	82	79	75	72	72	63	77	67
Eurostar Passengers (million)	0,16	2,92	4,87	6,00	6,30	6,60	7,10	6,90	6,60	6,32	7,28	7,46	7,86
Paris-London											5,35	5,43	5,66
Brüssel-London											1,93	2,03	2,20
Freight (million metric tons)	1,10	1,90	2,40	2,80	3,10	2,90	2,90	2,40	1,50	1,70	1,89	1,59	1,57
Market Shares (Short-Straits) (%)													
Truck	8	36	41	14	33	35	43	42	41	43	40	40	36
Car	3	30	41	37	49	51	51	50	47	47	46	45	44
Coach	0	13	27	28	39	34	35	35	33	36	34	42	39
Eurostar: Paris-London											66	69	70 (est.)
Eurostar: Brüssel-London											65	69	72 (est.)
Freight											2,4	2,0	1,9

Tabelle 15-5: Eurotunnel Verkehrsvolumen

Die Daten in Abbildung 15-2 sind den anlässlich des Börsengangs 1987, der Kapitalerhöhungen 1990 und 1994 sowie der Restrukturierung 1997 veröffentlichten Prognosen entnommen. Die Prognose der operativen Cashflows 1999 (OCF 99) basiert auf dem Plan zur Restrukturierung 1997 und wurde über die verlängerte Konzessionslaufzeit (bis 2086) interpoliert. Dabei ist zu beachten, dass Großbritannien und Frankreich, wie in Tabelle 15-1 erwähnt, für die Laufzeitverlängerung ab 2053 59 % der Vorsteuergewinne fordern. Abbildung 15-2 enthält auch die im Zuge der derzeitigen Restrukturierung publizierten erwarteten Cashflows der Jahre 2007 bis 2009 (OCF 06).

Dass die erzielten Umsatzerlöse weit unter Plan liegen, resultiert u. a. aus einem Preiskampf mit den Fährgesellschaften. Eurotunnel konkurriert zudem mit Billig-Fluglinien wie RyanAir, die Flüge zwischen London und anderen europäischen Städten anbieten. Unglücklicherweise blieben nicht nur die Preise, sondern auch die Volumina hinter den Erwartungen zurück. Tabelle 15-5 zeigt, wie viele Fahrzeuge, Passagiere und Tonnen Fracht seit der Eröffnung durch den Tunnel transportiert wurden. Tabelle 15-6 enthält die resultierenden finanziellen Eckdaten.

Mio. £	1995	1996	1997	1998	1999	2000	2001	2002	2003	2004	2005	2006
Shuttle	120	145	113	210	270	314	309	333	309	285	296	318
Rail	133	198	212	213	215	208	211	217	232	234	235	240
Ancillary	46	105	132	196	141	57	27	20	25	19	11	10
Revenues	299	448	456	618	627	579	548	570	566	538	541	568
Staff	90	88	86	92	95	95	95	102	105	104	104	83
Other operating expenses	277	265	235	240	207	159	146	144	162	146	144	149
Operating cost	367	353	321	332	302	254	241	246	267	249	248	233
Capex	69	44	37	57	59	71	82	41	25	19	16	9
OCF	101	115	201	356	315	328	320	348	314	283	232	318

Tabelle 15-6: Ausgewählte Finanzdaten

1995 war das erste volle Betriebsjahr. Gegen Ende 1996 wurde der Tunnelbetrieb für 6 Monate gestoppt, da ein auf einem Shuttle befindlicher LKW in Brand geriet und dadurch die Tunnelanlagen beschädigte. Die anschließenden Reparaturarbeiten trafen Eurotunnel empfindlich, da der Betrieb für sechs Monate eingestellt werden musste. Die Nebeneinnahmen (Ancillary Revenues) sind von 1999 bis 2000 beträchtlich gesunken, nachdem im Juli 1999 der Duty-Free-Verkauf abgeschafft wurde.[1] Derzeit besteht das Nebengeschäft v. a. aus Einkünften aus den Geschäften auf dem Terminalgelände und aus der Vermietung von durch den Tunnel laufenden Glasfaserkabeln. Im Jahr 2001 wurde der Tunnelbetrieb durch Flüchtlinge beeinträchtigt: Um Großbritannien zu erreichen, versuchten sie, Zugang zum Tunnelsystem und den Güterzügen zu erlangen. In der Folge wurden nahe dem französischen Terminal gelegene Asylbewerberunterkünfte verlegt.

Tabelle 15-7 illustriert die Lücke zwischen Plan- und Istzahlen beispielhaft für das Jahr 2003. Die genannte Anzahl von Passagieren je Auto und je Reisebus sowie die Tonnen pro LKW folgen den entsprechenden Schätzungen von Eurotunnel.

		Passagiere Mio.	Fracht Mio. t
Ist-Daten	Autos · 2,55	5,81	
	Reisebusse · 25	1,80	
	Eurostar	6,32	
	Summe	13,93	
Ist-Daten	LKW · 11,7		15,03
	Güterzüge		1,70
	Summe		16,73
Plan-Daten	Börsengang 1987	39,5	21,1
	Kap.-erh. 1990	44,6	26,8
	Kap.-erh. 1994	35,8	25,3

Tabelle 15-7: Verkehrsvolumen 2003: Ist vs. Plan

Wie aus Tabelle 15-5 hervorgeht, stieg die Gesamtzahl der Eurostar-Reisenden von 2003 auf 2004 deutlich, da der erste Teil der Hochgeschwindigkeitsstrecke zwischen dem britischen Terminal und London eröffnet wurde. Gleichzeitig wurden aber signifikant weniger PKW transportiert. Nach Fertigstellung des zweiten Teils bis 2007 wird sich die Reisezeit mit der Bahn von London nach Paris (Eurostar) um weitere 15 Minuten auf 2 Stunden und 25 Minuten verkürzen. Auf französischer Seite besteht eine Hochgeschwindigkeitsverbindung schon seit längerem.

Die Einnahmen aus dem Bahngeschäft wurden jahrelang durch die im Bahnnutzungsvertrag festgeschriebene Minimalzahlung an Eurotunnel abgesichert. Die Vereinba-

[1] Unter Berufung auf Clause 34 des Konzessionsvertrags legte Eurotunnel Ende 1999 der britischen und französischen Regierung eine Machbarkeitsstudie für einen Straßentunnel vor. Auf diese Weise sichert sich Eurotunnel die exklusive Option, eine zweite Verbindung zu bauen, ohne sich bis 2010 definitiv entscheiden zu müssen. Wenn Eurotunnel die Option nicht ausübt, können die Regierungen die Konzession an eine andere Gesellschaft vergeben. In diesem Fall darf der zweite Tunnel nicht vor 2020 eröffnet werden.

rung griff, da der Bahnverkehr eben weit unter den Erwartungen blieb. Im Jahr 2004 beispielsweise betrug diese Zahlung 67 Mio. £ von insgesamt 234 Mio. £ Rail-Umsatz. Ende November 2006 lief die Regelung aus. Inzwischen gilt vor allem der Zugfrachtverkehr als Sorgenkind. Erst kürzlich stellte Eurotunnel fest, dass der "rail freight traffic through the Tunnel continues to under-achieve".[2] Der geringe Marktanteil sei bedingt „by the complexity of developing cross-border rail traffic within Europe, by the successive reorganisations of the cross-Channel freight carriers in the United Kingdom and operational and commercial difficulties in rail freight in France."[3]

Allerdings haben sich nicht nur die Erwartungen bezüglich Preise und Volumina nicht erfüllt, sondern auch die bezüglich der operativen Effizienz. Die betrieblichen Aufwendungen wurden im Laufe der Zeit mit 19 % (Börsengang 1987), 25 % (1990) bzw. 27 % (1994) der Umsatzerlöse veranschlagt. Tatsächlich aber betrugen sie in den Jahren 1995 bis 2006 durchschnittlich 46 %. Derzeit will Eurotunnel die operativen Überschüsse mit dem Projekt DARE (Deliver Actions to Revitalise Eurotunnel) steigern. Maßnahmen sind zum Beispiel die Überarbeitung von Verträgen mit Spediteuren und eine Anpassung der Kapazitäten für Fracht-Shuttles, die Reduzierung der Kapazität für Auto-Shuttles und die Prüfung der Verträge mit Subunternehmern und Zulieferern.

15.4 Finanzielle Entwicklung nach Eröffnung

Die weit unter den Erwartungen bleibenden Cashflows führten bald nach Eröffnung zu finanziellen Schwierigkeiten, so dass 1995 der vertraglich vereinbarte Kapitaldienst nicht geleistet werden konnte. Im September 1995 wurden die Zinszahlungen auf nachrangige Kredite ausgesetzt. Vor dem Hintergrund eines „Standstill-Agreements", das bis Ende 1997 in Kraft blieb, begannen Verhandlungen über eine Restrukturierung der Kapitalgeberansprüche. Es wurde schließlich ein Sanierungspaket geschnürt, das eine Umwandlung von Fremdkapital in Eigenkapital (Debt-Equity-Swap), eine Reduzierung des Zinssatzes und einen Aufschub der Zins- und Tilgungszahlungen vorsah. Die außerordentliche Hauptversammlung im Juli 1997 stimmte dem Vorschlag zu. Die beteiligten Banken und Eurotunnel unterzeichneten die entsprechenden Vertragswerke im Januar 1998:

- Reduktion der nachrangigen Schulden um 908 Mio. £ durch Tausch gegen neue Aktien (Debt-Equity-Swap);
- Umwandlung von nachrangigen Schulden in Equity-Notes (906 Mio. £), Participating Loan Notes (1.092 Mio. £) und Resettable Facilities (1.366 Mio. £). Inzwischen wurden die Equity-Notes in neue Anteile umgetauscht. Dies – zusammen mit dem Debt-Equity-Swap – führte zu einer Verwässerung des Anteils der Altaktionäre am Eigenkapital auf 39,4 %. Die Participating Loan Notes und die Resettable Facilities verschoben die Tilgung auf 2040 beziehungsweise auf 2050. Details zur Zusammensetzung und Entwicklung des Fremdkapitals liefert Anhang 3.

---

2 Eurotunnel (2007a), S. 42.

3 Europorte 2, eine Tochtergesellschaft der Eurotunnelgruppe, hat von den französischen Behörden eine Bahnbetriebslizenz erhalten. Diese ist gültig für Gütertransporte auf dem sog. Trans-European Rail Freight Network.

Fremdkapitaltitel von Eurotunnel werden inzwischen auf dem Sekundärmarkt mit einem beachtlichen Abschlag vom Nominalwert gehandelt und zum Teil von Eurotunnel zurückgekauft. Das Management von Eurotunnel drückt es so aus: „Purchasing debt at such discounts continues to present an attractive opportunity to reduce the Group's indebtedeness and interest obligations and to accelerate its financial recovery". 1999 kaufte Eurotunnel eigenes Fremdkapital mit einem Nominalwert von ca. 360 Mio £ zurück. Um weitere Rückkäufe i. H. v. etwa 150 Mio. £ zu finanzieren, wurde das Eigenkapital im Oktober 1999 erhöht. Zu zahlen waren zwischen 26 % und 52 % des Nominalwertes. Auch in den Jahren 2000 und 2001 wurden, wenn auch in geringerem Umfang, Fremdkapitaltitel zurückgekauft. Ein großer Teil der oben erwähnten Equity Notes wurde 2002 in Aktien umgewandelt. Im Zuge der Emission von Anleihen über 740 Mio. £ (sog. Tier 1A) kaufte Eurotunnel u. a. Fremdkapital i. H. v. 840 Mio. £ zu einem Durchschnittspreis von 43 % des Nominalwertes zurück. 2003 wurden die letzten Equity Notes in Anteile umgewandelt und Fremdkapital über 155 Mio. £ mit einem Abschlag von 58 % auf den Nominalwert zurückgekauft.

Zum Jahreswechsel 2003/2004 zeichnete sich eine neue finanzielle Krise ab. Zudem führte eine „Aktionärsrevolte" im Frühjahr 2004 zu einem Wechsel im Management. Die (vorwiegend französischen) Aktionäre forderten – frustriert von der in Tabelle 15-1 dargestellten Aktienkursentwicklung – Großbritannien und Frankreich auf, Eurotunnel finanziell zu unterstützen. Die Regierungen wiesen diese Forderung mit Verweis auf Article 1 des Treaty of Canterbury und Clause 2 der Konzessionsvereinbarung zurück (Anhang 1). Zu dieser Zeit zeichnete sich zudem ab, dass der in den überarbeiteten Kreditkontrakten vereinbarte Beginn der Tilgungszahlungen in 2006/2007 gefährdet ist, da die operativen Cashflows nicht einmal den Zinsaufwand vollständig abdecken. Dieses Problem würde sich sogar noch verschärfen, wenn die sog. Stabilisierungsperiode endet und Zinszahlungen nicht mehr durch Umwandlung in nachrangiges Fremdkapital aufgeschoben werden können. Ende 2004 z. B. beliefen sich die ausstehenden Darlehen auf insgesamt 6.354 Mio. £. Wie die in Anhang 2 enthaltenen Jahresabschlüsse zeigen, überstieg der Zinsaufwand des Jahres 2004 mit 336 Mio. £ den operativen Cashflow vor Investitionsauszahlungen (Net cashflow from operating activities) i. H. v. 279 Mio. £.

15.5 Am Rande der Insolvenz

Am 5. April 2005 bat Eurotunnel seine Kreditgeber um einen sog. Waiver, d. h. eine Aussetzung kreditvertraglich vereinbarter Sanktionen, da die Gesellschaft den vertraglichen Vereinbarungen nicht vollständig nachkommen konnte. Zwei Wochen später folgten die Kreditgeber dieser Bitte und ermöglichten so den Beginn von Verhandlungen. Während der Präsentation der vorläufigen Ergebnisse für 2004 schätzte die Geschäftsführung von Eurotunnel, dass die Verschuldungskapazität des Unternehmens zwischen 2,3 und 2,7 Mrd. £ beträgt. Die Gläubiger sollten auf darüber hinausgehende Ansprüche verzichten.

Die Interessen der Kreditgeber wurden in dieser Phase von dem Ad-hoc-Committee vertreten. Dieses Committee bestand aus MBIA (ein US-amerikanischer Kreditversicherer), der EIB, Franklin Mutual Advisers LLC. und Oaktree Capital Mangement. Es repräsentierte 15 % der Senior Debt und 69 % der Junior Debt, die 4th Tranche Debt und die Tier 1A-Verbindlichkeiten. Ein Repräsentant des Ad-hoc-Committees antwortete: „Eurotunnel's suggestion will not be acceptable to the majority of debtholders, whose support is necessary for any capital restructuring. We look forward to starting negotiations within the framework of Eurotunnel's existing obligations and in the spirit of economic realism". Auf den Hauptversammlungen in Frankreich und Großbritannien wurde nochmals betont, dass Aktionäre und Geschäftsführung, allen voran der Vorstandvorsitzende Jacques Gournon, einen Gläubigerverzicht (und nicht etwa nur einen Debt-Equity-Swap) favorisieren. Diese Einstellung der Aktionäre (und des insofern eigentümerorientiert handelnden Managements) ist nachvollziehbar, da ein Debt-Equity-Swap zu einer deutlichen Verwässerung des Wertes ihrer Aktien führen würde.

Der Konzessionsvertrag sieht ein sog. Substitutionsrecht für die Gläubiger vor (siehe Anhang 1). Dieses Recht erlaubt es, den derzeitigen Konzessionär, die Eurotunnel-Gruppe, durch einen neuen zu ersetzen, wenn Eurotunnel bestimmten kreditvertraglichen Verpflichtungen nicht nachkommt. Nachdem die vollständige Befriedigung der Gläubigeransprüche seit Jahren fraglich war und eine Reihe von Gläubigern sich bereits 1996/1997 zu einem (partiellen) Verzicht gezwungen sah, ist der Einfluss der Gläubiger auf die Geschäftsführung ohnehin groß. Es ist dann aber zweifelhaft, ob die Ausübung des Substitutionsrechts den Wert der Gläubigeransprüche erhöht. Das Sachvermögen von Eurotunnel dient den Gläubigern als Sicherheit. Deren Verwertung aber hätte die Liquidation von Eurotunnel zur Folge. Es ist nicht anzunehmen, dass der Liquidationswert den Fortführungswert, den Barwert der operativen Cashflows nach Investitionsauszahlungen, übersteigt.[4] Aufgrund dieser Überlegungen überrascht die neuerliche Verhandlungsbereitschaft der Gläubiger nicht.

15.6 Der Sanierungsversuch

Einen Überblick über den Verlauf der aktuellen Restrukturierung bietet Tabelle 15-8.

Im Rahmen der Restrukturierung wird eine neue Holdinggesellschaft gegründet, die Groupe Eurotunnel SA (GET SA). Altaktionäre können ihre Units in Aktien dieser Gesellschaft tauschen. Je Unit erhalten sie eine Aktie der neuen Gesellschaft zuzüglich eines Warrants und – wenn sie innerhalb einer ersten Frist das Umtauschangebot annehmen – Bezugsrechte auf die (gleich zu erläuternden) Notes. Erstrangige Kredite werden abgelöst und den Inhabern nachrangiger Ansprüche werden sog. Notes Redeemable in Shares (NRS; obligations remboursables en actions) zuzüglich einer partiellen Barzahlung im Tausch gegen ihre Ansprüche zugeteilt. Welchen Anteil die Altaktionäre an der neuen Gesellschaft halten, hängt im Wesentlichen davon ab, wieviele NRS die Groupe Eurotunnel zurückkaufen kann und wieviele Warrants ausgeübt werden.

---

4 Ob ein neuer Konzessionär einen höheren Fortführungswert erzielen könnte, ist ebenfalls fraglich.

2005	April	Eurotunnel erreicht eine Außerkraftsetzung (Waiver) kreditvertraglich vereinbarter Sanktionen und tritt in Verhandlungen mit den Gläubigern ein.
2006	Februar	Wirtschaftsprüfer (Commissaires aux Comptes) lösen die Procédure d'alerte aus, da sie die Fortführungsfähigkeit des Unternehmens bezweifeln.
	Mai	Der Handel in Eurotunnel-Units an der London Stock Exchange bzw. der Euronext Paris wird ausgesetzt.
	August	Eröffnung der Procédure de Sauvegarde (Safeguard-Verfahren)
	November	Ausschüsse der Kreditinstitute und der wichtigsten Lieferanten (mit offenen Forderungen) stimmen dem vorgelegten Plan zu.
	Dezember	Ausschuss der Anleihegläubiger stimmt dem Plan zu.
2007	Januar	Pariser Handelsgericht akzeptiert den Plan.
	Mai	Ende der ersten Umtauschfrist; 87% der Units sind in Aktien der Groupe Eurotunnel SA getauscht worden.
	Juni	Ende der zweiten Umtauschfrist

Tabelle 15-8: Verlauf der Restrukturierung

Im Ergebnis kann ihr Anteil an der GET SA zwischen 13 % und 66,7 % betragen. Durch die Restrukturierung sinken die Schulden von Eurotunnel von 9,1 Mrd. € auf 4,3 Mrd. €; Tabelle 15-9 zeigt Zusammensetzung des Fremdkapitals sowie die entsprechenden Zins- und Tilgungsverpflichtungen vor der Sanierung, die im Detail Folgendes vorsieht:

- Aufnahme eines langfristigen Darlehens, des sog. Term Loans, bereitgestellt durch Goldman Sachs International und die Deutsche Bank AG[5], um
  - die Schulden bis einschließlich des sog. Tier 2-Fremdkapital abzulösen,
  - die im Plan vorgesehenen Zahlungen an die Tier 3-Gläubiger und die Notes-Inhaber zu leisten,
  - die aufgelaufenen Zinsen unter den vom Sanierungsplan vorgesehenen Bedingungen zu zahlen, und um
  - etwa 100 Mio. € zur Deckung des Bedarfs an Betriebskapital einschließlich der Restrukturierungskosten vorhalten zu können.

5 Möglicherweise beteiligt sich auch die Citigroup an der Finanzierung, vgl. Eurotunnel (2007a), S. 24.

	Mio. €	Vertragliche Tilgung	Zinssatz
Senior Debt	347	8 gleichhohe Raten von Juni 2009 bis Dezember 2012	93 Mio. € und 140 Mio. £: EURIBOR/LIBOR plus 100 Basispunkte (BP); 48 Mio. €: fix zwischen 8,27% und 8,78% je nachTranche
Fourth Tranche Debt	186	z. T. endfällige Tilgung in Juli 2019 (für EFL); z. T. halbjhrl. Tilgungen von Juni 2006 bis Dez. 2018 (für FM)	117 Mio. €: EURIBOR/LIBOR plus 100 BP; 47 Mio. £: fix 8,9475%
Tier 1A	1.085	120 Mio. £ im Januar 2026, 620 Mio. £ in zwei gleich hohen Raten im Jan. 2027 und Jan. 2028	Tranche 1 (325 Mio. £) und 2 (285 Mio. £): fix 6,645%; Tranche 3 (120 Mio. £): fix 8,16%
Tier 1	792	Halbjhrl. Tilgungen vom Jan. 2007 bis Juli 2025	EURIBOR/LIBOR plus 125 BP
Tier 2	1.306	Halbjhrl. Tilgungen vom Jan. 2007 bis Juli 2025	EURIBOR/LIBOR plus 125 BP
Tier 3	2.599	Halbjhrl. Tilgungen vom Jan. 2007 bis Juli 2025	EURIBOR/LIBOR plus 125 BP
Resettable Bonds	678	Endfällige Tilgung im Dezember 2050	Rendite britischer und französischer Staatsanleihen plus 150 BP
Participating Loan Notes	1.260	Endfällige Tilgung im April 2040	Fix 1% u. 23% des Net Free Cashflow nach Kapitaldienst
Stabilisation Notes	820	Jährliche Raten vom März 2018 bis März 2026	EURIBOR/LIBOR plus 125 BP
Summe	9.073		

Tabelle 15-9: Fremdkapital (Stand Ende September 2006)

Die Tranchen, Tilgungsstruktur und Zinssätze des Term Loan enthält Tabelle 15-10.

Tranche	Mio. €	Tilgung	Effektivzins
A1	582	Von Jahr 10 bis Jahr 35 nach Inanspruchnahme	4,83%
A2	517	"	4,74%
B1	583	"	5,29%
B2	517	"	5,96%
C1	1.041	Von Jahr 5 nach Inanspruchnahme bis Juni 2050	7,64%
C2	924	"	6,69%
Summe[a]	4.164	Gewichteter Durchschnittszins	6,14%

[a] Die Netto-Kreditaufnahme ist aufgrund von Gebühren für das Underwriting und die Bereitstellung um 84 Mio. € niedriger als der Gesamtbetrag von 4,164 Mrd. €.

Tabelle 15-10: Term Loan[6]

- Ausgabe von NRS mit einem Nennwert von 571.042.351 £ und 1.032.248.900 €, umgerechnet insgesamt 1,87 Mrd. €. Nach Abzug der Underwriting Fees (117 Mio. €) an die Arrangeure der unten zu erläuternden Cash Option erhält man den bilanziellen Wert (1,753 Mrd. €). Dieser wird in Höhe des Barwerts der darauf zu leistenden Zinsen (244 Mio. €) bilanziell als Fremdkapital und in Höhe des Restbetrags (1,509 Mrd. €) als Eigenkapital ausgewiesen. Einige Details zu den NRS:
  - Die NRS werden in zwei Serien aufgeteilt. Im Gegensatz zu den NRS Typ I (395,2 Mio. € und 120 Mio. £) kann Eurotunnel die NRS II (637,1 Mio. € und 352,5 Mio. £) zu 140 % des Nominalwerts zurückkaufen. Beide Serien sind ungesichert und nachrangig.
  - Die NRS II verzinsen sich mit 6 % p. a., die NRS I mit 3 %.
  - Die NRS I werden in Stammaktien der GET SA umgewandelt, und zwar ein Teil im 13. Monat, ein Teil im 25. Monat und der Rest im 37. Monat nach ihrer Emission.
  - Die NRS II werden nach 37 Monaten in Stammaktien der GET SA umgewandelt, sofern sie nicht schon vorher zurückgekauft wurden.
- Die NRS II werden ganz überwiegend den Tier 3-Gläubigern als Gegenleistung für die Aufgabe ihrer Altansprüche zugeteilt. Diese Gläubigergruppe hat den ersten Rang unter den nicht vollständig ausbezahlten Klassen inne. Daher sind die NRS II mit dem möglichen Rückkauf und dem höheren Zinssatz attraktiver ausgestaltet als die NRS I. Die weitere Verteilung der NRS zeigt Tabelle 15-11.

---

6 Quelle: Eurotunnel (2007a), S. 310; die variabel verzinslichen Tranchen wurden unter Rückgriff auf zum Veröffentlichungszeitpunkt gültige Zinsswap-Konditionen in fixe Zinssätze umgerechnet. Die Tranchen A1, B1 und C1 sind £-Kreditlinien; hier und auch in allen anderen Publikationen zur Restrukturierung wurde ein Wechselkurs €/£ i. H. v. 1,46635 unterstellt.

Mio. €	Ausstehender Betrag 30.09.06	Ablösung durch Term Loan	NRS I	NRS II	Lücke
Senior Debt	347	347			
Fourth Tranche Debt	186	186			
Tier 1A	1.085	1.085			
Tier 1	792	792			
Tier 2	1.306	1.306			
Tier 3	2.599	220	305	1.110	964
Resettable Bonds	678	44	84		550
Participating Loan Notes	1.260	36	91		1.133
Stabilisation Notes	820	53	118	44	605
Summe	9.073	4.069	598	1.154	3.252

Tabelle 15-11: Umschuldung[7]

- Die Tier 3-Gläubiger erhalten zudem die Option, anstelle ihrer NRS eine Barzahlung in Höhe von 98,5 % des Nominalwerts zu erhalten (Cash Option). Die anderen nachrangigen Gläubiger und tauschwilligen Aktionäre können diese NRS erwerben. Dabei können maximal NRS mit einem Nennwert von 31,8 Mio. £ und 41,4 Mio. € von Aktionären gezeichnet werden, die das Umtauschangebot angenommen haben.

  Die Frist zur Ausübung der Cash Option ist inzwischen abgelaufen: NRS im Wert von rund 304 Mio. £ und 397 Mio. €, also umgerechnet etwa 843 Mio. € haben, zwischenfinanziert durch Goldman Sachs und Deutsche Bank, den Besitzer gewechselt. Die anderen nachrangigen Gläubiger haben ihre Rechte zum Bezug dieser Notes voll ausgeschöpft. In welchem Umfang die Aktionäre ihre Bezugsrechte ausüben, ist derzeit noch offen.

- Ausgabe von 4.696 Millionen Warrants durch die GET SA, die es ermöglichen, Stammaktien der GET SA zu zeichnen. 55 % davon, der Anzahl der Alt-Units entsprechend 2.582,8 Millionen, werden den Aktionären, die das Umtauschangebot annehmen, und 45 % den Inhabern der Notes zugeteilt.

- Über konzerninterne Transaktionen wird das zunächst der Eurotunnel Finance Limited (EFL) und France Manche SA (FM) zugeordnete Fremdkapital auf die Eurotunnel SA (ESA) und die Eurotunnel PLC (EPLC) verlagert. Als Gegenleistung für die Übernahme des Fremdkapitals durch die GET SA werden dieser im Zuge einer Kapitalerhöhung weitere Anteile an ESA und EPLC zugesprochen. Aktionäre, die das Umtauschangebot nicht annehmen, haben daher eine beträchtliche Verwässerung ihres Anteils in Kauf zu nehmen.

---

7 Vgl. Eurotunnel (2007a), S. 307; Eurotunnel (2007b), S. 53.

15.7 Zur Analyse des Sanierungsversuchs

Eine Bewertung von Eurotunnel ist notwendig, um zunächst ermitteln zu können, wie hoch der Barwert der operativen Zahlungsüberschüsse nach Investitionsauszahlungen ist. Dieser Wert ist der Ausgangspunkt zur Beantwortung einer Reihe wichtiger Fragen:

- Ist Fortführung oder Liquidation die optimale Strategie?
- Wie hoch ist die Verschuldungskapazität des Unternehmens?
- Reicht die Verschuldungskapazität von Eurotunnel zur Erfüllung der aus den neu strukturierten Gläubigeransprüchen resultierenden Zins- und Tilgungsverpflichtungen aus?
- Wie votieren die einzelnen Gläubigergruppen und die Altaktionäre?

Die Beantwortung dieses Fragenkatalogs erfordert eine modulare Bewertung, wie sie der APV-Ansatz ermöglicht. Startpunkt der Überlegungen ist der Unternehmenswert bei Eigenfinanzierung. Die Haupttreiber für den operativen Cashflow von Eurotunnel sind die Wachstumsraten des Shuttle-, Bahn- und Nebengeschäfts und die operative Effizienz. Um eine Bewertung durchzuführen, könnte man die vergangenen Wachstumsraten von Eurotunnel, das Verhältnis der operativen Kosten und der Investitionsauszahlungen zu den Umsatzerlösen betrachten. Man könnte auch andere Wachstumsannahmen, die z. B. auf das Wirtschaftswachstum rekurrieren, oder explizite Prognosen des Verkehrsaufkommens zugrunde legen. Dass im Nebengeschäft viel Verschuldungspotential schlummert, ist aufgrund seines geringen Volumens zu bezweifeln. Eurotunnel selbst hat anlässlich von Werthaltigkeitsprüfungen (Impairment Tests) den APV-Ansatz angewendet und mit einem Eigenkapitalkostensatz bei Eigenfinanzierung von 7,1 % gerechnet.[8] Dazu wurde auf das Capital Asset Pricing Model (CAPM) zurückgegriffen: Der Betawert bei Eigenfinanzierung betrug 0,55, der risikolose Zins 4,5 % und die Marktrisikoprämie 4,75 %.

Weiterhin sind folgende Daten relevant zur Beantwortung obiger Fragen:

- Der Liquidationswert wird auf 1,3 Mrd. € geschätzt.[9]
- Der Mittelwert aus französischem und britischem Unternehmenssteuersatz liegt bei 31,5 %.
- Laut Geschäftsbericht 2006 beläuft sich der steuerliche Verlustvortrag auf umgerechnet 4.931 Mio. €.[10]

Gemäß der veröffentlichten Fassung des Safeguard Plans plant Eurotunnel mit den in Tabelle 15-12 dargestellten finanziellen Eckdaten.

---

8 Vgl. Eurotunnel (2007c), S. 27.

9 Vgl. Eurotunnel (2007c), S. 28, Fn. 23.

10 Die Informationen zu den Unternehmensteuersätzen und zum Verlustvortrag haben wir den Annual Accounts 2006 (Eurotunnel 2007b), S. 46, entnommen.

Mio. €	2007	2008	2009
Passenger revenue	167,4	164,4	161,4
Freight revenue	309,3	321,4	334
Rail revenue	253,3	259,8	275,8
Other revenue	5,9	5,9	6
Total revenue	735,9	751,5	777,2
Operating and employee benefit expenses	366	376,6	381,8
Depreciation and provisions	128,8	128,8	129,9
Operating profit	241,1	246,1	265,5
Capital expenditures	38,4	48,9	38,6
Operating cash flow after capex	334,3	332,4	360,2

Tabelle 15-12: Planung 2007[11]

15.8 Fragen

1. Schätzen Sie die operativen Cashflows nach Investitionsauszahlungen bis zum Ende der Konzessionslaufzeit 2086! Gehen Sie von den von Eurotunnel für die Jahre 2007 bis 2009 erwarteten Cashflows aus und schreiben Sie diese auf Basis plausibler Annahmen fort!
2. Vervollständigen Sie den Finanzplan um die Zahlungswirkungen aus der Fremdfinanzierung! Differenzieren Sie dabei nach den Zins- und Tilgungsverpflichtungen vor und nach Restrukturierung! Was folgern Sie?
3. Wie hoch ist der Wert des Eigenkapitals nach Restrukturierung?

15.9 Anhang

Anhang 1: Treaty of Canterbury (Article 1) & Concession Agreement (Clause 2, 32, 34)

Treaty between the United Kingdom of Great Britain and Northern Ireland and the French Republic concerning the Construction and Operation of a Channel Fixed Link by Private Concessionaires (12 February 1986)

Article 1: Object and Definitions

(1) The High Contracting Parties undertake to permit the construction and operation by private concessionaires (hereinafter referred to as “the Concessionaires”) of a Channel fixed link in accordance with the provisions of this Treaty, of its supplementary Protocols and arrangements and of a concession between the two Governments and the Concessionaires (hereinafter referred to as “the Concession”). The Channel fixed link shall

[11] Vgl. Eurotunnel (2006), S. 27; Eurotunnel (2007a), S. 72.

be financed without recourse to government funds or to government guarantees of a financial or commercial nature.

Concession Agreement

Clause 2: The Project and the Characteristics of the Fixed Link

2.1 Subject to and in accordance with the provisions of this Agreement, the Concessionaires shall jointly and severally have the right and the obligation to carry out the development, financing, construction and operation during the Concession Period of a Fixed Link under the English Channel between the Department of the Pas-de-Calais in France and the County of Kent in England. Subject as aforesaid, they shall do this at their own risk, without recourse to government funds or to government guarantees of a financial or commercial nature and regardless of whatever hazards may be encountered. The Principals shall, in a manner which they will endeavour to co-ordinate between them, adopt such legislative and regulatory measures, and take such steps, including approaches to international organisations, as are necessary for the development, financing, construction and operation of the Fixed Link in accordance with this Agreement and ensure that the Concessionaires are free, within the framework of national and Community laws, to determine and carry out their commercial policy.

Clause 32: Provisions relating to Lenders

32.1 Substitution

32.1 (1) The parties to this Agreement agree that new Concessionaires shall be substituted for the initial Concessionaires in the following circumstances:

(a) following the occurrence of one of the events referred to in Annex IV and so long as its effect shall be continuing or if the Principals take or propose to take any action which could result in the premature termination of the Concession Period, two legal entities, one French and the other English (the "Substituted Entities") controlled by the lenders financing the construction and operation of the Fixed Link (the "Lenders") shall, at the option of the Lenders and on the following terms, be simultaneously substituted by the Principals for the initial Concessionaires; and

(b) the Substituted Entities will need to provide evidence to the Principals that they have, at the time of substitution, a financial and technical capability sufficient to perform the obligations of the Concessionaires under this Agreement.

32.1(3) As from the actual or deemed confirmation of the substitution by the Principals, the Substituted Entities will benefit from all the rights and will assume all the obligations to the Principals under this Agreement and any leases granted to the initial Concessionaires pursuant to Annex II in place of the initial Concessionaires.

32.2 New Concession:

32.2(2) If the lenders have not exercised the right of substitution referred to in Clause 32.1(1) or, having been offered a new concession pursuant to Clause 32.2(1) (a), have not accepted the same or if the Substituted Entities have failed to fulfil the conditions specified in Clause 32.1(1) (b), if the Principals grant a new concession, the new concession agreement shall provide that the Lenders shall be entitled to receive from the new concessionaires payments out of the net revenues generated from such new concession in or towards repayment of the amounts owed to them on a subordinated basis agreed between the Lenders and such new concessionaires

32.2(3) If the Substituted Entities become the new concessionaires pursuant to Clause 32.2(1) (a), the new concession agreement will contain provisions to the effect that upon the payment of all amounts of principal, interest and other moneys from time to time owed to the Lenders under their financing agreements, it shall terminate without penalty.

Clause 34: Exclusivity and Second Link

34.1 The Concessionaires recognise that, in due course, the construction of a drive through link may become technically and financially viable. They undertake as a result to present to the Principals between now and the year 2000 a proposal for a drive through link which shall be added to the first link when technical and economic conditions for realisation of such a link shall permit it and the increase of traffic shall justify it without undermining the expected return on the first link.

34.2 The Principals undertake not to facilitate the construction of another fixed link whose operation would commence before the end of 2020. However, after 2010, and in the absence of agreement with the Concessionaires on the implementation of their proposal for the construction of a drive through link and as to its timetable, the Principals shall be free to issue a general invitation for the construction and operation of such a link. This new link shall not enter into operation before the end of 2020.

34.3 The Principals agree that throughout the Concession Period no link shall be financed with the support of public funds, either directly or by the provision of government guarantees of a financial or commercial nature.

Annex IV to the Concession Agreement

Events giving rise to the Right of Substitution

(1) failure to make any payment required under the financing agreements within a stated grace period;

(2) it appears, by reference to an objective test, that the Concessionaires do not have available and are not in a position to obtain sufficient funds to meet the estimated cost of construction or operation of the Fixed Link, together with the associated financing costs;

(3) it appears, by reference to an objective test, that the estimated final maturity date for repayment of the Lenders financing the construction and operation of the Fixed Link will be materially extended; or

(4) abandonment of the Project, insolvency, liquidation, enforcement of security by other creditors and related events.

Anhang 2: Jahresabschlussdaten Eurotunnel Group

Mio. £	2004	2005	2006
ASSETS			
Property, plant and equipment			
Concession property, plant and equipment	6.952,7	5.077,9	4.975,3
Other property, plant and equipment	-	0,03	0,03
Non-current financial assets			
Shares	2,2	2,1	0,1
Other financial assets	162,1	114,0	3,1
Other non-current assets	2,6	-	-
Total non-current assets	7.119,6	5.194,2	4.978,5
Inventories	2,2	0,8	0,04
Trade receivables	41,0	42,3	50,9
Other receivables	21,9	19,4	28,9
Other financial assets	22,1	14,3	1,9
Cash and cash equivalents	181,2	118,4	189,5
Total current assets	268,4	195,2	271,3
Total assets	7.388,0	5.389,3	5.249,8
EQUITY AND LIABILITIES			
Issued share capital	285,4	285,4	285,4
Share premium account	2.368,4	2.368,4	2.368,4
Other reserves	-108,3	-71,1	3,5
Retained earnings	-1.495,8	-2.082,7	-4.053,8
Loss for the year	-587,4	-1.971,4	-142,9
Cumulative translation reserve	79,4	163,1	224,2
Total equity	541,7	-1.308,2	-1.315,2
Retirement benefit obligations	22,0	16,7	14,6
Financial liabilities	6.185,9	6.155,6	-
Other financial liabilities	145,4	113,9	3,0
Other payables	99,4		
Total non-current liabilities	6.452,7	6.286,2	17,6
Provisions	36,6	19,4	77,5
Financial liabilities	98,1	97,3	6.307,3
Other financial liabilities	22,1	14,3	1,9
Interest rate derivatives	140,4	101,3	-
Trade payables	76,5	162,3	143,7
Other payables	19,9	16,9	16,9
Total current liabilities	393,5	411,4	6.547,3
Total equity and liabilities	7.388,0	5.389,3	5.249,8

Tabelle 15-13: Bilanzen

Mio. £	2004	2005	2006
Revenue	538,1	541,5	567,6
Operating expenses	-145,6	-144,3	149,5
Employee benefit expense	-105,3	-97,8	83,1
Depreciation	-159,4	-146,6	115,3
Trading profit	127,8	152,7	219,8
Impairment of property, plant and equipment	-335,8	-1.750,0	-
Other operating income and expenses	-47,5	-27,7	4,8
Operating profit/loss	-255,5	-1.625,0	224,6
Income from cash and cash equivalents	-5,4	5,4	3,7
Cost of servicing debt gross	-341,6	-339,6	-336,8
Net cost of financing and debt service	-336,3	-334,2	-333,0
Other financial income and charges	-4,3	-12,2	-34,3
Income tax expense	0,02	-0,03	0,2
Loss for the year	-587,4	-1.971,4	-142,9

Tabelle 15-14: Gewinn- und Verlustrechnung

Mio. £	2004	2005	2006
Loss for the year	-587,4	-1.971,4	-142,9
Income tax expense	0,02	0,03	0,2
Other financial charges and income	-4,3	12,2	34,3
Net cost of financing and debt service	336,3	334,2	333,0
Other operating expenses	47,5	27,7	-4,8
Impairment of property, plant and equipment	335,8	1.750,0	-
Depreciation	159,4	146,6	115,3
Trading profit before depreciation	287,3	299,3	335,0
Exchange adjustment	4,1	0,6	-2,7
Decrease in inventories	1,5	1,4	0,7
Increase/decrease in trade and other receivables	6,5	-5,5	-7,3
Decrease in trade and other payables	-6,9	-16,4	17,0
Net cash inflow from trading	292,5	279,4	342,8
Other operating cash flows	-13,8	-47,5	-24,8
Taxation	-0,02	-0,03	-0,1
Net cash inflow from operating activities	278,6	231,9	317,9
Payments to acquire property, plant and equipment	-33,0	-27,5	-12,7
Sale of property, plant and equipment	4,9	11,4	3,3
Net cash outflow from investing activities	-28,1	-16,0	-9,3
Interest received on cash and cash equivalents	4,4	5,7	3,5
Interest paid on bank debt	-249,0	-230,7	-198,0
Interest paid on hedging instruments	-40,3	-56,5	-45,2
Interest received on hedging instruments	4,3	8,6	-
Other interest paid	-0,6	-0,3	0,1
Debt repayments	-0,7	-2,8	-2,0
Net cash outflow from financing activities	-282,0	-275,9	-237,4
Decrease in cash in the year	-31,4	-60,0	71,2

Tabelle 15-15: Cashflow Statement

Anhang 3: Entwicklung des Fremdkapitals von 1998 bis 2006

Mio. €	1988	1989	1990	1991	1992	1993	1994	1995	1996	1997
Loan Notes										
Equity Notes										
Participating Loan Notes										8,4
Stabilisation Notes										
Total Loan Note Prinicipal	0,0	0,0	0,0	0,0	0,0	0,0	0,0	0,0	0,0	8,4
Bank Loans										
EDL, Senior and 4th Tranche Debt										
Tier 1A Debt										
Junior Debt										
Resettable Advances										
Total Bank Loan Prinicpal	174,6	1.061,3	2.339,7	3.487,8	5.387,6	6.936,1	7.857,5	8.579,8	7.915,4	7.544,6
Unpaid Interest								307,6	735,1	1.171,7
Stabilisation Advances										
Deferred Interest Account										
Total Loans	174,6	1.061,3	2.339,7	3.487,8	5.387,6	6.936,1	7.857,5	8.887,4	8.650,5	8.716,2
Accrued Interest	1,8	24,5	54,4	64,0	115,5	125,5	156,0		138,6	157,3
Loan Notes										
Loans										
Overdrafts	0,4	0,7	1,9	0,7	1,4	2,8	2,2	4,2	2,1	2,3
Total	176,8	1.086,5	2.396,0	3.552,5	5.504,5	7.064,3	8.015,7	8.891,6	8.791,2	8.884,2

Tabelle 15-16: Fremdkapital

Mio. €	1998	1999	2000	2001	2002	2003	2004	2005	2006
Loan Notes									
Equity Notes	935,7	621,9	623,0	615,5	252,4				
Participating Loan Notes	1.127,1	820,8	822,3	812,4	839,2	873,8	874,1	861,4	852,6
Stabilisation Notes					0,1	76,9	161,4	538,5	554,8
Total Loan Note Prinicipal	2.062,7	1.442,7	1.445,3	1.427,9	1.091,6	950,6	1.035,5	1.399,9	1.407,4
Bank Loans								91,9	81,6
EDL, Senior and 4th Tranche Debt	374,4	352,3	352,9	348,9	359,8	374,0	374,1	366,2	360,7
Tier 1A Debt					740,0	740,0	740,0	728,4	740,0
Junior Debt	3.639,9	3.397,2	3.404,0	3.352,3	3.126,9	3.264,7	3.264,0	3.203,5	3.175,7
Resettable Advances	1.414,0	1.130,4	1.129,6	1.114,9	550,7	479,1	473,0	461,5	458,0
Total Bank Loan Prinicpal	5.428,3	4.879,8	4.886,5	4.816,0	4.777,5	4.857,8	4.851,1	4.759,6	4.734,4
Unpaid Interest	477,8	508,4	575,4	653,4	495,9	431,5	368,9		73,0
Stabilisation Advances	403,8	431,6	470,7	522,5	344,2	352,2	368,9		
Deferred Interest Account	74,0	76,9	104,7	130,9	151,6	79,3			
Total Loans	5.906,1	5.388,3	5.461,9	5.469,4	5.273,4	5.289,3	5.220,1	4.759,6	4.807,4
Accrued Interest	158,7	136,3	138,9	136,3	127,6	124,9	98,1	93,4	92,5
Loan Notes	20,0	13,4	13,4	13,2	6,3	6,5	1,5	1,5	10,7
Loans	138,8	122,9	125,4	123,1	121,3	118,4	96,6	91,9	81,6
Overdrafts	2,5	1,3	0,6	0,0	0,0			0,0	0,2
Total	8.130,1	6.968,5	7.046,7	7.033,7	6.492,7	6.364,9	6.353,6	6.252,9	6.307,5

Tabelle 15-17: Fremdkapital (Forts.)

Anhang 4: Struktur der Groupe Eurotunnel nach Restrukturierung

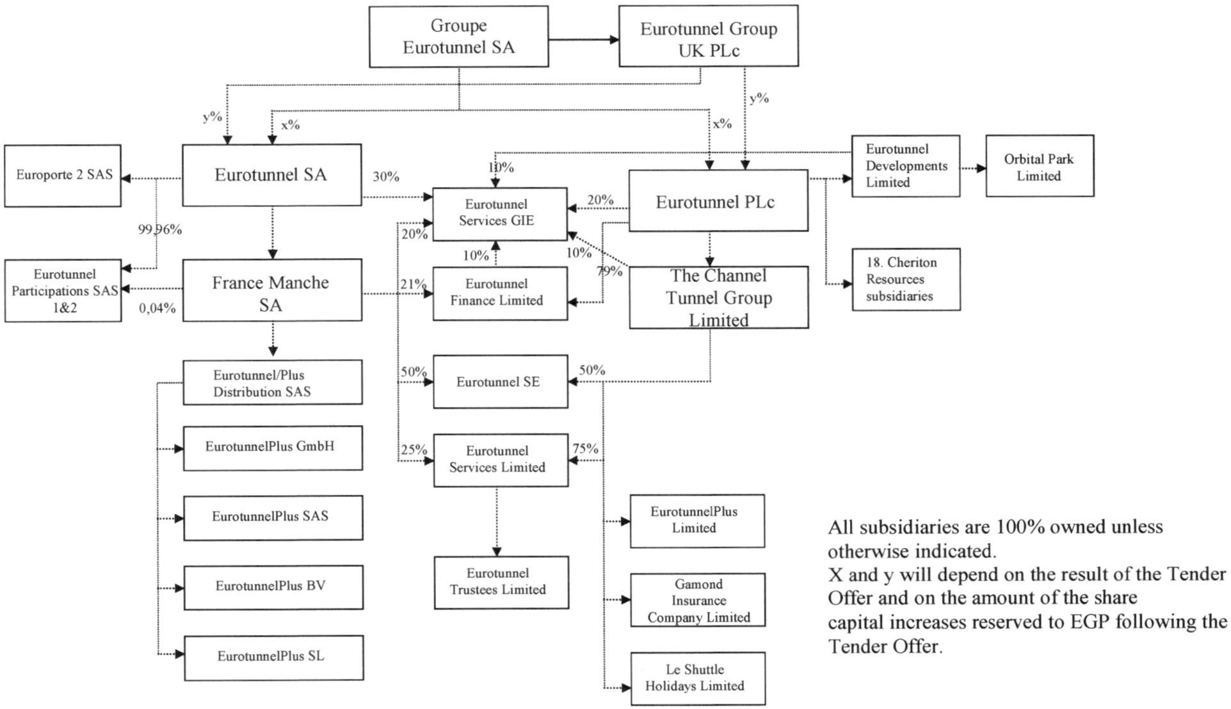

Abbildung 15-3: Struktur der Groupe Eurotunnel nach Restrukturierung

15.10 Literatur

Esty, B. C. (2004): Why Study Large Projects? An Introduction to Research on Project Finance. In: European Financial Management, Vol. 10, S. 213-224.

Eurotunnel (1987): Offer for Sale Prospectus.

Eurotunnel (1990): Rights Issue Prospectus.

Eurotunnel (1994): Rights Issue Prospectus.

Eurotunnel (1997): Annual Accounts.

Eurotunnel (2002): Redemption of Equity Notes Prospectus.

Eurotunnel (2004): Comptes Annuels/Annual Accounts.

Eurotunnel (2005): Presentation Annual General Meetings Eurotunnel EPLC and ESA.

Eurotunnel (2006): Proposed Safeguard Plan for the Eurotunnel Group Companies.

Eurotunnel (2007a): Registration Document.

Eurotunnel (2007b): 2006 Comptes Annuels - Annual Accounts.

Eurotunnel (2007c): Offer Document.

Eurotunnel PLC/Eurotunnel SA (1997): Financial Restructuring Proposals.

Eurotunnel PLC/Eurotunnel SA (1999): Rights Issue Prospectus.

Fitch Ratings (2005): Eurotunnel and Related FLF1 & FLF2 Debt Vehicles – How Far Under Water Are They?

Her Majesty´s Stationery Office (1986a): Treaty between the United Kingdom of Great Britain and Northern Ireland and the French Republic concerning the Construction and Operation by Private Concessionaires of a Channel Fixed Link with Exchange of Notes, Cmnd. 9745, London.

Her Majesty´s Stationery Office (1986b): The Secretary of State for Transport/Le Ministre de l'Urbanisme, du Logement et des Transports/The Channel Tunnel Group Limited/France-Manche SA: Concession Agreement; Cmnd. 9769, London.

Nevitte, P. K./Fabozzi, F. J. (2000): Project Financing, 7th ed.

Artikel aus nationalen und internationalen Tageszeitungen, die herangezogen wurden, werden hier nicht aufgeführt.

16. Eurotunnel: Restrukturierung 2007 – Lösungsvorschlag

16.1 Unternehmenswert bei Eigenfinanzierung

Zunächst ist die „Verhandlungsmasse“, d. h. der Wert von Eurotunnel zum Jahresende 2006 zu ermitteln. Dazu greifen wir auf die veröffentlichte Cashflow-Prognose für die Jahre 2007 bis 2009 zurück. Für die Folgejahre verwenden wir für unsere Lösungsskizze vereinfachend historische Durchschnittswerte der zentralen Cashflow-Treiber. Die Entwicklung des Shuttle- und Rail-Umsatzes folge dem geometrischen Mittel der für den Zeitraum 1999 bis 2006 beobachteten jährlichen Wachstumsraten, also der sog. Compounded Average Growth Rate (CAGR). Die Daten früherer Jahre berücksichtigen wir nicht, da der im Jahr 1996 aufgetretene Brand die Umsätze der Jahre 1996 und 1997 deutlich beeinträchtigt hat und 1995 das erste Jahr mit durchgehendem Tunnelbetrieb war. Wir unterstellen demnach ab dem Jahr 2010 ein Wachstum des Shuttleumsatzes um jährlich 2,3 %; die Wachstumsrate im Rail-Geschäft betrage 1,54 %. Den Umsatz aus den relativ unbedeutenden Nebenaktivitäten halten wir vereinfachend konstant. Eine Differenzierung nach Real- und Wachstumsraten und damit eine explizite Berücksichtigung der Inflationsrate kann nützlich sein. Ebenso sind auf das GDP rekurrierende Wachstumsraten denkbar. Im Abschnitt 16.2.6 illustrieren wir aber die Abhängigkeit unserer Ergebnisse von den unterstellten Wachstumsraten im Rahmen einer Sensitivitätsanalyse. Wir gehen davon aus, dass die Kapazität unter Berücksichtigung künftiger Investitionen die wachstumsbedingt immer intensivere Nutzung des Tunnels zulässt. Für unsere Lösungsskizze setzen wir die jährlichen Investitionsauszahlungen auf – ebenfalls durch Vergangenheitsanalyse ermittelte – 7,3 % der Umsatzerlöse. Diese Annahme und der Rückgriff auf das Ende 2006 bilanzierte Sachanlagevermögen determinieren den Abschreibungsbedarf über die Gesamtlaufzeit. Wir unterstellen vereinfachend, dass dieser linear über die Gesamtlaufzeit abgeschrieben wird. Die operativen Auszahlungen, einschließlich der Employee Benefit Expenses, schätzen wir auf 46 % der Umsatzerlöse – das ist wiederum der Mittelwert der Jahre 1996 bis 2006 – und multiplizieren die Umsätze jedes Jahres ab 2009 mit dieser Quote. Als Unternehmensteuersatz verwenden wir 31,5 %, den Durchschnitt des französischen und des britischen Satzes. Ab 2053 kommt die Abgabenquote von 59 % zur Anwendung. Am Ende des Jahres 2006 beträgt der steuerliche Verlustvortrag 4,931 Mrd. €. Die geforderte Rendite bei Eigenfinanzierung setzt Eurotunnel auf 7,1 %.

Mio. €	2006	2007	2008	2009	2010	2015	2020	2030	2040	2050	2060	2070	2080	2086
Shuttle		477	486	495	507	569	639	805	1.015	1.279	1.612	2.031	2.560	2.941
Rail		253	260	276	280	302	326	380	443	516	601	701	816	895
Ancillary		6	6	6	6	6	6	6	6	6	6	6	6	6
Revenues		736	752	777	793	877	971	1.191	1.464	1.801	2.219	2.738	3.382	3.841
Operating costs		366	377	382	365	404	447	548	673	828	1.021	1.259	1.556	1.767
Depreciation		129	129	130	230	230	230	230	230	230	230	230	230	230
Operating profit		241	246	266	198	244	295	413	560	743	968	1.248	1.596	1.844
Taxes		0	0	0	0	0	0	-130	-177	-234	-571	-737	-942	-1.088
Tax loss carry forward	4.931	4.690	4.444	4.179	3980	2854	1485	0	0	0	0	0	0	0
NOPAT		241	246	266	198	244	295	283	384	509	397	512	654	756
Depreciation		129	129	130	230	230	230	230	230	230	230	230	230	230
Δ NWC		0	0	0	0	0	0	0	0	0	0	0	0	0
Net operating cash flow		370	375	395	428	474	524	513	614	739	627	742	884	986
Capital expenditures		38	49	39	58	64	71	87	107	131	162	200	247	280
Cashflow bei Eigenfinanzierung		332	326	357	370	410	454	426	507	607	465	542	638	706

Tabelle 16-1: Cashflows bei Eigenfinanzierung

Ergebnis ist ein Unternehmenswert bei unterstellter Eigenfinanzierung von 5,867 Mrd. €. Dieser Wert liegt deutlich unter dem in Anspruch genommenen Fremdkapitalvolumen i. H. v. rund 9 Mrd. €, aber zugleich deutlich über dem genannten Liquidationswert von 1,3 Mrd. €: Die Fortführung ist zwar auch aus Sicht der Gläubiger vorteilhaft, bei vertragskonformer Bedienung des Fremdkapitalvolumens vor Restrukturierung aber unmöglich; Zugeständnisse der Gläubiger sind notwendig und aufgrund des niedrigen Liquidationswertes auch wahrscheinlich.

16.2 Fremdfinanzierung

16.2.1 Kapitaldienst vor Restrukturierung

Der Sachverhalt liefert die für die Aufstellung der Zins- und Tilgungspläne notwendigen Daten. Wir differenzieren zwischen dem Kapitaldienst vor (vgl. Tabelle 16-2 und Tabelle 16-3) und nach Restrukturierung (vgl. Tabelle 16-4). Die für die Zinsbelastung im Ausgangsfall notwendigen Referenzzinssätze können stichtagsgenau (Ende September 2006) aus Datenbanken entnommen werden. Wir verwenden den 3 Monats-EURIBOR und den 3 Monats-LIBOR auf Pfund-Basis, um die Verzinsung des variabel verzinslichen Teils der Senior Debt und der 4th Tranche Debt sowie der Tier 1, Tier 2, Tier 3 und der Stabilisation Notes berechnen zu können. Sofern uns keine Information über die Währung der Zinszahlung einer Kreditlinie vorliegt, setzen wir den Mittelwert aus EURIBOR und LIBOR ein. Die Rendite langfristiger Staatsanleihen, die wir für die Ermittlung der Zinslast auf die Resettable Bonds benötigen, setzen wir dem Durchschnitt der Renditen auf dreißigjährige französische und britische Staatsanleihen gleich. Wir unterstellen, dass die Stichtagsrenditen über die Laufzeit konstant bleiben. Die Participating Loan Notes sind mit einer Cashflow-Beteiligung ausgestaltet. Wir interpretieren dabei den Net Free Cashflow nach Kapitaldienst als den Cashflow bei Eigenfinanzierung nach (allen anderen) Zinsen und Tilgungen erhöht um den Unternehmensteuervorteil der Fremdfinanzierung; letzterer ist noch zu diskutieren. Für die Jahre 2028 bis 2039 erhalten wir dann eine Cashflow-Beteiligung von durchschnittlich etwa 100 Mio. €. Wir unterstellen dabei, dass das Unternehmen dann noch besteht. Dass dies keineswegs selbstverständlich ist, hat bereits der Vergleich des Unternehmenswerts bei Eigenfinanzierung mit dem Fremdkapitalbestand vor Restrukturierung gezeigt. Darauf wird unten noch zurückzukommen sein. Sofern explizite Angaben zum Tilgungsverlauf fehlen, gehen wir von gleichbleibend hohen Tilgungsraten aus. Die Angaben im Sachverhalt lassen zwar monatsgenaue Tilgungspläne zu, unsere nachstehend in Tabelle 16-3 dokumentierte Lösungsskizze basiert aber vereinfachend auf Jahresintervallen.

Mio. €	2006	2007	2008	2012	2018	2019
Senior Debt						
Tranche 1: Variabler Zins	298	298	298	0		
Zinsaufwand	5,244%	16	16	4		
Tilgung		0	0	75		
Tranche 2: Festverzinslich	48	48	48	0		
Zinsaufwand	8,525%	4	4	1		
Tilgung		0	0	12		
Total Senior Debt	347	347	347	0		
Zinsaufwand		20	20	5		
Tilgung		0	0	87		
Fourth Tranche Debt						
Tranche 1: Variabler Zins	117	117	117	117	117	0
Zinsaufwand	5,244%	6	6	6	6	6
Tilgung						117
Tranche 2: Festverzinslich	69	63	57	34	0	
Zinsaufwand	9,948%	7	6	4	1	
Tilgung		6	5,7	5,7	5,7	
Total Fourth Tranche Debt	186	180	175	152	117	0
Zinsaufwand		13,0	12,4	10,1	6,7	6,1
Tilgung		5,7	5,7	5,7	5,7	117

Tabelle 16-2: Kapitaldienst vor Restrukturierung

16.2.2 Kapitaldienst nach Restrukturierung

Den Informationen des Sachverhalts folgend können nun die Zins- und Tilgungsverpflichtungen gem. Safeguard Plan berechnet werden. Der Kapitaldienst auf den Term Loan ist nach Tranchen zu differenzieren. In unserer Skizze (Tabelle 16-4) greifen wir auf den gewichteten durchschnittlichen Verschuldungszinssatz von 6,14 % zurück. Eine detailliertere Betrachtung ist möglich. Wir unterstellen weiter eine Tilgung in gleich hohen Raten. Bei planmäßigem Verlauf ist die letzte Tilgung im Jahr 2056 fällig. Wir nehmen an, dass die Notes NRS II nicht durch Barzahlung zurückgezahlt werden, sondern nach drei Jahren ohne Zuzahlung der Notes-Inhaber in Stammaktien umgetauscht werden. Die höchsten fremdfinanzierungsbedingten Zahlungsbelastungen fallen in den ersten Jahren mit rund 340 Mio. € an. Diese übersteigen die oben ermittelten Cashflows bei Eigenfinanzierung etwas. Man darf wohl annehmen, dass die – möglicherweise lediglich annahmenbedingte – Unterdeckung durch Rückgriff auf vorhandene liquide Mittel ausgeglichen wird.

Mio. €	2006	2007	2008	2012	2018	2019	2025	2026	2027	2040	2050
Tier 1A	1.085										
Tranche 1 & 2	909	909	909	909	909	909	909	455	0		
Zinsaufwand	6,645%	60,4	60,4	60,4	60,4	60,4	60,4	60,4	30,2		
Tilgung								454,6	454,6		
Tranche 3	176	176	176	176	176	176	0				
Zinsaufwand	8,160%	14,4	14,4	14,4	14,4	14,4	14,4				
Tilgung							176,0				
Tier 1	792	750	708	542	292	250	0				
Zinsaufwand	5,494%	43,5	41,2	32,0	18,3	16,0	2,3				
Tilgung		41,7	41,7	41,7	41,7	41,7	41,7				
Tier 2	1.306	1.237	1.169	894	481	412	0				
Zinsaufwand	5,494%	71,8	68,0	52,9	30,2	26,4	3,8				
Tilgung		68,7	68,7	68,7	68,7	68,7	68,7				
Tier 3	2.599	2.462	2.325	1.778	957	821	0				
Zinsaufwand	5,494%	142,8	135,3	105,2	60,1	52,6	7,5				
Tilgung		136,8	136,8	136,8	136,8	136,8	136,8				
Resettable Bonds	678	678	678	678	678	678	678	678	678	678	0
Zinsaufwand	5,538%	37,6	37,6	37,6	37,6	37,6	37,6	37,6	37,6	37,6	37,6
Tilgung											678,4

Tabelle 16-3: Kapitaldienst vor Restrukturierung

Mio. €	2006	2007	2008	2012	2018	2019	2025	2026	2027	2040	2050
Participating Loan Notes	1.260	1.260	1.260	1.260	1.260	1.260	1.260	1.260	1.260	0	
Zinsaufwand	1,000%	12,6	12,6	12,6	12,6	12,6	12,6	12,6	12,6	12,6	
Cashflow-Anteil		0,0	0,0	0,0	0,0	0,0	0,0	0,0	0,0	0,0	
Tilgung										1.260	
Stabilisation Notes	820	820	820	820	729	638	91	0			
Zinsaufwand	5,494%	45,0	45,0	45,0	45,0	40,0	10,0	5,0			
Tilgung					91,1	91,1	91,1	91,1			
Gesamtes Fremdkapital	9.073	8.820	8.567	7.208	5.600	5.144	2.939	2.393	1.938	678	0
Zinsaufwand		461	447	375	285	266	149	116	80	50	38
Tilgung		253	253	340	344	455	514	546	455	1.260	678

Tabelle 16-3: Kapitaldienst vor Restrukturierung (Forts.)

Mio. €	2006	2007	2008	2009	2010	2011	2012	2016	2017	2040	2041	2055	2056
Term Loan	4.164	4.164	4.164	4.164	4.164	4.164	4.120	3.946	3.814	787	655	44	0
Tranche A+B	2.199	2.199	2.199	2.199	2.199	2.199	2.199	2.199	2.111	88	0	0	0
Tilgung	0	0	0	0	0	0	0	0	88	88	88		
Zinsaufwand	6,14%	135	135	135	135	135	135	135	135	11	5	0	0
Tranche C	1.965	1.965	1.965	1.965	1.965	1.965	1.921	1.747	1.703	699	655	44	0
Tilgung	0	0	0	0	0	0	44	44	44	44	44	44	44
Zinsaufwand	6,14%	121	121	121	121	121	121	110	107	46	43	5	3
NRS I	716	477	239										
Zinsaufwand	3%	21	14	7	0	0	0						
NRS II	1.154	1.154	1.154	0									
Zinsaufwand	6%	69	69	69									
Summe Zinsaufwand auf NRS		91	84	76	0	0	0						
Summe Tilgung		0	0	0	0	0	44	44	132	132	132	44	44
Summe Zinsaufwand		346	339	332	256	256	256	245	242	56	48	5	3

Tabelle 16-4: Kapitaldienst gem. Safeguard Plan (vereinfacht)

16.2.3 Steuereffekte der Fremdfinanzierung

Eine Diskussion fremdfinanzierungsbedingter Zahlungswirkungen muss immer auch die Steuereffekte der Fremdfinanzierung beinhalten. Einkommensteuereffekte blenden wir nicht zuletzt aufgrund des komplexitätserhöhenden binationalen Projektcharakters aus und konzentrieren uns auf Unternehmensteuereffekte. Da der aufgrund der verlustreichen Vergangenheit beträchtliche steuerliche Verlustvortrag in Verbindung mit auch nach Restrukturierung zunächst nicht üppigen Gewinnen Steuerzahlungen auf Jahre ausschließt, fallen auch Steuereffekte erst mit großer zeitlicher Verzögerung an. Dies senkt deren Beitrag zum Unternehmenswert. Zweckmäßig zur Berechnung der Steuervorteile ist eine Gegenüberstellung der Unternehmensteuer bei Eigen- und Fremdfinanzierung. Die resultierende Differenz ist der durch den Zinsaufwand verursachte Steuereffekt eines Jahres. Wir greifen sowohl für den eigen- als auch den fremdfinanzierten Fall auf den gleichen Anfangsbestand des Verlustvortrags zurück.[1] Es ist wiederum zwischen der Fremdfinanzierung vor und nach Restrukturierung zu differenzieren. Der jeweilige, in den beiden vorangegangenen Abschnitten entwickelte Zinszahlungs- und Tilgungsverlauf ist bei der Berechnung der Unternehmensteuerlast bei anteiliger Fremdfinanzierung zu beachten. Die Ergebnisse unseres Ansatzes enthält Tabelle 16-5. Der Zinsaufwand senkt die unternehmensteuerliche Bemessungsgrundlage und erhöht den Verlustvortrag. Die erste Steuerzahlung wird bei beiden Fremdfinanzierungsvarianten erst Jahre nach dem Beginn der Steuerzahlung bei Eigenfinanzierung fällig. Die steuerlichen Verluste ohne Restrukturierung des Fremdkapitals (und damit ohne Reduktion des Zinsaufwands) sind deutlich größer als die nach Restrukturierung.

16.2.4 Gegenüberstellung

Abbildung 16-1 verdeutlicht, dass der Kapitaldienst auf die bis September 2006 aufgelaufenen Schulden nicht erbracht werden kann: Der Cashflow bei Eigenfinanzierung deckt den vertraglichen Kapitaldienst vor Restrukturierung abzüglich des Steuervorteils auf Jahrzehnte nicht. Der Kapitaldienst nach Sanierung hingegen kann auf Basis unserer (annahmengestützten) Cashflow-Schätzung geleistet werden.

Abschließend einige Anmerkungen zum Verlauf der Datenreihen:

- Der Cashflow-Verlauf weist zwei „Klippen“ auf; die erste ist bedingt durch den Beginn der Unternehmensteuerzahlungen nach Abbau des Verlustvortrags; die Erhöhung der Steuer- bzw. Abgabenlast auf 59 % verursacht den zweiten Knick.
- Der Kapitaldienst vor Restrukturierung ist aufgrund von geplanten Tilgungen in einigen Jahren sehr hoch. Man darf vermuten, dass in diesen Jahren u. U. eine Refinanzierung notwendig ist.
- Dafür dass 2041 und 2042 negative Werte bei den finanzierungsbedingten Zahlungswirkungen vor Restrukturierung auftreten, ist der Steuereffekt verantwortlich, da in diesen Jahren bei Fremdfinanzierung noch ein Verlustvortrag vorliegt,

[1] Dies ist vereinfachend, da auch in den Vorperioden der Zinsaufwand zu einer unterschiedlichen Entwicklung des Verlustvortrags bei Eigen- und Fremdfinanzierung führt. Vgl. zur Behandlung von Verlustvorträgen in der Unternehmensbewertung auch Drukarczyk J./Schüler A. (2007), Kapitel 9.

Mio. €	2006	2007	2008	2009	2010	2020	2025	2035	2039	2040	2050	2056	2057
Unternehmensteuer bei Eigenfinanzierung		0	0	0	0	0	-49	-152	-171	-177	-234	-515	-528
Vor Restukturierung													
Operativer Gewinn nach Zinsen		-220	-201	-167	-215	53	202	334	388	510	705	872	895
Unternehmensteuer		0	0	0	0	0	0	0	0	0	-222	-515	-528
Steuerlicher Verlustvortrag	4.931	5.151	5.351	5.518	5.733	6.439	5.741	2.868	1.400	890	0	0	0
Fremdfinanzierungsbedingte Unternehmensteuerdifferenz (Periodischer Steuervorteil vor Restrukturierung)		0	0	0	0	0	49	152	172	177	12	0	0
Nach Restrukturierung													
Operativer Gewinn nach Zinsen		-105	-93	-67	-57	77	173	386	480	504	724	869	895
Unternehmensteuer		0	0	0	0	0	0	0	-45	-159	-228	-513	-528
Steuerlicher Verlustvortrag	4.931	5.036	5.130	5.196	5.253	5.185	4.515	1.634	0	0	0	0	0
Fremdfinanzierungsbedingte Unternehmensteuerdifferenz (Periodischer Steuervorteil nach Restrukturierung)		0	0	0	0	0	49	152	126	18	6	2	0

Tabelle 16-5: Steuervorteile bei Fremdfinanzierung gem. Safeguard Plan

der Steuerzahlungen verhindert, bei Eigenfinanzierung hingegen bereits die volle Unternehmensteuer greift; Resultat ist ein sehr hoher Steuervorteil in diesen Jahren.

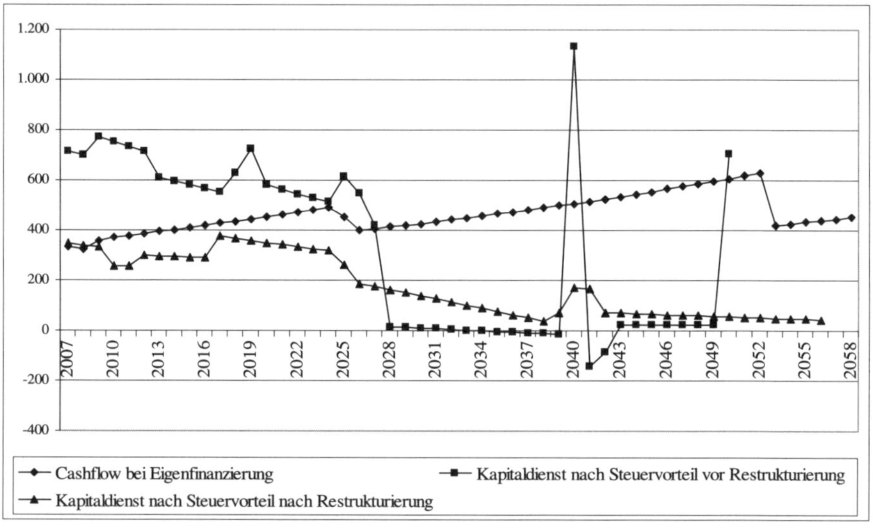

Abbildung 16-1: Cashflow vs. Kapitaldienst

16.2.5 Wert des Eigenkapitals

Wir folgen dem APV-Ansatz und addieren zum oben berechneten Unternehmenswert bei Eigenfinanzierung den Barwert der fremdfinanzierungsbedingten Steuereffekte. Da die periodischen Steuereffekte nicht risikolos sind, sind sie mit einem um eine Risikoprämie erhöhten Kapitalkostensatz zu diskontieren. An anderer Stelle haben wir uns mit der Ableitung einer entsprechenden Risikoprämie explizit beschäftigt. Für eine indikative Lösung soll ein pragmatisches Vorgehen genügen; Ruback folgend verwenden wir zur Diskontierung die geforderte Rendite bei Eigenfinanzierung.[2] Die resultierenden Barwerte sind vor dem Hintergrund des Fremdkapitalvolumens und des verwendeten Steuersystems – ein einfaches Gewinnsteuersystem führt c. p. zu einem periodischen Effekt von $s_U i_V F_{t-1}$ und bei ewiger Rente und konstantem Fremdkapitalbestand zu einem Barwert von $s_U F$ – auf den ersten Blick klein: Nimmt man mutig an, dass die Steuervorteile ohne Restrukturierung realisiert werden könnten, würde deren Barwert 386 Mio. € betragen. Nach Restrukturierung erhalten wir einen Barwert von 341 Mio. €. Der Wert des Eigenkapitals beträgt also:[3]

---

2 Vgl. Drukarczyk J./Schüler A. (2007), Kapitel 9.IV; Ruback R. S. (2002).

3 Darüber hinaus verfügt das Unternehmen laut Jahresabschluss 2006 über liquide Mittel i. H. v. 102 Mio. €.

Vor Restrukturierung:

$$V^E + V^{St} - F = 5.867 + 386 - 9.073 = V^F - F = 6.253 - 9.073 = -2.820$$

Nach Restrukturierung:

$$V^E + V^{St} - F = 5.867 + 341 - \underbrace{4.164}_{\text{Nominalwert Term Loan}} - \underbrace{232}_{\text{Barwert Zinsen auf NRS}}$$
$$= V^F - F = 6.208 - 4.396 = 1.812$$

Die Unternehmensgesamtwerte bei Fremdfinanzierung (V^F) liegen deutlich über dem Liquidationswert. Nach Gegenüberstellung mit dem Fremdkapital vor Restrukturierung folgt dann ganz unmißverständlich, dass die Restrukturierung notwendig ist. Es folgt auch, dass die Altgläubiger dem Fortführungsversuch zustimmen müßten. Der Wert des Eigenkapitals nach Restrukturierung entspricht nach dieser Schätzung in etwa dem Nominalwert der NRS; die Notes sind also gerade noch werthaltig.

16.2.6 Sensitivitätsanalyse

In Abbildung 16-2 haben wir die Ergebnisse einer Sensitivitätsanalyse zusammengefasst. Variiert werden die Wachstumsrate des Shuttlegeschäfts und die operativen Kosten in Prozent der Umsatzerlöse. Zudem haben wir die Wachstumsrate des Rail-Geschäfts mit der des Shuttleumsatzes fest verknüpft. Dazu haben wir für jede Variante des Shuttlewachstums auf folgenden Quotienten des Ausgangsfalls zurückgegriffen, um die Wachstumsrate des Rail-Bereichs zu bestimmen:

$$\frac{1 + g_{Rail}}{1 + g_{Shuttle}} = \frac{1{,}0154}{1{,}023} = 0{,}992$$

Abgebildet sind die Ergebnisse (einschließlich der liquiden Mittel i. H. v. 102 Mio. €) für nicht allzu realitätsferne Intervalle der Wachstumsraten und Kostenquoten. Der Ausgangsfall unterstellt einen Wachstumsmultiplikator von 1,023 und eine Kostenquote von 46 %. Der resultierende Eigenkapitalwert (1.914 Mio. €) liegt damit an der oberen Grenze des Bereichs [1000; 2.000 Mio. €]. Diese Begrenzung könnte man auch als Iso-Eigenkapitalwert-Linie für E = 2.000 bezeichnen. In dem Schema lassen sich weitere interessierende Konstellationen lokalisieren.

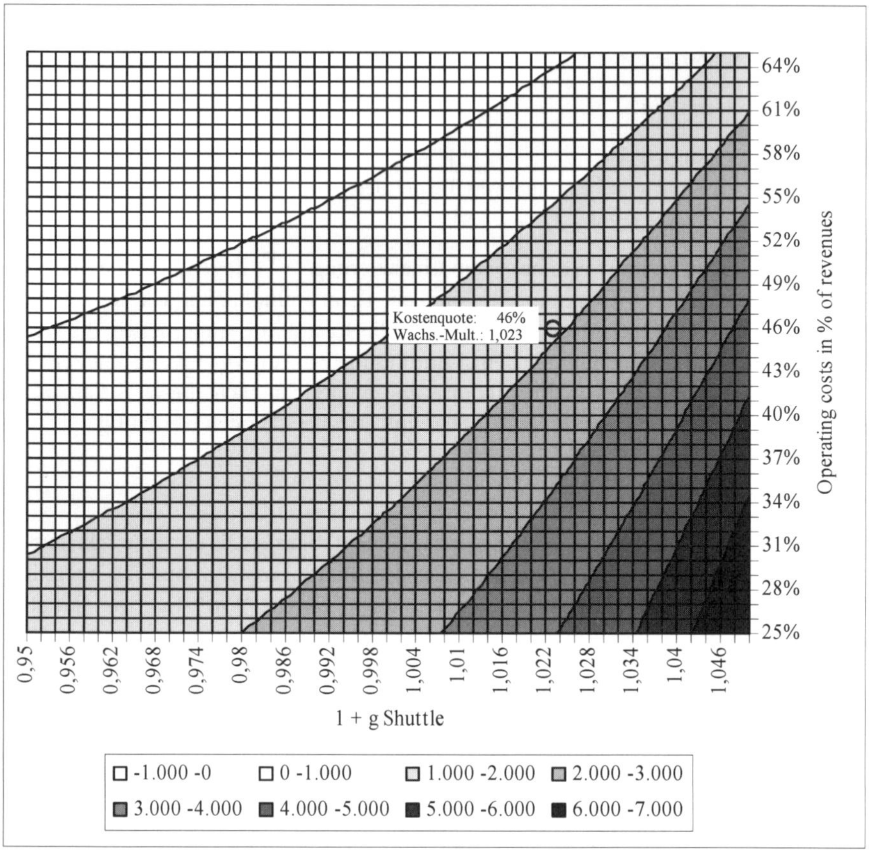

Abbildung 16-2: Wert des Eigenkapitals in Mio. € - Sensitivitätsanalyse

16.3 Literatur

Drukarczyk, J./Schüler, A. (2007): Unternehmensbewertung, 5. A., München.

Ruback, R. S. (2002): Capital Cash Flows: A Simple Approach to Valuing Risky Cash Flow. In: Financial Management, Vol. 32, S. 85-103.

Schüler, A. (2007a): Is there a Light at the End of the Eurotunnel? In: Journal of Finance Case Research, Vol. 9, S. 7-27.

Schüler, A. (2007b): Valuation of Companies in Financial Trouble: The Case of Eurotunnel. In: Journal of the Financial Services Institute of Australasia (JASSA), Issue 2, S. 32-40.

17. Philipp Holzmann AG

17.1 Überblick

Ab 1818 betrieb Johann Philipp Holzmann, damals 14 Jahre alt, nach dem Tod des Vaters zusammen mit seiner Mutter die familieneigene Mühle in Dreieichenhain nahe Frankfurt am Main. Nach Erweiterung des Familienbetriebs um ein Sägewerk expandierte das Unternehmen – anfänglich durch die Lieferung von Eisenbahnschwellen – in Partnerschaft mit der Firma Meyer & Lind. 1849 machte sich Johann Philipp Holzmann selbständig und gründete ein Bauunternehmen. Philipp Holzmann, ein Sohn des Firmengründers, trieb die Expansion des Unternehmens voran; zu Beginn des 20. Jahrhunderts war es zu einer international tätigen und im Baugeschäft diversifizierten Aktiengesellschaft herangewachsen. 1998 erwirtschaftete der inzwischen in die Geschäftsfelder Allgemeiner Bau, Tief- und Infrastrukturbau, Industriebau sowie Dienstleistungen untergliederte Konzern in über 600 „Konzernbausteinen" mit 33.884 Mitarbeiter eine Bauleistung von 12 Mrd. DM. Tabelle 17-1 illustriert die Unternehmensentwicklung anhand einiger Eckdaten.

150 Jahre nach Gründung, nur Monate nach den Jubiläumsfeierlichkeiten, informierte der Baukonzern Philipp Holzmann die Öffentlichkeit am 15.11.1999 mit einer Ad-hoc-Meldung („Philipp Holzmann stellt erweitertes Sanierungskonzept vor") über das Vorliegen der Überschuldung gem. § 19 InsO. Wenige Jahre zuvor war bereits eine finanzielle Restrukturierung größeren Umfangs notwendig gewesen, um den Fortbestand des Unternehmens zu sichern: Vermögensgegenstände wurden veräußert, Kredite restrukturiert, eine Wandelschuldverschreibung ausgegeben und das Eigenkapital erhöht. Die in der Ad-hoc-Meldung verkündete Überschuldung wurde mit einer „unvorhersehbar" hohen Belastung i. H. v. 2,4 Mrd. DM begründet. Unvorhersehbar war diese Entwicklung v. a. für die Öffentlichkeit, da man auf der Bilanzpressekonferenz im Mai 1999 verkündet hatte, dass die finanzielle Sanierung Ende 1998 abgeschlossen sei, und auf der Hauptversammlung Ende Juni 1999 von einer Ergebniswende (zum Guten) die Rede war sowie für 2001 eine Dividendenzahlung in Aussicht gestellt worden war. Wie Tabelle 17-10 im Anhang berichtet, konnte die Eröffnung eines Insolvenzverfahrens Ende 1999 gerade noch vermieden werden.

Auch beim seit Ende 1999 amtierenden Vorstandsvorsitzenden Konrad Hinrichs gewann der Optimismus schnell die Oberhand: In einer Rede im Mai 2000 vor dem Wirtschaftspresse-Club Stuttgart stellte er für das laufende Geschäftsjahr ein ausgeglichenes Ergebnis im inländischen Kerngeschäft, für das Folgejahr gar ein positives Ergebnis im dreistelligen Millionenbereich in Aussicht. Im Januar 2001 resümierte er in einem Interview mit der Börsenzeitung, dass die Sanierung geglückt sei. Im vorläufigen Bericht zum Geschäftsjahr 2000, der im April 2001 vorgelegt wurde, hieß es, dass in 2001 ein positives Konzernergebnis erreichbar sei.

Mio. DM	1987	1988	1989	1990	1991	1992	1993	1994	1995	1996	1997	1998	1999	2000	Q3/01
Leistung	7.872	9.283	11.003	12.472	12.465	13.090	14.094	14.192	14.415	12.054	12.083	12.506	9.044	7.872	9.283
Inland	51%	53%	59%	62%	66%	69%	69%	65%	62%	55%	46%	40%	42%	51%	53%
Ausland	49%	47%	41%	38%	34%	31%	31%	35%	38%	45%	54%	60%	58%	49%	47%
Jahresfehlbetrag/ Jahresüberschuss	147	17	51	91	106	120	-443	1	-768	-36	-2.706	-156	-243	147	17
Bilanzsumme	4.734	5.915	7.202	7.652	8.734	10.545	11.944	12.554	10.440	8.978	9.328	7.578	7.425	4.734	5.915
Eigenkapital	667	958	943	1.014	1.334	2.141	1.635	1.581	733	1.034	-1.640	247	21	667	958
in % der Bilanzsumme	14%	16%	13%	13%	15%	20%	14%	13%	7%	12%	-18%	3%	0,3%	14%	16%
Rückstellungen	1.275	1.403	1.459	1.701	2.092	2.088	2.291	2.329	2.586	1.657	2.473	2.118	1.877	1.275	1.403
in % der Bilanzsumme	27%	24%	20%	22%	24%	20%	19%	19%	25%	18%	27%	28%	25%	27%	24%
Verbindlichkeiten	2.768	3.532	4.744	4.921	5.294	6.296	7.989	8.638	7.117	6.285	6.854	5.212	5.485	2.768	3.532
in % der Bilanzsumme	58%	60%	66%	64%	61%	60%	67%	69%	68%	70%	73%	69%	74%	58%	60%
Anzahl Mitarbeiter (in Tsd.)	28,69	36,84	40,41	43,68	43,80	41,92	44,86	48,37	43,73	33,88	28,81	23,66	23,62	28,69	36,84
Dividende	23	31	31	34	43	59	0	0	0	0	0	0	0	23	31

Tabelle 17-1: Daten zur Unternehmensentwicklung

Ende 2001 findet sich im Bericht zum 3. Quartal 2001 die Aussage, dass im laufenden Jahr zwar ein Verlust von 124 Mio. € aufgetreten sei, man aber davon ausgehe, dass bis Jahresende der Vorjahresverlust (rund 80 Mio. €) unterschritten werde. In einer Ad-hoc-Meldung vom 07.03.2002 wurde diese Einschätzung korrigiert: „Der Jahresfehlbetrag im Philipp Holzmann Konzern wird nach derzeitigem Kenntnisstand im Jahr 2001 aufgrund unvorhersehbarer Sondereinflüsse deutlich höher ausfallen als zuletzt erwartet.“ Da die Banken zu keinem weiteren Sanierungsversuch mehr bereit waren, musste am 21.03.2002 ein Insolvenzantrag wegen Zahlungsunfähigkeit gem. § 17 InsO gestellt werden. Im Sommer 2007 war der Insolvenzverwalter Ottmar Hermann noch immer damit beschäftigt, die Reste des Konzerns zu liquidieren; der Geschäftsbetrieb des Unternehmens ist eingestellt. Gemäß dem Zwischenbericht der Philipp Holzmann AG i. I. zum 30.06.2006 sind im Verlauf des Insolvenzverfahrens bis dato von 8.883 Gläubigern Forderungen in Höhe von 4.755,8 Mio. € angemeldet worden. Davon sind 197,4 Mio. € geprüft und zur Insolvenztabelle festgestellt worden. Bestritten worden sind Forderungen im Wert von 1.057,2 Mio. €. Von Gläubigern zurückgenommen worden sind Forderungen im Umfang von 318,7 Mio. €. Angaben zum Wert der Aktiva in der Insolvenzmasse können nicht gemacht werden, weil die Verwertung des Vermögens noch nicht abgeschlossen ist. Das traditionsreiche Unternehmen, das Objekte mit klangvollen Namen wie die Alte Oper in Frankfurt a. M., den Elbtunnel in Hamburg, den Nord-Ostsee-Kanal, die Bagdad-Bahn, oder den Hindenburgdamm, der Sylt mit dem Festland verbindet, mit realisiert hat, existiert nicht mehr.

Die vorliegende Fallstudie bezieht sich auf die Situation am Ende des Jahres 1999. Untersucht werden sollen der Startpunkt und die Ursachen der Krise, ihre Konsequenzen für die Kapitalgeber – einen ersten Eindruck vermittelt der in Abbildung 17-1 gezeigte Aktienkursverlauf – und die Erfolgsaussichten des Sanierungsversuchs.

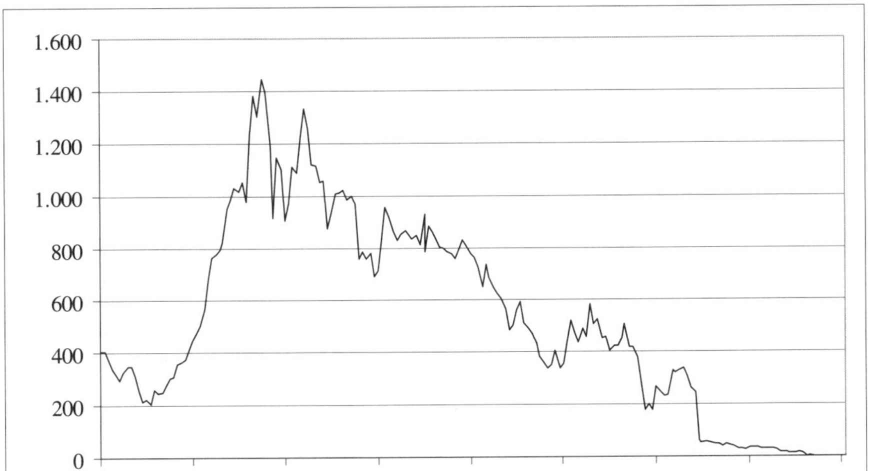

Abbildung 17-1: Kursverlauf Philipp Holzmann AG (in DM)

17.2 Finanzwirtschaftliche Analyse

17.2.1 Datenmaterial

Zur Analyse des Krisenverlaufs und zur Quantifizierung der Vermögenseinbußen der Kapitalgeber können die Jahresabschlussdaten herangezogen werden. Der aufmerksame Leser der Geschäftsberichte der Gesellschaft der Jahre nach 1995 kann auch ohne weitere Berechnungen erkennen, dass das Unternehmen ein breites Arsenal an Instrumenten einsetzte, um GuV-Ergebnisse und Liquiditätskennzahlen aufzufrischen: Sale-and-lease-back-Geschäfte, Hebung sog. stiller Reserven durch Veräußerung von Beteiligungen und Teilen des Geräteparks, Rückgängigmachen von Sonderabschreibungen etc.

Beispielhaft sei das Geschäftsjahr 1996 genauer betrachtet.[1] Wie seitens der Philipp Holzmann AG offen kommuniziert wurde, ist der Konzernjahresüberschuss von 1 Mio. DM bilanzpolitischen Maßnahmen im Umfang von knapp über 1 Mrd. DM zu verdanken. So heißt es auf S. 54 des Geschäftsberichts: „Im Berichtsjahr haben uns erneute Verluste in der Immobilien-Projektentwicklung, Sanierungsmaßnahmen bei unseren Tochtergesellschaften und konzernweite Restrukturierungskosten veranlasst, Bewertungswahlrechte neu auszuüben". Laut Auskunft des damaligen Finanzvorstands Rainer Klee aus dem Jahre 1997 setzt sich der ursprüngliche Fehlbetrag im Wesentlichen zusammen aus Verlusten im Projektgeschäft (474,7 Mio. DM), Abschreibungen auf Forderungen (288,1 Mio. DM), Abschreibungen auf Buchwerte von Tochterunternehmen (178,1 Mio. DM) und Restrukturierungskosten (15,6 Mio. DM). 405 Mio. DM des Verlusts werden durch folgende Aufwandsminderungen kompensiert:

- Erstmalige Einbeziehung von Verwaltungskosten in die aktivierten Herstellungskosten der als Vorräte auszuweisenden, noch nicht abgerechneten Bauvorhaben.
- Der Bestand an nicht abgerechneten Bauvorhaben wurde durch bereits ausgeführte, aber schriftlich noch nicht bestätigte Nachtragsarbeiten erhöht.
- In den Vorjahren vorgenommene Sonderabschreibungen gem. § 6b EStG wurden zurückgenommen und Sonderposten mit Rücklageanteil aufgelöst.

Weitere 667 Mio. DM werden „erzielt" durch Sondererträge wie

- den Verkauf von Geschäfts- und Wohnhäusern in Dresden, Bad Soden und Frankfurt a. M.,
- den Verkauf der Tochter Zenker Hausbau,
- den Verkauf von Wohnungen durch die Konzerntöchter Garten und Heim, Terrassen-Bau sowie Held & Franke Wohnungsbau-Gesellschaft (in Presseberichten ist von 4.500 Wohnungen die Rede) und
- Sale-and-lease-back-Geschäfte betreffend das Verwaltungsgebäude Taunusanlage und Teile des Geräteparks; Käufer und in der Folge Vermieter ist ein Unternehmen, an dem Holzmann zwar die Mehrheit der Anteile, nicht aber der Stimmrechte hält. In der Holzmann-Konzernbilanz wird dieses Unternehmen daher nicht konsolidiert.

---

1 Vgl. Küting, K. (1997a), (1997b); Ph. Holzmann (1997), Geschäftsbericht 1996, z. B. S. 3, 5, 10, 54.

Für das Geschäftsjahr 1997 (1998) sind Aufwandsminderungen i. H. v. 79,2 (90,7) Mio. DM und Erträge aus Verkäufen i. H. v. 545,1 (34,7) Mio. DM zu verzeichnen.[2] Die Konzernabschlüsse der Jahre 1987 bis 2000 nach diesen und ähnlichen bilanzpolitischen Maßnahmen enthält Anhang 2. Für das Geschäftsjahr 2001 liegt kein Jahresabschluss vor. Die letzten veröffentlichten GuV- und Bilanzdaten enthält der Bericht zum 3. Quartal 2001: Das Ergebnis der gewöhnlichen Geschäftstätigkeit beträgt -210 Mio. DM, der Zinsaufwand 60 Mio. DM und das Beteiligungsergebnis 16 Mio. DM.

Im folgenden Abschnitt skizzieren wir einige Instrumente zur finanzwirtschaftlichen Analyse dieser Daten.

17.2.2 Kennzahlen als Insolvenzindikatoren

Empirische Untersuchungen haben einige Methoden zur frühzeitigen Erkennung von Insolvenzgefahr auf Basis von Jahresabschlussinformationen etabliert. Dazu zählen die multivariate Diskriminanzanalyse und künstliche neuronale Netze. Altman hat in einem viel beachteten Beitrag von 1968 folgende Diskriminanzfunktion entwickelt:

$$Z = 1,2X_1 + 1,4X_2 + 3,3X_3 + 0,6X_4 + 0,999X_5$$

Mit X_1: Working capital/Total assets

X_2: Retained earnings/Total assets

X_3: EBIT/Total assets

X_4: Market value equity/Book value of total debt

X_5: Sales/Total assets

Unternehmen, deren Kennzahlausprägungen zu einem Z-Wert von unter 1,81 führen, werden als insolvenzgefährdet eingestuft.

Hauschildt/Leker/Clausen legen 1995 eine speziell für Bauunternehmen entwickelte Diskriminanzfunktion vor:

$$Z = 3,13 - 0,0091X_1 - 0,0354X_2 - 0,3416X_3$$

Mit X_1: Statischer Verschuldungsgrad
(100 · Fremdkapital/Gesamtkapital)

X_2: Vorratsintensität II
(100 · Vorräte minus fertige Erzeugnisse/Bauleistung)

X_3: Fremdkapitalzinslast
(100 · Zinsaufwand/Fremdkapital)

Ist der Z-Wert negativ, liegt Insolvenzgefahr vor.

Baetge/Jerschensky berichten über den Einsatz von künstlichen neuronalen Netzen zur Bonitätsanalyse auf Basis von Jahresabschlussdaten. Ein Vorteil des Verfahrens sei, dass es auch nicht-lineare Zusammenhänge abbilden kann. 14 Kennzahlen bilden die

---

2 Vgl. Ph. Holzmann (1998), Geschäftsbericht 1997, S. 63-64; Ph. Holzmann (1999), Geschäftsbericht 1998, S. 99-102.

Basis zur Berechnung des sog. N-Wertes. Je nach dessen Ausprägung kann ein Unternehmen einer Bonitätskategorie zugeordnet werden. Ein Nachbau des N-Wertes ist uns nicht möglich, da der funktionale Zusammenhang zwischen Kennzahlen und N-Wert nicht veröffentlicht wurde. Tabelle 17-2 enthält die Kennzahlen mit der lt. Baetge/Jerschensky größten Prognosekraft.

Kennzahl	Definition
Vermögenslage K 63	$\frac{\text{Kurzfristiges Fremdkapital}}{\text{Bilanzsumme}}$
Vermögenslage K 121	$\frac{\text{Wirtschaftliches Eigenkapital + Rückstellungen}}{\text{Bilanzsumme – Liquide Mittel – Grundstücke und Bauten}}$
Finanzlage K 18A	$\frac{\text{Ertragswirtschaftlicher Cashflow}}{\text{Fremdkapital – Erhaltene Anzahlungen}}$
Ertragslage K 08i	$\frac{\text{Ertragswirtschaftlicher Cashflow}}{\text{Bilanzsumme}}$

Tabelle 17-2: Ausgewählte Kennzahlen im System Beetge/Jerschensky

Mit: Wirtschaftliches Eigenkapital = Gezeichnetes Kapital – ausstehende Einlagen + Rücklagen + Bilanzverlust + 50 % des Sonderpostens mit Rücklageanteil – Darlehen nicht-haftender Gesellschafter – Forderungen an Gesellschafter

Ertragswirtschaftlicher Cashflow I = Ordentliches Betriebsergebnis + Normalabschreibungen

Fremdkapital bzw. Bilanzsumme: Jeweils ohne erhaltene Anzahlungen, da diese von den Vorräten abgesetzt oder als Verbindlichkeiten passiviert werden dürfen.

Eigenkapital bzw. Bilanzsumme: Jeweils ohne ausstehende Einlagen, Forderungen an Gesellschafter und einem ggf. auf der Aktivseite ausgewiesene Fehlbetrag.

17.2.3 Geschätztes Rating

Die Einschätzung der Bonität eines Unternehmens spiegelt auch die diesem Unternehmen zugesprochene Ratingkategorie wider. Basis des Urteils einer Ratingagentur ist eine qualitative und quantitative Analyse. Man könnte das Rating eines Unternehmens vereinfacht schätzen, indem man sich an kategoriespezifischen Kennzahlausprägungen orientiert. Tabelle 17-3 enthält die von Standard & Poor's berichteten Mediane von acht Kennzahlen für US-amerikanische Industrieunternehmen.[3]

---

[3] Vgl. Standard & Poor's (2001), S. 53-55.

	EBIT interest coverage	EBITDA interest coverage	Free operating cash flow/ total debt	Funds from operations/ total debt	Return on capital	Operating income/ sales	Long-term debt/ capital	Total debt/ capital
AAA	21,4	26,5	84,2	128,8	34,9	27	13,3	22,9
AA	10,1	12,9	25,2	55,4	21,7	22,1	28,2	37,7
A	6,1	9,1	15	43,2	19,4	18,6	33,9	42,5
BBB	3,7	5,8	8,5	30,8	13,6	15,4	42,5	48,2
BB	2,1	3,4	2,6	18,8	11,6	15,9	57,2	62,6
B	0,8	1,8	-3,2	7,8	6,6	11,9	69,7	74,8
CCC	0,1	1,3	-12,9	1,6	1	11,9	68,8	87,7

Tabelle 17-3: Kennzahlenausprägungen nach Rating-Kategorien

Die Kennzahlen sind wie folgt definiert:

EBIT interest coverage =

$$= \frac{\text{Earnings from continuing operations* before interest and taxes}}{\text{Gross interest incurred before subtracting (1) capitalized interest and (2) interest income}}$$

EBITDA interest coverage =

$$= \frac{\text{Earnings from continuing operations* before interest, taxes, depreciation, and amortization}}{\text{Gross interest incurred before subtracting (1) capitalized interest and (2) interest income}}$$

Free operating cash flow/total debt =

$$= \frac{\text{Funds from operations minus capital expenditures, minus (plus) the increase (decrease) in working capital (excluding changes in cash, marketable securities and short-term debt)}}{\text{Long-term debt** plus current maturities, commercial paper and other short-term borrowings}}$$

Return on capital =

$$= \frac{\text{EBIT}}{\text{Average of beginning of year and end of year capital, including short-term debt, current maturities, long-term debt**, non-current deferred taxes, and equity.}}$$

Operating income/sales =

$$= \frac{\text{Sales minus cost of goods manufactured (before depreciation and amortization), selling, general and administrative and research and development costs}}{\text{Sales}}$$

Long-term debt/capital =

$$= \frac{\text{Long-term debt**}}{\text{Long-term debt + shareholders' equity (including preferred stock) plus minority interest}}$$

Total debt/capital =

$$= \frac{\text{Long-term debt** plus current maturities, commercial paper and other short-term borrowings}}{\text{Long-term debt plus current maturities, commercial paper and other short-term borrowings + shareholders' equity (including preferred stock) plus minority interest}}$$

* Including interest income and equity earnings; excluding nonrecurring items.

** Including amount for operating lease debt equivalent.

17.2.4 Buch- und marktwertbasierte Residualgewinne

Jahresabschlussdaten können durch die Berechnung von Residualgewinnen mit der Unternehmenswertentwicklung verknüpft werden. Die operativen Residualgewinne werden wie folgt berechnet: Wir ermitteln die operativen Ertragsüberschüsse, die das Unternehmen bei Eigenfinanzierung nach Steuern erzielt hat. Wir benutzen – vor dem Hintergrund des während des Untersuchungszeitraums geltenden Anrechnungsverfahrens – vereinfachend einen kombinierten Ertragsteuersatz in Höhe von 45,84 %, der sich zusammensetzt aus 16,67 % Gewerbeertragsteuer und 35 % Einkommensteuer. Von diesen operativen Überschüssen nach Steuern sind in DM bezifferte Kapitalkosten abzusetzen. Wir folgen dem APV-Ansatz und benutzen die Eigenkapitalkosten bei Eigenfinanzierung (k) (Tabelle 17-4). Unter Rückgriff auf den modifizierten Buchwert des Eigenkapitals sowie das von uns als verzinslich unterstellte Fremdkapital, das bei unterstellter Eigenfinanzierung durch Eigenkapital zu ersetzen ist, und nach Skalierung auf den vermutlich operativ bedingten Anteil erhalten wir das mit Kapitalkosten zu belegende Kapital.[4] Die Eigenkapitalkostensätze ergeben, multipliziert mit der Kapitalkostenbasis, die Kapitalkostenbelastung pro Periode. Verkürzt man das operative Ergebnis nach Steuern um diese Kapitalkosten, erhält man den operativen Residualgewinn. Ist er positiv, ist es gelungen, die Kapitalkosten in der Periode zu übertreffen. Im Gründungszeitpunkt entspricht der Barwert buchwertbasierter Residualgewinne dem Net Present Value (NPV). Auch in den Folgeperioden kann der NPV als Summe aus dem Endwert der Residualgewinne vergangener Perioden und dem Barwert der Residualgewinne künftiger Perioden berechnet werden.[5] Sollen die Barwertkompatibilität sicherstellende Modifikationen bei der Berechnung der Kapitalgröße (und nicht in der Erfolgsgröße) beachtet werden, sind aufgrund vorperiodisierten Aufwands passivierte Passiva wie Rückstellungen sowie Verbindlichkeiten aus Lieferungen und Leistungen nicht Teil der Kapitalbasis.

Die eben vorgestellten Residualgewinne benutzen auf Buchwerten basierende Abschreibungen und Kapitalkosten. Sie können nicht als betragsgleiche Verände-

---

[4] Der operative Anteil entspricht vereinfacht der Relation aus der Summe aus immateriellen Vermögensgegenständen, Sachanlagen, Vorräten sowie Forderungen und sonstigen Vermögensgegenständen zu der Bilanzsumme.

[5] Vgl. auch für das Folgende O'Hanlon, J./Peasnell, K. (2002); Schüler, A./Krotter, S. (2004); Drukarczyk, J./Schüler, A. (2007), Kapitel 10.

rungen des Unternehmensgesamtwertes interpretiert werden. Das schmälert zwar die Intensität und Klarheit der ökonomischen Botschaft des so definierten Residualgewinns einer Periode, macht sie aber nicht nutzlos. Zum einen ist die Abweichung des realisierten Residualgewinns im Vergleich zum budgetierten Residualgewinn informativ; zum anderen ist eine lange Serie negativer buchwertbasierter Residualgewinne ein untrügliches Zeichen für Wertvernichtung.

Residualgewinne können auch marktwertbasiert formuliert werden. Bei marktwertbasierten Residualgewinnen werden Abschreibungen durch Marktwertänderungen (E_t) ersetzt und die Kapitalkosten auf den Marktwert des Eigenkapitals der Vorperiode ($k_t^F E_{t-1}$) bezogen. In der Betrachtungsperiode ausgeschüttete Dividenden oder durchgeführte Aktienrückkäufe erhöhen den Erfolg, Kapitalerhöhungen vermindern ihn, da das investierte Kapital so erhöht wird. Wir bezeichnen die resultierende Größe als Net Value Created (NVC):

$$NVC_t = CF_t + \Delta E_t - k_t^F E_{t-1}$$

Dabei bezeichnet CF (Cashflow) den Saldo aus Dividenden, Aktienrückkäufen und Kapitalerhöhungen.[6] Tabelle 17-4 beinhaltet die für die Berechnung des NVC notwendigen Daten.[7]

	Eigenkapitalkosten bei Eigenfinanzierung (k)	Eigenkapital kosten bei Fremdfinanzierung (k^F)	Dividendenzahlung (Mio. DM)	Kapitalerhöhungen (Mio. DM)	Schlusskurs der Holzmann Aktie	Anzahl Aktien (Tsd. Stück)
1987					284	1.800,0
1988	9,08%	9,35%	18,0	0	571	1.800,0
1989	8,96%	9,25%	18,0	157,8	1180	2.250,0
1990	10,05%	11,07%	22,5	337,8	1050	2.812,5
1991	9,72%	11,13%	30,9	0	1015	2.812,5
1992	9,06%	10,77%	30,9	0	817	2.812,5
1993	8,42%	10,48%	33,8	246,1	990	3.189,9
1994	9,12%	10,89%	43,1	778,9	859	4.387,5
1995	9,19%	10,55%	59,2	0	525	4.387,5
1996	8,76%	13,61%	0	0	365	4.387,5
1997	8,18%	12,89%	0	0	464	4.387,5
1998	7,15%	9,77%	0	215,0	260	5.704,0
1999	8,55%	13,27%	0	0	69	5.707,4
2000	8,96%	18,84%	0	1.265,0	25	17.975,0
2001	8,83%	14,59%	0	0	15	23.682,0

Tabelle 17-4: Kapitalkosten, Aktienkurse und Anzahl der Aktien

6 Ordentliche Kapitalherabsetzungen gemäß §§ 222-228 AktG werden von Ph. Holzmann (wie auch von den meisten anderen Aktiengesellschaften) nicht zur Ausschüttung überschüssiger Liquidität an die Eigentümer eingesetzt.

7 Zur Berechnung dieser Kapitalkosten vgl. Drukarczyk, J./Schüler, A. (2003).

17.3 Die Krise und der Sanierungsversuch

17.3.1 Krisenursachen

Das Management Ph. Holzmanns strebte nach immer höherer Bauleistung. Die Maximierung des Umsatzes und nicht des Marktwertes des Eigenkapitals war die Leitlinie. Im September 1997 übernimmt Heinrich Binder den Vorstandsvorsitz von Lothar Mayer. Zu spät findet nun eine strategische Neuausrichtung statt: „An erster Stelle steht ein Paradigmenwechsel bei der Konzernsteuerung. Statt Umsatzdominanz steht zukünftig Ergebnisorientierung im Mittelpunkt".[8] In den letzten Jahren vor der existenziellen Krise wird das Umsatzwachstum v. a. durch Großprojekte generiert, „deren Realisierung sich teilweise mit gänzlich neuen technologischen und wirtschaftlichen Problemstellungen und Risiken verband."[9] Zudem tritt das Unternehmen zunehmend als Projektentwickler auf und bürdet sich dabei durch Mietgarantien und Vorfinanzierungen zusätzliche Verpflichtungen auf. Darüber hinaus betreibt Holzmann Großprojekte auch in Eigenregie. Diese erhöhten Risiken wirken sich umso gravierender aus, als das interne Risikomanagement wohl mangelhaft ist. Die Konzernstruktur wird im Geschäftsbericht 1999 mittlerweile selbstkritisch charakterisiert: „...ein schwer überschaubares Konglomerat von selbständigen Konzerntöchtern und Beteiligungen, äußerst komplexe Kosten- und Abwicklungsstrukturen, die fehlende klare Festlegung von Kompetenzen und Verantwortlichkeiten sowie der ungeschmälerte Fortbestand wirtschaftlich ineffizienter Niederlassungsstrukturen haben über mehrere Jahre hinweg zu gravierenden Verlusten geführt." Dem Streben nach Größe geschuldet sind auch die Auslandsengagements bei Nord France SA und Philipp Holzmann (Thai) Ltd., in denen sich bis zur Liquidation bzw. Abwicklung 900 Mio. DM Verluste ansammeln. Inlandsbeteiligungen haben mit 800 Mio. DM Verlust eine ähnliche Bilanz aufzuweisen. Zudem liegen die operativen Kosten einschließlich des Personalaufwands bei Philipp Holzmann jahrelang über den Kosten vergleichbarer Unternehmen.

Insgesamt laufen im Zeitraum 1993 bis 1999 Verluste im Umfang von 6.565 Mio. DM auf, von denen 3.726 Mio. DM aus kumulierten Jahresfehlbeträgen bestehen. 2.839 Mio. DM seien nach Unternehmensangaben durch Auflösung stiller Reserven ausgeglichen worden. 77 % dieses Gesamtverlusts sind durch Projektentwicklungsgeschäfte und Beteiligungen im In- und Ausland entstanden.

Der die Überschuldung verursachende Jahresfehlbetrag des Jahres 1999, der zunächst auf 2,4 Mrd. DM beziffert wurde, beträgt laut Geschäftsbericht 1999 im Konzern 2.708 Mio. DM. Er setzte sich zusammen aus (1) operativen Verlusten, (2) „geschäftlichen Risiken der Vergangenheit", sowie (3) Restrukturierungsmaßnahmen und Einmalaufwendungen.

(1) Die operativen Verluste (616 Mio. DM) werden durch den Rückgang der inländischen Bauleistung, insbesondere durch den Rückgang der Bauinvestitionen in den neuen Bundesländern und durch fehlende Anschluss-Großprojekte, durch die

---

[8] Ph. Holzmann (1998), Geschäftsbericht 1997, S. 5.

[9] Ph. Holzmann (2000), Geschäftsbericht 1999, S. 17. Dieser Geschäftsbericht (insbesondere die Seiten 3, 7-9, 17-21), der im Mai 2000 veröffentlicht wurde, ist eine wichtige Informationsquelle für den Rest des Abschnitts. Die im Folgenden genannten Zahlen beziehen sich auf den Konzernabschluss.

Baustillstandskosten während der Krise Ende 1999 und durch das defizitäre Projektentwicklungsgeschäft verursacht.

(2) Die „geschäftlichen Risiken der Vergangenheit" umfassen

- die Abwertung von Buchwerten und sonstige Risiken des Immobilienprojektgeschäfts um 503 Mio. DM,
- eine Erhöhung der geschätzten Belastungen aus Mietgarantien, insbesondere aus dem Projekt City Carré Magdeburg und aus der Ablösung des Betreiberrisikos Köln-Arena, um 375 Mio. DM,
- Abwertung der Forderungen aus Lieferungen und Leistungen sowie sonstiger Vermögensgegenstände um 629 Mio. DM und
- die Abwertung der Beteiligungen um 60 Mio. DM.

(3) Des Weiteren wird der Jahresfehlbetrag durch Rückstellungszuführungen für die Bereinigung des Beteiligungsportfolios und den Personalabbau im Umfang von 391 Mio. DM sowie Einmalaufwendungen für v. a. Prozessrisiken und Zahlungen in den Entschädigungsfonds für Zwangsarbeiter i. H. v. 134 Mio. DM erhöht.

17.3.2 Überschuldung

Das bilanzielle Eigenkapital der AG beträgt zum 31.12.1998 1.147 Mio. DM. Das Geschäftsjahr 1999 endet für die AG mit 2.746 Mio. DM Verlust. Wenngleich der Insolvenztatbestand der Überschuldung gemäß § 19 InsO nicht auf Basis der Handelsbilanz gemessen wird, ist die AG gemäß den Verlautbarungen des Managements gleichwohl überschuldet. Tabelle 17-5 listet die Ansprüche der Kreditinstitute, bestehend aus Bankkrediten, Projektverbindlichkeiten und Avalen, auf. Letztere werden im Jahresabschluss als Eventualverbindlichkeiten ausgewiesen.

17.3.3 Maßnahmen zur finanziellen Sanierung

Das Ende 1999 „in letzter Sekunde" geschnürte Sanierungspaket beinhaltet folgende Maßnahmen:[10]

- Rangrücktritt der Konsortialbanken mit Forderungen i. H. v. 1,3 Mrd. DM
- Gewährung eines Konsortialkredits im Umfang von 1 Mrd. DM
- Kapitalherabsetzung im Verhältnis 26:1 von 148,4 Mio. € auf 5,7 Mio. €[11]
- Barkapitalerhöhung um 7,6 Mio. € auf 13,3 Mio. € zu 85 € je Aktie; die entsprechende Einzahlung soll Ende Februar 2000 erfolgen.
- Ausgabe von Wandelgenussrechten im Tausch gegen Forderungen der Banken.
- Übernahme verschiedener Immobilienprojekte durch die finanzierenden Banken, um den gewährten Konsortialkredit bis Ende November 2000 zurückzuführen. Flankiert von weiteren Immobilienverkäufen sollen etwa 1,3 Mrd. DM an Einzahlungen generiert werden.

---

[10] Vgl. Ph. Holzmann (2000), Geschäftsbericht 1999, S. 45.

[11] Das in DM bezifferte gezeichnete Kapital betrug 290,2 Mio. DM. Es standen 5.707.290 Stückaktien aus.

Stand 24.11.99; [Mio. DM]	Kreditlinie	Quote	in Anspruch genommen	Quote
Deutsche Bank	2.191	30,0%	1.832	29,0%
Hypo-Vereinsbank	866	11,8%	783	12,4%
Bayerische Landesbank	644	8,8%	574	9,1%
Helaba	571	7,8%	456	7,2%
Commerzbank	510	7,0%	482	7,6%
Berliner Bank	503	6,9%	436	6,9%
DG Bank	401	5,5%	367	5,8%
Dresdner Bank	382	5,2%	356	5,6%
BHF Bank	247	3,4%	208	3,3%
WestLB	181	2,5%	172	2,7%
Dt. Bau u. Boden	173	2,4%	148	2,3%
Hamburgische LB	120	1,6%	77	1,2%
BfG Bank	101	1,4%	73	1,2%
LB Baden-Württemberg	100	1,4%	42	0,7%
Trinkaus & Burkhardt	86	1,2%	78	1,2%
Frankfurter Sparkasse	76	1,0%	73	1,2%
LB Rheinland-Pfalz	65	0,9%	65	1,0%
DGZ	50	0,7%	49	0,8%
Westimmo	25	0,3%	25	0,4%
Metzler	19	0,3%	28	0,4%
	7.311		6.324	

Tabelle 17-5: Involvierte Banken und deren Ansprüche[12]

- Die Arbeitnehmer arbeiten vom Februar 2000 bis Ende Juli 2001 fünf Stunden mehr pro Woche (44 statt 39 Stunden) ohne zusätzliche Bezahlung. Diese Mehrarbeit wird in Folgejahren durch (bezahlte) Freizeit kompensiert. Im Zuge der Verhandlung des Sanierungstarifvertrags werden diese Vereinbarungen ergänzt um die Teilnahme an einem Aktienwertsteigerungsprogramm. Das Gesamtvolumen an (vorübergehend) unbezahlter Arbeitsleistung wird zunächst mit 245 Mio. DM beziffert.
- Die leitenden Angestellten verzichten für einen Zeitraum von 18 Monaten auf einen Teil ihres Gehalts. Inklusive der Sozialversicherungsersparnisse beläuft sich der Beitrag auf 20 Mio. DM.
- Nachrangiges Darlehen der Kreditanstalt für Wiederaufbau (KfW) i. H. v. 150 Mio. DM
- Bundesbürgschaft über 80 % eines weiteren Konsortialkredits i. H. v. 125 Mio. DM

Die beiden letztgenannten Maßnahmen verhinderten das Scheitern der Verhandlungen über den Sanierungsversuch. Sie standen unter dem Vorbehalt der Genehmigung durch die EU. Die Wandelgenussrechte sind zu erläutern: Ausgegeben werden 93.170

[12] Börsen-Zeitung vom 18.11.1999, S. 8.

Genussrechte mit einem Nominalwert von je 50 €, die von den Kreditinstituten gegen 50 € Barzahlung und 4.200 € Forderungsumwandlung gezeichnet werden. Anteilseignern werden die Genussrechte ebenfalls zum Preis von 4.250 € zur Zeichnung angeboten. Das Volumen beträgt damit insgesamt 93.170 (4.200 € + 50 €) 1,95583 DM/€ = 774,4 Mio. DM. Die Wandelgenussrechte werden i. H. d. Barzuzahlung als Verbindlichkeiten und i. H. d. Aufgeldes als Kapitalrücklagen ausgewiesen. Insbesondere nach diesen Maßnahmen[13] resultiert am Ende des Jahres 1999 ein (verringerter) nicht durch Eigenkapital gedeckter, handelsbilanzieller Fehlbetrag i. H. v. ca. 1,6 Mrd. DM.

Tabelle 17-6 fasst die Beiträge der Konsortialbanken zur finanziellen Sanierung zusammen.

Stand 24.11.99; [Mio. DM]	Kapitalerhöhung	Quote	Rangrücktritt	Quote	Konsortialkredit	Quote	Wandelgenussrechte	Quote
Deutsche Bank	500	39,5%	435	33,4%	325	32,5%	248	32,1%
Bayerische Landesbank	114	9,0%	132	10,1%	105	10,5%	80	10,3%
Hypo-Vereinsbank	110	8,7%	113	8,7%	90	9,0%	68	8,8%
Commerzbank	106	8,4%	140	10,7%	111	11,1%	85	11,0%
Helaba	69	5,5%	84	6,5%	67	6,7%	51	6,6%
Berliner Bank	77	6,1%	80	6,1%	64	6,4%	48	6,2%
Dresdner Bank	77	6,1%	73	5,6%	58	5,8%	44	5,7%
DG Bank	42	3,3%	57	4,4%	45	4,5%	34	4,4%
WestLB	42	3,3%	44	3,4%	35	3,5%	26	3,4%
BHF Bank	30	2,4%	40	3,1%	32	3,2%	24	3,1%
Hamburgische LB	15	1,2%	15	1,2%	13	1,3%	10	1,3%
DGZ	15	1,2%	14	1,1%	12	1,2%	9	1,2%
Trinkaus & Burkhardt	14	1,1%	2	0,2%	0	0,0%	2	0,3%
LB Rheinland-Pfalz	13	1,0%	19	1,5%	15	1,5%	11	1,4%
LB Baden-Württemberg	13	1,0%	15	1,2%	10	1,0%	8	1,0%
Dt. Bau u. Boden	11	0,9%	10	0,8%	11	1,1%	8	1,0%
Frankfurter Sparkasse	10	0,8%	20	1,5%	7	0,7%	12	1,6%
Metzler	7	0,6%	0	0,0%	0	0,0%	0	0,0%
Westimmo	0	0,0%	9	0,7%	0	0,0%	5	0,6%
BfG Bank	0	0,0%	0	0,0%	0	0,0%	0	0,0%
	1.265		1.300		1.000		773	

Tabelle 17-6: Sanierungsbeiträge[14]

[13] Zudem wurden in geringem Umfang Belegschaftsaktien ausgegeben und im Zuge der Euro-Umstellung Kapitalrücklagen in gezeichnetes Kapital umgewandelt.

[14] Quelle: Handelsblatt vom 06.12.1999, S. 16.

Den größten – und einen im Vergleich zur angemeldeten Forderung überproportionalen – Sanierungsbeitrag leistete die Deutsche Bank AG, die dem Holzmann-Konzern bereits seit Ende des 19. Jahrhunderts als Anteilseigner und Geschäftspartner zur Seite stand.[15]

17.3.4 Maßnahmen zur operativen Restrukturierung

Das Unternehmen nennt Anfang 2000 die Eckpunkte der operativen Restrukturierung:

- Kapazitätsreduktion und Konzentration auf die Kernkompetenzen (Allgemeiner Bau, Infrastrukturbau, Industrieanlagenbau und Dienstleistungen): Damit verbunden ist ein deutlicher Kapazitätsabbau beim inländischen Baugeschäft, einschließlich Personalabbau und eine Verringerung der Standorte von 40 auf 17.
- Bereinigung des „umfangreichen, intransparenten und überwiegend verlustträchtigen Beteiligungsportfolios“: Die Zahl der Beteiligungen soll von 600 auf 300 sinken.
- „Konsequentes Ertragsdenken“ und „radikale Kostensenkung“: Es erfolgt damit eine Abkehr von der Zielsetzung der Größenmaximierung. Zur Kostensenkung beitragen soll u. a. die Neustrukturierung des Niederlassungsnetzes, der Personalabbau, die Verbesserung des Materialeinkaufs und des Lieferantenmanagements sowie die Senkung des sonstigen betrieblichen Aufwands. So soll auch die Geräteausstattung und der Bestand an Betriebsgrundstücken zurückgefahren werden.
- „Verbesserung der internen Strukturen“: Hier werden Verbesserungen der Aufbau- und Ablauforganisation einschließlich höherer Transparenz und klarerer Kompetenzverteilung sowie ein „verschärftes“ Vertrags- und Risikomanagement genannt. Zudem soll die Zahl der Hierarchieebenen von 6 auf 4 reduziert werden.

17.4 Fragen

1. Beurteilen Sie anhand geeigneter Kennzahlen Rentabilität, Liquidität und Bonität Ph. Holzmanns und ordnen Sie die Entwicklung der Indikatoren den Krisenstufen „Strategische Krise“, „Erfolgskrise“ und „Liquiditätskrise“ zu! Greifen Sie dabei auch auf buch- und marktwertbasierte Residualgewinnkonzepte zurück, um die Vermögenseinbußen der Kapitalgeber zu quantifizieren!
2. Zeigen Sie, wie die Sanierungsmaßnahmen die Ende 1999 vorliegende Überschuldung beseitigen und wie sie zur Zahlungsfähigkeit des Unternehmens beitragen!
3. Wie schätzen Sie zu Beginn des Jahres 2000 die Aussichten auf eine Genesung Philipp Holzmanns ein?

---

[15] Die Deutsche Bank hielt 1998 noch 25 % der Aktien; 1998/1999 veräußerte sie 10 % an die Gaevert-Gruppe. Görg berichtet dazu: „Angesichts der objektiv unzureichenden Sanierung im Jahr 1998 waren einige Bankenvertreter der Auffassung, dass die Kreditmittel der Deutschen Bank nach wie vor kapitalersetzenden Charakter hätten“; Görg, K. H. (2000), S. 120.

17.5 Anhang

Anhang 1: Chronik des Sanierungsversuchs 1999/2000

Datum	Ereignis
27.10.1999	Jubiläumsfeier aus Anlass des 150-jährigen Bestehens von Philipp Holzmann in der „Alte Oper“, Frankfurt. Kritische Töne in der Presse über die anhaltend schwierige wirtschaftliche Situation.
08.11.1999	Nach Aufdeckung des voraussichtlichen Verlustes von 2,4 Mrd. DM Antrag beim Bundesaufsichtsamt für den Wertpapierhandel auf Freistellung von der Ad-hoc-Publizitätspflicht.
14.11.1999	Die wichtigsten Kreditgeber werden über die Lage des Unternehmens in Kenntnis gesetzt und ein Sanierungskonzept vorgestellt.
15.11.1999	Information der Öffentlichkeit über einen voraussichtlichen Jahresfehlbetrag von 2,4 Mrd. DM und die dadurch entstandene Überschuldung. Die Holzmann-Aktie wird vom Börsenhandel ausgesetzt. Intensive Gespräche mit Banken und Kreditversicherern über weiteres Vorgehen: Insolvenz oder Zustimmung zum Sanierungskonzept.
16.11.1999	Der Vorstand stellt im Namen und im Auftrag der Ph. Holzmann AG Strafantrag wegen des Verdachts, dass ehemalige Verantwortliche (insbesondere Altvorstände) die Ph. Holzmann AG in großem Umfang geschädigt haben.
17.11.1999	Der Aufsichtsrat stimmt im Rahmen einer außerordentlichen Aufsichtsratssitzung dem Sanierungskonzept zu. Gespräche mit den Gläubigerbanken wegen der Zustimmung zum Sanierungskonzept gehen weiter.
18.11.1999	Gespräche mit den wichtigsten Gläubigerbanken.
19.11.1999	Der Vorstand erläutert das Sanierungskonzept auf einer Pressekonferenz.
21.11.1999	Das Konzept findet nicht die notwendige Unterstützung der wichtigsten Kreditgeber.
22.11.1999	Auf der außerordentlichen Aufsichtsratssitzung wird Dr. Klaus Hubert Görg zum weiteren Mitglied des Vorstands bestellt. Philipp Holzmann strebt weitgehende Eigenverwaltung gem. InsO an. Vermittlungsversuche durch den hessischen Ministerpräsidenten Roland Koch und die Frankfurter Oberbürgermeisterin Petra Roth bleiben erfolglos.
23.11.1999	Philipp Holzmann stellt Antrag auf Eröffnung des Insolvenzverfahrens. Rechtsanwalt Ottmar Hermann wird vom Frankfurter Amtsgericht zum vorläufigen Verwalter bestellt. Bundeskanzler Gerhard Schröder schaltet sich ein, um die Insolvenz abzuwenden. Er führt Gespräche mit Klaus Wiesehügel, Chef der IG Bauen-Agrar-Umwelt (IG BAU), und Jürgen Mahneke, Vorsitzender des Gesamtbetriebsrats der Philipp Holzmann AG und des Konzernbetriebsrats. Die Holzmann-Aktie wird wieder gehandelt, der Kurs bricht um über 80 % ein.

24.11.1999	Gerhard Schröder führt Gespräche mit den Banken und sichert ein nachrangiges, d. h. eigenkapitalersetzendes Darlehen der bundeseigenen Kreditanstalt für Wiederaufbau in Höhe von 150 Mio. DM sowie eine vom Bund übernommene Ausfallbürgschaft über 100 Mio. DM zu. Am Abend stimmen die Gläubigerbanken dem entsprechend modifizierten Sanierungskonzept zu. Rücknahme des Insolvenzantrags.
02.12.1999	Vorstand und Gesamtbetriebsrat treffen eine Rahmenvereinbarung über den Arbeitnehmerbeitrag zur Sanierung im Volumen von 256 Mio. DM.
03.12.1999	Dr. Görg scheidet aus dem Vorstand aus.
09.12.1999	Der Aufsichtsrat erteilt auf Basis der von Ernst & Young vorgelegten Sonderprüfung den Auftrag, zivilrechtliche Maßnahmen gegen frühere Vorstände und ehemalige leitende Mitarbeiter zu ergreifen. Vorstandsvorsitzender Dr. Heinrich Binder erklärt seinen Rücktritt zum 14.12.1999. Der Aufsichtsrat beruft Prof. Konrad Hinrichs als Nachfolger. Erstes Spitzengespräch mit IG BAU über Sanierungstarifvertrag bzw. Möglichkeiten zur Sicherung des Arbeitnehmerbeitrags auf Tarifebene.
15.12.1999	Prof. Konrad Hinrichs nimmt als Vorstandsvorsitzender der Philipp Holzmann AG seine Arbeit auf. Der Konsortialkreditvertrag über 1,0 Mrd. DM wird abgeschlossen und eine Prolongation der bisherigen Kreditengagements vereinbart.
19.12.1999	Zweites Spitzengespräch mit Bundesvorstand der IG BAU über Sanierungstarifvertrag. Grundsätzliche Zusage der IG BAU zu fünf Stunden Mehrarbeit und späteren Ausgleich.
21.12.1999	Beginn der Verhandlungen zwischen Philipp Holzmann und der IG BAU über Interessenausgleich/Sozialplan.
30.12.1999	Außerordentliche Hauptversammlung beschließt Kapitalschnitt und Kapitalerhöhung. Die Wirtschaftsprüfungsgesellschaft Ernst & Young wird zum zusätzlichen Abschlussprüfer gewählt. Dr. Jürgen M. Tressin wird vom Aufsichtsrat mit Wirkung vom 07.01.2000 zum neuen Vorstandsmitglied für die Ressorts Rechnungswesen, Controlling und Finanzen bestellt.
04.01.2000	Fortsetzung der Gespräche mit der IG BAU über einen Sanierungstarifvertrag. Fortsetzung der Verhandlungen über Interessenausgleich und Sozialplan.
07.01.2000	EU-Kommission kündigt vertieftes Prüfverfahren hinsichtlich der Zulässigkeit der Restrukturierungsbeihilfen für Philipp Holzmann an.
10.01.2000	Vorstand und Betriebsräte der Philipp Holzmann AG einigen sich unter Mitwirkung der IG BAU über Interessenausgleich und Sozialplan. Die vom Stellenabbau betroffenen Mitarbeiter können in eine Beschäftigungs- und Qualifizierungsgesellschaft übertreten.

13.01.2000	Bundesweite Durchsuchungen durch die Staatsanwaltschaft und das Bundeskriminalamt und Beschlagnahmung von Akten auf Grund der von Philipp Holzmann gestellten Strafanzeigen gegen frühere Verantwortliche.
21.01.2000	Einigung zwischen Vorstand und IG BAU über Sanierungstarifvertrag für Philipp Holzmann. Die Arbeitnehmer werden über einen Zeitraum von 18 Monaten fünf Stunden Mehrarbeit pro Woche leisten. Diese „Sanierungsstunden" werden auf individuellen Arbeitszeitkonten verbucht und später an die Arbeitnehmer rückvergütet.
28.01.2000	Pensionssicherungsverein in Köln sagt Übernahme von 50 % der Pensions- und Rentenverpflichtungen der Philipp Holzmann AG bis zum 31.12.2003 zu. Dieser Sanierungsbeitrag hat ein Volumen von 55,2 Mio. DM.
31.01.2000	Die sozialpolitische Vertretung des Hauptverbands der Deutschen Bauindustrie lehnt den Sanierungstarifvertrag ab.
01.02.2000	Beginn der Umsetzung des Sanierungstarifvertrags und der neuen Flächenorganisation mit nur noch 17 Niederlassungen. Freigabe der zweiten Tranche des Konsortialkredits durch die Banken und Kreditversicherer in Höhe von 400 Mio. DM. Carl L. von Boehm-Bezing gibt bekannt, dass er sein Mandat als Aufsichtsratsvorsitzender der Philipp Holzmann AG zum 16. 04.2000 niederlegt.
08.02.2000	Vorstellung des vom Vorstand gemeinsam mit Roland Berger & Partner erarbeiteten Restrukturierungskonzepts. Die Banken und Kreditversicherer nehmen das Konzept zustimmend zur Kenntnis.
09.02.2000	Weiterführung der Gespräche mit der IG BAU über neuen Sanierungstarifvertrag.
10.02.2000	Die kreditgebenden Institute erklären ihre Teilnahme an der Kapitalerhöhung.
14.02.2000	Die teilnehmenden Banken zeichnen 7,6 Mio. neue Stückaktien und zahlen den Gesamtausgabebetrag von 1,265 Mrd. DM ein.
16.02.2000	Eintragung der Kapitalerhöhung in das Handelsregister.
15.03.2000	Außerordentliche Hauptversammlung der Philipp Holzmann AG: Die Aktionäre beschließen die Ausgabe von Wandelgenussrechten, durch die das Unternehmen mit einem zusätzlichen Eigenkapital von ca. 770 Mio. DM ausgestattet und von Zins- und Tilgungsverpflichtungen in entsprechender Höhe entlastet wird. Die Aktionäre wählen Prof. Dr.-Ing. E.h. Gerhard Neipp mit Wirkung vom 17.04.2000 in den Aufsichtsrat. In der anschließenden Aufsichtsratssitzung wird Prof. Neipp zum Nachfolger von Carl L. von Boehm-Bezing zum Aufsichtsratsvorsitzenden gewählt.

05.04.2000	Philipp Holzmann und IG BAU vereinbaren einen neuen Sanierungstarifvertrag. Er enthält neben der Regelung der Rückvergütung der Sanierungsarbeitszeit in Form von Freizeit zusätzlich ein Aktienwertsteigerungsprogramm. Dadurch werden die Arbeitnehmer entsprechend dem Umfang ihrer geleisteten Sanierungsstunden am (erhofften) Sanierungserfolg bzw. an der Wertsteigerung des Unternehmens beteiligt. Eintragung des zur Bedienung der Wandelgenussrechte erforderlichen bedingten Kapitals in das Handelsregister.
06.04.2000	Der Vorstand beschließt mit Zustimmung des Aufsichtsrats, Wandelgenussrechte im Nominalbetrag von 4,66 Mio. € auszugeben.
10.04.2000	Annahme des neuen Sanierungstarifvertrags durch die IG BAU und Philipp Holzmann.

Tabelle 17-7: Chronik des Sanierungsversuchs 1999/2000[16]

[16] Vgl. Ph. Holzmann (2000), Geschäftsbericht 1999, S. 14-15.

Anhang 2: Jahresabschlussdaten

Mio. DM	1987	1988	1989	1990	1991	1992	1993	1994	1995	1996	1997	1998	1999	2000
A. Anlagevermögen	538	557	1.009	1.489	1.727	2.004	2.308	2.516	3.207	3.371	2.308	2.231	2.005	1.766
I. Immaterielle Vermögensgegenstände		0,4	1,9	93	168	132	128	167	173	62	42	30	24	19
1. Konzessionen, gewerbliche Schutzrechte und ähnliches		0,4	1,6	2,9	3,3	3,6	4,8	6,6	10	8	11	12	11	7
2. Geschäfts- oder Firmenwert			0,2	90	164	128	123	159	161	52	29	18	12	12
3. Geleistete Anzahlungen			0,02	0,003	0,03		0,01	1,6	2,7	1,8	1,9	0,6	0,4	0,0
II. Sachanlagen	328	350	777	980	1.162	1.398	1.724	1.818	2.493	2.757	1.933	1.699	1.521	1.337
1. Grundstücke und Bauten	201	222	501	614	677	769	964	1.046	1.698	2.041	1.351	1.213	1.065	916
2. Technische Anlagen und Maschinen	103	98	201	225	296	394	480	472	489	407	360	289	329	306
3. Andere Anlagen und BGA	20	21	67	115	148	178	198	220	226	192	143	124	125	112
4. Geleistete Anzahlungen und Anlagen im Bau	4	10	8	27	40	57	82	81	81	117	79	73	3	2
III. Finanzanlagen	211	207	231	416	398	474	456	530	540	553	333	502	460	410
1. Anteile an verbundenen Unternehmen	84	85	90	22	39	50	81	55	69	69	80	87	58	42

Mio. DM	1987	1988	1989	1990	1991	1992	1993	1994	1995	1996	1997	1998	1999	2000
2. Anteile an assoziierten Unternehmen				116	58	92	113	86	92	121	110	159	150	115
3. Ausleihungen an verbundene Unternehmen	60	58	1,4	1,7	1,7	1,7	1,7	1,5	25	17	15	41	14	17
4. Beteiligungen	66	64	128	253	235	265	220	244	256	266	89	159	117	120
5. Ausleihungen an Untern., mit denen ein Beteiligungsverh. besteht				4	14	15	7	127	19	28	13	10	96	97
6. Wertpapiere des Anlagevermögens	0,4	0,005	9,8	11,2	8	9	10	11	12	7	7	6	4	8
7. Sonstige Ausleihungen	0,002	0,002	0,8	7,5	42	41	24	6	68	45	19	41	21	11
B. Umlaufvermögen	1.922	1.850	3.724	4.423	5.472	5.645	6.420	8.023	8.726	9.167	8.119	6.736	5.661	5.756
I. Vorräte	219	354	906	1.258	1.648	1.464	1.278	1.982	2.968	2.867	2.564	2.121	2.002	1.840
1. Roh-, Hilfs- und Betriebsstoffe	29	27	59	88	90	90	98	100	104	98	84	57	52	42
2. Nicht abgerechnete Bauvorhaben	1.012	821	5.567	5.651	6.958	6.884	6.105	6.920	4.517	4.883	4.376	4.827	5.984	6.522
3. Zum Verkauf bestimmte Grundst. und Geb.	101	252							3.489	3.468	1.542	1.203	992	935
4. Fertige und unfertige Leistungen und Erzeugnisse	2,9	2,7									2.317	260	326	277
5. Geleistete Anzahlungen	27	0	60	47	81	46	32	51	87	88	57	78	33	49
6. Erhaltene Abschlagszahlungen	-953	-749	-4.780	-4.528	-5.481	-5.556	-4.958	-5.088	-5.229	-5.670	-5.813	-4.303	-5.386	-5.985

Mio. DM	1987	1988	1989	1990	1991	1992	1993	1994	1995	1996	1997	1998	1999	2000
II. Forderungen und sonstige Vermögensgegenstände	974	899	1.506	1.919	2.448	2.869	3.520	3.788	4.025	3.603	3.858	3.452	3.045	3.337
1. Forderungen aus Lieferungen und Leistungen	412	423	755	917	1.055	1.360	1.477	1.602	1.712	1.759	1.810	1.504	1.570	1.665
2. Forderungen an verbundene Unternehmen	92	43	14	24	62	95	96	108	139	230	184	213	187	225
3. Forderungen gegen Arbeitsgemeinschaften			210	343	357	385	526	624	530	636	601	453	423	431
4. Forderungen an Untern., mit denen ein Bet.verh. besteht	29	22	29	38	71	122	296	249	163	263	646	383	354	332
5. Sonstige Vermögensgegenstände	441	411	497	595	903	908	1.127	1.205	1.481	715	615	899	510	684
III. Wertpapiere	279	174	552	531	509	483	438	645	589	323	315	170	106	93
IV Flüssige Mittel	450	423	760	716	868	830	1.185	1.609	1.145	2.373	1.383	992	509	486
C. Rechnungsabgrenzungsposten	0,1	0,1	0,7	2,9	3,4	3,1	5,4	5,4	11,3	16,0	12,8	11,3	22,1	55,9
davon Disagio	0,0	0,0					1,4	0,5	0,7	0,5	0,4	0,2		
D. Nicht durch Eigenkapital gedeckter Fehlbetrag													1.640	
Summe Aktiva	2.461	2.407	4.734	5.915	7.202	7.652	8.734	10.545	11.944	12.554	10.440	8.978	9.328	7.578

Tabelle 17-8: Aktiva 1987-2000

Mio. DM	1987	1988	1989	1990	1991	1992	1993	1994	1995	1996	1997	1998	1999	2000
A. Eigenkapital	487	481	667	958	943	1.014	1.334	2.141	1.635	1.581	733	1.034	0	247
I. Gezeichnetes Kapital	90	90	113	141	141	141	159	219	219	219	219	285	290	26
II. Kapitalrücklage	47	47	182	492	492	492	719	1.438	1.290	1.239	391	660	689	293
III. Gewinnrücklagen	273	279	285	225	229	280	327	310	1,04	0,02				
1. Gesetzliche Rücklage	0,782	0,782	0,782	0,782	0,782	0,782	0,782	0,782						
2. Rücklage für eigene Anteile				1,456	0,514	0,569			1,038	0,015				
3. Andere Gewinnrücklagen	272	278	284	223	227	278	326	309						
IV Bilanzgewinn	17	18	23	31	31	34	43	59					-2.708	-160
Nicht durch EK gedeckter Bilanzverlust													1.640	
V. Unterschiedsbetrag aus Kapitalkonsolidierung	60	47	4	5	8	17	32	34	32	38	33	32	42	43
VI Anteile anderer Gesellschafter	0,4	0,1	61	64	43	50	54	80	93	85	90	56	47	45
B. Sonderposten mit Rücklageant.	20	15	24	21	56	16	12	19	27	0				
C. Rückstellungen	1.046	962	1.275	1.403	1.459	1.701	2.092	2.088	2.291	2.329	2.586	1.657	2.473	2.118
1. Rückstellungen für Pensionen und ähnliche Verpflichtungen	203	214	296	336	366	393	424	450	478	475	494	464	465	517
2. Steuerrückstellungen	196	124	179	202	234	341	348	376	349	179	104	29	24	92
3. Sonstige Rückstellungen	647	625	800	865	860	967	1.320	1.262	1.464	1.675	1.988	1.164	1.984	1.510

Tabelle 17-9: Passiva 1987-2000

Mio. DM	1987	1988	1989	1990	1991	1992	1993	1994	1995	1996	1997	1998	1999	2000
D. Verbindlichkeiten	908	947	2.768	3.532	4.744	4.921	5.294	6.296	7.989	8.638	7.117	6.285	6.854	5.212
1. Wandelgenussrechte														9
2. Wandelanleihe												500	500	500
3. Verbindlichkeiten gegenüber Kreditinstituten	24	47	544	910	1.038	1.058	1.022	1.422	3.249	3.255	2.782	2.698	3.069	1.754
4. Erhaltene Anzahlungen auf Bestellungen	280	165	509	780	1.110	1.177	1.255	1.437	1.372	1.829	862	335	395	316
5. Verbindlichkeiten aus Lieferungen und Leistungen	230	284	852	850	1.081	1.166	1.180	1.433	1.603	2.035	2.071	1.424	1.464	1.582
6. Verbindlichkeiten ggü. Arbeitsgemeinschaften			214	353	514	526	732	567	692	639	494	376	305	253
7. Wechselverbindlichkeiten			0,6		65	61	43	58	61	54	32	6	3	2
8. Verbindlichkeiten ggü. verbundenen Unternehmen	8	38	12	11	23	42	29	20	79	81	76	110	111	153
9. Verbindlichkeiten gegenüber Unt., mit denen ein Bet.verh. besteht	8	10	130	53	8	10	51	322	82	26	7	5	11	60
10. Sonstige Verbindlichkeiten	359	404	506	576	905	880	982	1.038	850	719	793	831	995	583
E. Rechnungsabgrenzung	0,05	1,09	0,02	0,31	0,25	0,20	0,46	0,57	2,57	6,48	3,38	1,86	0,93	0,29
Summe Passiva	2.461	2.407	4.734	5.915	7.202	7.652	8.734	10.545	11.944	12.554	10.440	8.978	9.328	7.578

Tabelle 17-9: Passiva 1987-2000 (Forts.)

Mio. DM	1987	1988	1989	1990	1991	1992	1993	1994	1995	1996	1997	1998	1999	2000
Umsatzerlöse	2.458	2.610	6.166	7.899	7.910	10.325	11.604	10.584	11.275	11.406	13.040	9.688	8.911	11.417
Bestandsänderungen	31	-58	776	-120	749	-286	-1.131	469	337	665	-797	281	606	254
Aktivierte Eigenleistungen	14	7	62	27	91	75	175	58	105	43	17	4	10	4
Gesamtleistung	2.504	2.560	7.004	7.805	8.751	10.113	10.648	11.111	11.716	12.114	12.260	9.973	9.528	11.675
Sonstige betriebliche Erträge	148	114	295	260	283	393	425	391	405	1.102	1.068	518	326	635
Materialaufwand	1.605	1.536	4.660	4.868	5.595	6.362	6.734	6.861	7.527	8.140	8.319	6.760	7.109	8.451
Personalaufwand	805	797	1.845	2.277	2.444	2.760	2.942	3.158	3.253	3.175	3.152	2.592	2.505	2.695
Abschreibungen auf immaterielle VGG, Sachanlagen und Finanzanlagen	70	82	154	193	309	326	333	368	379	468	582	213	302	176
Sonstige betriebliche Aufwendungen	107	199	416	637	549	785	858	851	1.364	1.352	1.863	959	2.353	1.102
Beteiligungsergebnis	9	9	12	17	47	32	39	36	31	75	29	149	-3	62
Erträge aus anderen Wertpapieren und Ausleihungen des FinAV	4,9	5,2	0,8	1,0	1,5	4,9	2,9	2,1	2,7	3,0	5,2	5,0	0,7	1,8
Sonstige Zinsen und ähnliche Erträge	42	30	79	109	125	145	146	167	181	135	132	84	75	97
Abschreibungen auf Finanzanlagen und Wertpapiere des UV	31	2	9	17	12	1,5	1,2	23	13	26	43	12	112	10
Zinsen und ähnliche Aufwendungen	6	5	32	94	152	186	137	169	185	243	221	193	184	219
Ergebnis der gewöhnlichen Geschäftstätigkeit	84	95	275	106	146	269	258	277	-385	25	-686	0	-2.639	-133
Steuern vom Einkommen und Ertrag	47	45	105	66	68	140	116	123	21	-19	49	21	47	-8
Sonstige Steuern	14	20	22	24	28	39	36	34	37	43	33	16	20	31
Jahresüberschuss/-fehlbetrag	23	30	147	17	51	91	106	120	-443	1,3	-768	-36	-2.706	-156

Tabelle 17-10: GuV 1987-2000

Mio. DM	1994	1995	1996	1997	1998	1999	2000
Jahresüberschuss/-fehlbetrag	120	-443	1	-768	-36	-2.706	-156
Abschreibungen/Zuschreibungen auf Anlagevermögen	374	389	494	580	174	367	165
Zunahme der Pensionsrückst.	27	28	5	20	18	-10	50
Cashflow	521	-26	500	-169	156	-2.348	59
Abnahme/Zunahme der übrigen Rückstellungen	-31	175	48	301	-640	795	-390
Sonstige zahlungswirksame Aufwendungen/Erträge	4	-7	-34	-13	-120	6	56
Ergebnis aus Anlagenabgängen	-56	-53	-704	-384	-36	-17	-202
Veränderung der Vorräte, der Ford L&L, sowie andere Aktiva	-193	-112	137	484	204	-105	-142
Veränderung der erhalt. Abschlags- und Vorausz. und andere Verb.	119	-442	629	-982	-388	224	-56
Cashflow aus laufender Geschäftstätigkeit	363	-466	577	-762	-824	-1.446	-675
Einzahlungen aus Anlagenabgängen	165	188	1.344	682	683	228	194
Auszahlungen für Investitionen in das Anlagevermögen	-529	-747	-659	-290	-307	-275	-220
Mittelzufluss/-abfluss aus der Investitionstätigkeit	-364	-559	685	392	376	-47	-27
Einzahlungen aus Kapitalerh.	779	0	0	0	215	0	1.265
Dividendenzahlung	-43	-59	0	0	0	0	0
Einzahlungen aus der Begebung von Anleihen	0	0	0	0	500	0	9
Tilgung/Aufnahme v. Finanzkred.	-159	557	-245	-507	-18	586	-450
Kaufpreis Steinmüller Forderung 1998 (Zahlung 1999)	0	0	0	0	-350	350	0
Rückkauf von Commercial Papers	0	0	0	0	0	0	-132
Mittelzufluss/-abfluss aus der Finanzierungstätigkeit	577	498	-245	-507	346	936	691
Veränderung der Liquidität	576	-526	1.017	-878	-102	-557	-10
Einfluss von Wechselkursänderungen und Abschreibungen auf WP	-8	-5	7	-45	22	-34	-13
Veränderung des Eigenkapitals	0	0	-55	-79	122	32	13
Ausgleichsposten für nicht zuordenbare Zahlungsströme	-8	-15	0	0	0	0	0
Zwischensumme	559	-546	969	-1.002	42	-559	-10
Auswirkungen der Veränderung des Konsolidierungskreises	71	27	-6	4	-578	11	-26
Finanzmittelbestand am 01.01.	1.622	2.253	1.734	2.697	1.698	1.162	615
Finanzmittelbestand am 31.12.	2.253	1.734	2.697	1.698	1.162	615	579

Tabelle 17-11: Cashflow-Rechnungen 1994-2000

Finanzmittel: Wertpapiere des Umlaufvermögens + liquide Mittel

17.6 Literatur

Altman, E. I. (1968): Financial Ratios, Discriminant Analysis and the Prediction of Corporate Bankruptcy. In: Journal of Finance, Vol. 23, S. 589-609.

Altman, E. I. (1993): Corporate Financial Distress and Bankruptcy: A Complete Guide to Predicting & Avoiding Distress and Profiting from Bankruptcy, 2. ed., New York u. a.

Altman, E. I./Saunders, A. (1998): Credit risk measurement: Developments over the last 20 years. In: Journal of Banking & Finance, Vol. 21, S. 1721-1742.

Baetge, J./Jerschensky, A. (1996): Beurteilung der wirtschaftlichen Lage von Unternehmen mit Hilfe der modernen Verfahren der Jahresabschlußanalyse: Bilanzbonitäts-Rating von Unternehmen mit Künstlichen Neuronalen Netzen. In: Der Betrieb, 49. Jg., S. 1581-1591.

Baetge, J./Sickmann, E. (2004): Insolvenzprognosen auf der Basis von Jahresabschlüssen. In: Unternehmen in der Krise, Heintzen/Kruschwitz (Hrsg.), Berlin, S. 37-71.

Damodaran, A. (2001): Corporate Finance, 2. ed., New York.

Drukarczyk, J./Schüler, A. (1999): Kapitalvernichtung bei Holzmann hat Tradition: Eine lange Geschichte unzureichender Performance (1999). In: Börsen-Zeitung, 29.12.1999, S. 17.

Drukarczyk, J./Schüler, A. (2003): Der Fall Holzmann – ein Beispiel über den Nutzen einer kapitalgeberorientierten Performance-Messung. In: Finanzwirtschaft, Kapitalmarkt und Banken, Festschrift für Prof. Dr. Manfred Steiner, Rathgeber/Tebroke/Wallmeier (Hrsg.), S. 85-104.

Drukarczyk, J./Schüler, A. (2007): Unternehmensbewertung, 5. A., München.

Friedemann F. D. (2004): Philipp Holzmann AG – Insolvency of a Construction Giant. In: Insolvency Law & Practice, Vol. 20, S. 147-151.

Görg, K. H. (2000): Grundzüge der finanziellen Restrukturierung der Philipp Holzmann AG im Winter 1999/2000. In: Insolvenzrecht in Wissenschaft und Praxis, Festschrift für Wilhelm Uhlenbruck, Prütting (Hrsg.), S. 117-129.

Hauschildt, J./Leker, J./Clausen, S. (1995): Auf dem Bau herrschen andere Gesetze.... In: Die Betriebswirtschaft, 55. Jg., S. 287-301.

Küting, K. (1997a): Die Krise begann schon 1995. In: Blick durch die Wirtschaft, 23. Mai 1997, S. 9.

Küting, K. (1997b): Nur die Bilanzpolitik sorgt für Gewinn bei Holzmann. In: Blick durch die Wirtschaft, 23. Mai 1997, S. 1.

Lenz, H. (2004): Abschlussprüfung der Philipp Holzmann AG oder „Don't Blame Us, We're Only Accountants" – Ein Fallbeispiel zur Funktion von Wirtschaftsprüfern. In: Internationale Rechnungslegung, Prüfung und Analyse, Brösel/Kasperczak (Hrsg.), München, Wien, S. 331-352.

O'Hanlon, J./Peasnell, K. (2002): Residual Income and Value Creation: The Missing Link. In: Review of Accounting Studies, Vol. 7, S. 229-245.

Philipp Holzmann AG: Geschäftsberichte 1993-2000, Frankfurt a. M.

Philipp Holzmann AG (1999): Unternehmenspräsentation: Sanierungskonzept, Frankfurt a. M.

Pohl, M. (1999): Philipp Holzmann: Geschichte eines Bauunternehmens 1849-1999, München.

Rieble, V. (2000): Der Fall Holzmann und seine Lehren. In: Neue Zeitschrift für Arbeitsrecht, 17. Jg., S. 225-234.

Schüler, A. (2000): Zum Befinden von Holzmann. In: Börsen-Zeitung. 16.02.2000, S. 23.

Schüler, A./Krotter, S. (2004): Zur Konzeption wertorientierter Steuerungsgrößen: Perfor-mance-Messung mit Discounted Cash Flows und Residualgewinnen ex ante und ex post. In: Finanz Betrieb, 6. Jg., S. 430-437.

Standard and Poor's (2001): Corporate Rating Criteria.

Standard and Poor's (2002): Ratings Performance 2001: Default, Transition, Recovery, Spreads, February 2002.

18. Philipp Holzmann AG – Lösungsvorschlag

18.1 Kennzahlenanalyse

18.1.1 Ergebnisse multivariater Diskriminanzanalysen

Zunächst werten wir die Jahresabschlüsse von Ph. Holzmann mithilfe der Diskriminanzanalyse aus. Wir greifen dazu auf die Altman'sche Funktion und die speziell für Bauunternehmen entwickelte Funktion von Hauschildt/Jeker/Clausen zurück. Für die Berechnung der Kennzahlen haben wir angenommen, dass

- die Retained Earnings der Summe aus Gewinnrücklagen und Bilanzgewinn entsprechen,
- Altman folgend das Working Capital als Differenz aus Umlaufvermögen und kurzfristigen Verbindlichkeiten zu interpretieren ist,
- das Fremdkapital aus der Summe der Verbindlichkeiten und Rückstellungen besteht,
- die von den Vorräten abgezogenen erhaltenen Abschlagszahlungen wieder zurück zu rechnen sind und
- der Zinsaufwand lediglich auf die Verbindlichkeiten (und z. B. nicht auch auf die Pensionsrückstellungen) zu beziehen ist.

Abbildung 18-1 zeigt die Entwicklung der beiden Z-Werte über die Zeit.

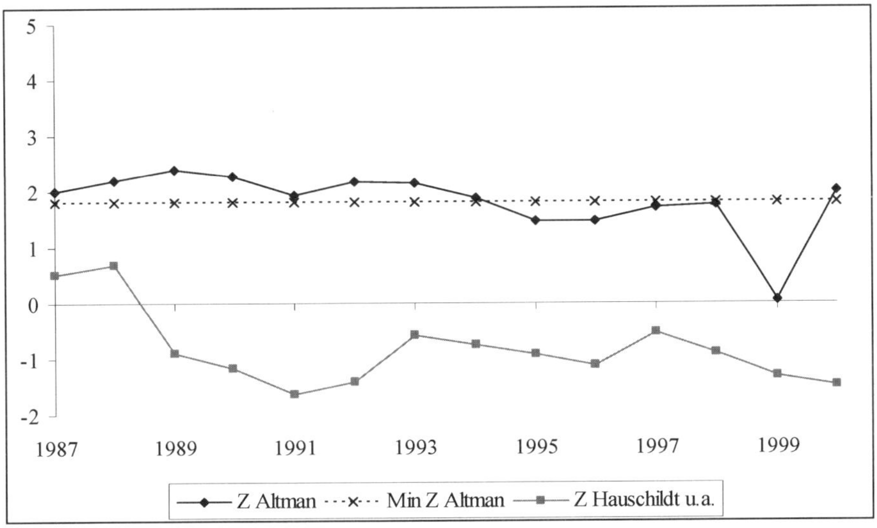

Abbildung 18-1: Z-Scores

Liefert die Altman'sche Funktion Z-Werte unterhalb von 1,81, so droht die Insolvenz des betrachteten Unternehmens. Bei der Funktion von Hauschildt/Leker/Clausen zeigen negative Werte eine Insolvenzbedrohung an. Ph. Holzmann wird gem. Altman ab 1995, gem. Hauschildt/Leker/Clausen bereits ab 1989 als insolvenzbedroht klassifiziert. Letzteres ist interessant, da Jahre vor der Insolvenz eine Insolvenzgefahr signalisiert wird – die vom Management vorgetragene These der „Unvorhersehbarkeit" also wackelt. Eine Validierung der Trennschärfe der Funktionen ist freilich aufgrund dieses einen Datensatzes nicht möglich.

18.1.2 Kennzahlen gemäß Baetge/Jerschensky

Die folgenden beiden Abbildungen zeigen die Entwicklung der vier Kennzahlen, bestehend aus je zwei Kapitalstruktur- und Cashflowkennziffern, die gemäß dem künstlichen neuronalen Netz von Baetge/Jerschensky die höchste Erklärungskraft aufweisen. Zwar wird insbesondere in den letzten Jahren des Betrachtungszeitraums eine Verschlechterung deutlich, eine abschließende Beurteilung des Frühwarnpotentials der Kennzahlen erfordert aber die Kenntnis aller zur Berechnung des sog. N-Wertes relevanten Informationen. Diese bleiben – auch in anderen Beiträgen der Autoren – leider unveröffentlicht. Interessant scheint die frühe Reaktion der Kennzahlen; die Negativausschläge in 1999 haben freilich nur nachrichtlichen Charakter, da sie angesichts des dramatischen Verlustes nicht überraschen können. Bei der Berechnung der Kennzahlen haben wir – den Autoren folgend – einige Annahmen getroffen:

- Kurzfristiges Fremdkapital = Verbindlichkeiten mit einer Restlaufzeit unter einem Jahr abzüglich der erhaltenen Anzahlungen auf Bestellungen.
- Fremdkapital = Summe der Verbindlichkeiten gem. Jahresabschluss ohne erhaltene Anzahlungen.
- Bilanzsumme = Summe der Aktiva bzw. Passiva ohne erhaltene Anzahlungen.
- Ertragswirtschaftlicher Cashflow I = Ordentliches Betriebsergebnis + Abschreibungen.
- Wirtschaftliches Eigenkapital = Gezeichnetes Kapital – Ausstehende Einlagen + Rücklagen + Bilanzgewinn + 50 % des Sonderposten mit Rücklagenanteil + Gesellschafterdarlehen – Forderungen an Gesellschafter.
- Auf eine Zurückrechnung der verlustmindernden bilanzpolitischen Maßnahmen der Jahre 1996 bis 1998 verzichten wir.

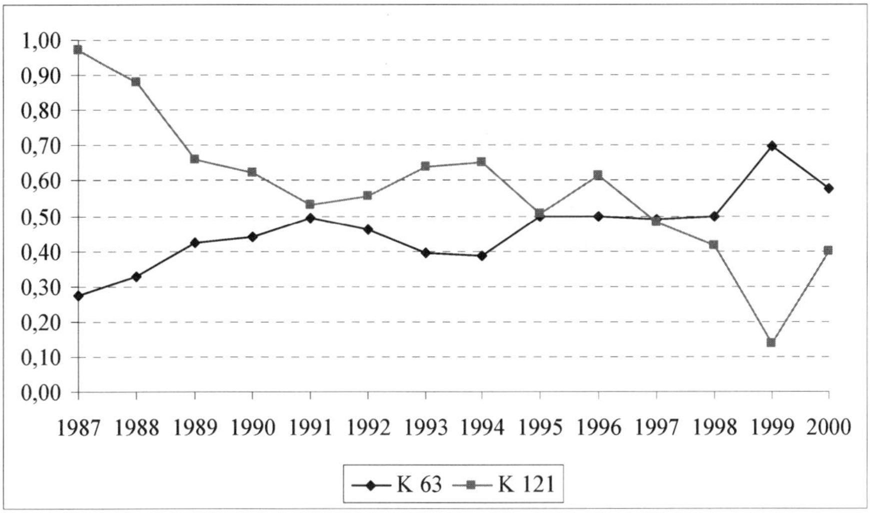

Abbildung 18-2: Kapitalstrukturkennzahlen

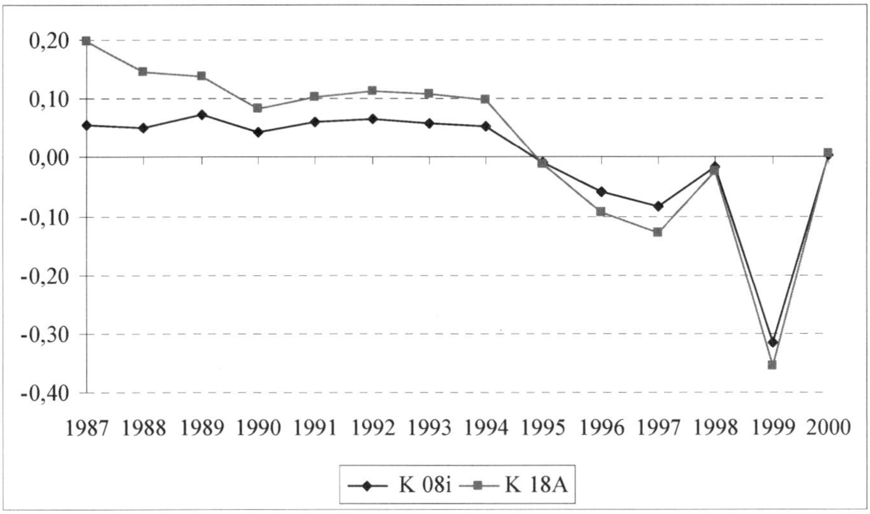

Abbildung 18-3: Cashflowkennzahlen

18.1.3 Kennzahlen gemäß Standard & Poor's

Wir greifen auf den im Sachverhalt genannten Kennzahlenkatalog zurück, um Holzmann auf Basis der Jahresabschlussdaten für jedes Jahr einer Ratingkategorie zuzuordnen. Dies kann nur eine Schätzung sein, da andere ratingrelevante Informationen fehlen.

Wir treffen folgende Annahmen:

- Der Free Operating Cashflow entspreche dem Cashflow aus laufender Geschäftstätigkeit zuzüglich dem Cashflow aus Investitionstätigkeit i. S. v. Tabelle 17-11.
- Die Funds from Operations setzen wir dem EBITDA nach Steuern gleich.
- Debt entspreche dem verzinslichen Fremdkapital (Anleihen, Bankkredite, Wechselverbindlichkeiten, Wandelgenussrechte).

Der Übergang von einer Ratingkategorie zu einer benachbarten Kategorie erfolge beim Mittelwert zwischen dem Median beider Kategorien. Wir wenden ein einfaches Scoring-Modell an: Jede Kennzahlausprägung wird einer Ratingkategorie zugeordnet; für die entsprechenden Zuordnungen vergeben wir Punkte – ein AAA-Rating entspricht 1, ein CCC-Rating entspricht 7 Punkten; so gehen wir für jede der acht Kennzahlen vor; das Gesamt-Rating eines Jahres entspricht dem Mittelwert der Einzel-Ratings.[1] Tabelle 18-1 zeigt die Resultate.

Jahr	1988	1989	1990	1991	1992	1993	1994	1995	1996	1997	1998	1999	2000
Klasse	AA	A	BBB	BBB	BBB	BBB	BBB	CCC	BB	CCC	B	CCC	CCC

Tabelle 18-1: Geschätzes Rating

Ab dem Jahr 1995 erreicht Ph. Holzmann keinen Investment Grade mehr. Der Absturz vom Jahr 1994 auf das Jahr 1995 ist beeindruckend. Die finanzielle Restrukturierung in 1996 scheint das Rating dieses Jahres zu verbessern, bevor schließlich eine deutliche und nachhaltige Herabstufung zu verzeichnen ist. Frühwarnpotential haben die Ergebnisse aus ex post-Sicht eher nicht. Dass das Rating sich in 1996 nur zu verbessern *scheint*, erkennt man, wenn man die verlustmindernden Maßnahmen i. H. v. 1.072 Mio. DM zurückrechnet. Da wir die Maßnahmen nicht genau den relevanten Jahresabschlusspositionen zuordnen können, verringern wir die Positionen EBITDA bzw. EBIT um die in der Angabe für die Jahre 1996 bis 1998 genannten Beträge: 1.072 Mio. DM für 1996; 624 Mio. DM für 1997; 125 Mio. DM für 1998. Berechnet man nun die EBITDA- bzw. EBIT-basierten Kennzahlen erneut, so zeichnet sich die existenzielle Krise deutlicher ab. Denn wir erhalten dann für 1996 ein Rating von B, für 1997 (unverändert) ein CCC und nun auch für 1998 ein CCC.

[1] Wir wollen nicht ausschließen, dass Ph. Holzmann möglicherweise ein Rating schlechter als CCC verdient; die S&P-Daten enden aber bei CCC.

18.2 Residualgewinne

Tabelle 18-2 zeigt die Berechnung der APV-Residualgewinne. Seit 1990 sind die operativen Residualgewinne negativ. Bezogen auf das Ende von 1999 beläuft sich der Endwert der Kapitalkostenunterdeckungen im operativen Geschäft auf rund 3 Mrd. DM. Dies ist ein hinreichend zuverlässiges Signal für Wertvernichtung. Weil diese Wertvernichtung so lange anhält, fällt ein positives Urteil über die installierten Kontrollsysteme schwer. Auch wird die Länge des Weges zur vom Management intendierten Sanierung des Unternehmens deutlich. Dass diese in der Folge nicht gelingt, zeigen die Daten für 2000 und 2001. Für 2001 haben wir – vermutlich wohlwollend – unterstellt, dass die GuV-Bestandteile des 4. Quartals Null betragen; wir arbeiten also mit den Daten vom Ende des 3. Quartals.

Subtrahiert man die o. g. verlustmindernden Maßnahmen der Jahre 1996 bis 1998 von den entsprechenden Residualgewinnen, wird die Entreicherung der Kapitalgeber noch deutlicher: Die Residualgewinne dieser Jahre sinken auf -1,4 Mrd. DM, -1,55 Mrd. DM und -0,4 Mrd. DM.

18.3 Net Value Created

Nun berechnen wir den Net Value Created, also die Summe aus Marktwertänderung und Dividenden abzüglich Kapitalerhöhungen und Kapitalkosten. Tabelle 18-3 wendet dieses Erfolgsmaß auf die Daten der Jahre 1988 bis 1999 an und benutzt dabei den Flow-to-Equity-Ansatz. Für die Berechnung werden die Eigenkapitalkostensätze bei realisierter Verschuldung benötigt. Diese Kapitalkostensätze enthält Tabelle 17-4. Der Net Value Created ist als Differenz aus ökonomischem Gewinn, bestehend aus Ausschüttung abzüglich Kapitalerhöhung plus Wertänderung, und Kapitalkosten definiert, wobei Kapitalkosten auf den Wert des Eigenkapitals am Jahresanfang berechnet werden. Bis auf die Jahre 1993 und 1997 sind ab 1990 alle NVC negativ. Bilanzpolitische Ergebnisaufhellungen tangieren diesen auf Cashflows und Marktwerte rekurrierenden Performanceindikator i. d. R. nicht, es sei denn, die Informationsempfänger könnten durch entsprechende Beschönigungen nachhaltig getäuscht werden.

	Mio. DM	1988	1989	1990	1991	1992	1993	1994	1995	1996	1997	1998	1999	2000	2001
	Operatives Ergebnis n. St.	32	121	49	74	149	112	143	-401	82	-589	-33	-2.416	-65	-166
	Ergebnis gewöhnlicher Geschäftstätigkeit	95	275	106	146	269	258	277	-385	25	-686	0	-2.639	-133	-210
+	Zinsaufwand	5	32	94	152	186	137	169	185	243	221	193	184	219	60
+	Abschreibungen auf FA und WP des UV	2	9	17	12	2	1	23	13	26	43	12	112	10	0
–	Zinsertrag	-30	-79	-109	-125	-145	-146	-167	-181	-135	-132	-84	-75	-97	
–	Erträge aus Wertpapieren	-5	-1	-1	-2	-5	-3	-2	-3	-3	-5	-5	-1	-2	
–	Beteiligungsergebnis	-9	-12	-17	-47	-32	-39	-36	-31	-75	-29	-149	3	-62	-16
	Operatives Ergebnis v. Steuern	59	224	91	137	275	207	264	-401	82	-589	-33	-2.416	-65	-166
–	Steuern (45,84%)	-27	-103	-41	-63	-126	-95	-121							
	Operatives Ergebnis n. St.	32	121	49	74	149	112	143	-401	82	-589	-33	-2.416	-65	-166
–	Kapitalkosten	28	33	101	153	172	169	216	297	404	336	232	325	147	223
	k	9,1%	9,0%	10,0%	9,7%	9,1%	8,4%	9,1%	9,2%	8,8%	8,2%	7,2%	8,5%	9,0%	8,8%
	Operative Kapitalkostenbasis	314	372	1.001	1.571	1.896	2.013	2.371	3.229	4.612	4.107	3.244	3.801	1.635	2.530
	Operativer APV-RG	3	88	-52	-79	-23	-57	-73	-698	-322	-925	-265	-2.741	-211	-389
	Berechnung Kapitalkostenbasis														
	Immaterielles Anlagevermögen		0	2	93	168	132	128	167	173	62	42	30	24	19
+	Sachanlagen	328	350	777	980	1.162	1.398	1.724	1.818	2.493	2.757	1.933	1.699	1.521	1.337
+	Vorräte	219	354	906	1.258	1.648	1.464	1.278	1.982	2.968	2.867	2.564	2.121	2.002	1.840
+	Forderungen und sonstige Vermögensgegenstände	974	899	1.506	1.919	2.448	2.869	3.520	3.788	4.025	3.603	3.858	3.452	3.045	3.337
=	Operativ investiertes Kapital der Vorperiode	1.521	1.603	3.191	4.249	5.425	5.862	6.650	7.755	9.659	9.289	8.397	7.303	6.591	6.533
	Bilanzsumme	2.461	2.407	4.734	5.915	7.202	7.652	8.734	10.545	11.944	12.554	10.440	8.978	9.328	7.578
	Operativer Anteil in %	62%	67%	67%	72%	75%	77%	76%	74%	81%	74%	80%	81%	71%	86%

	Mio. DM	1988	1989	1990	1991	1992	1993	1994	1995	1996	1997	1998	1999	2000	2001
	Eigenkapital der Vorperiode	487	481	667	958	943	1.014	1.334	2.141	1.635	1.581	733	1.034	0	247
–	Rücklage für eigene Anteile				-1	-1	-1			-1	0				
–	Ausschüttung	-18	-18	-23	-31	-31	-34	-43	-59						
–	Anteile anderer Gesellschafter	0	0	-61	-64	-43	-50	-54	-80	-93	-85	-90	-56	-47	-45
–	Ausstehende Einlagen													1	2
–	Disagio	0	0					-1	-1	-1	0	0	0		
–	Nicht durch Eigenkapital gedeckter Fehlbetrag													-1.640	
=	Modifiziertes Eigenkapital	468	463	584	861	869	929	1.236	2.001	1.540	1.496	643	977	-1.686	204
	Wandelgenussrechte														9
+	Anleihen												500	500	500
+	Verbindlichkeiten ggü. KI	24	47	544	910	1.038	1.058	1.022	1.422	3.249	3.255	2.782	2.698	3.069	1.754
+	Wechselverbindlichkeiten			1		65	61	43	58	61	54	32	6	3	2
+	Verbindlichkeiten gegenüber verbundenen Unternehmen	8	38	12	11	23	42	29	20	79	81	76	110	111	153
+	Verbindlichkeiten gegenüber Arbeitsgemeinschaften			214	353	514	526	732	567	692	639	494	376	305	253
+	Verbindlichkeiten ggü. beteiligten Unternehmen	8	10	130	53	8	10	51	322	82	26	7	5	11	60
	Verzinsliche Verbindlichkeiten	39	95	901	1.326	1.648	1.698	1.878	2.388	4.163	4.054	3.391	3.696	3.999	2.731
	Kapitalkostenbasis	508	558	1.486	2.187	2.517	2.627	3.114	4.390	5.703	5.550	4.034	4.673	2.314	2.935
	Operativer Anteil	314	372	1.001	1.571	1.896	2.013	2.371	3.229	4.612	4.107	3.244	3.801	1.635	2.530
	Operativer Anteil in %	62%	67%	67%	72%	75%	77%	76%	74%	81%	74%	80%	81%	71%	86%

Tabelle 18-2: Operative APV-Residualgewinne

	Mio. DM	1988	1989	1990	1991	1992	1993	1994	1995	1996	1997	1998	1999
+	Dividende	18	18	23	31	31	34	43	59				
-	Kapitalerhöhung		158	338			246	779				215	
	Cashflow an die Eigentümer	18	-140	-315	31	31	-212	-736	59			-215	
+	E_t	1.028	2.655	2.953	2.855	2.298	3.158	3.769	2.303	1.601	2.036	1.483	394
-	E_{t-1}	511	1.028	2.655	2.953	2.855	2.298	3.158	3.769	2.303	1.601	2.036	1.483
	ΔE_t	517	1.627	298	-98	-557	860	611	-1.465	-702	434	-553	-1.089
	k^F	9,3%	9,3%	11,1%	11,1%	10,8%	10,5%	10,9%	10,5%	13,6%	12,9%	9,8%	13,3%
	$k^F E_{t-1}$	48	95	294	329	307	241	344	398	313	206	199	197
	NVC	487	1.392	-311	-396	-833	407	-469	-1.804	-1.015	228	-967	-1.286
	Endwert NVC	487	1.924	1.826	1.633	976	1.485	1.178	-502	-1.586	-1.562	-2.681	-4.323

Tabelle 18-3: Net Value Created 1988 bis 1999

Tabelle 18-4 enthält die Ergebnisse nach der Entscheidung für den Sanierungsversuch, aufgeteilt in die Perspektive der Alt- und der Neuaktionäre (Banken).

		Altaktionäre		Neuaktionäre (Banken)		Zusammen	
		2000	2001	2000	2001	2000	2001
+	Dividende	0	0	0	0	0	0
-	Kapitalerhöhung	0	0	0	0	0	0
	Cashflow an die Eigentümer	0	0	0	0	0	0
+	E_t	143	85	307	184	449	269
-	E_{t-1}	394	143	1.633	307	2.026	449
	E_t	-251	-57	-1.326	-123	-1.577	-180
	k^F	18,8%	14,6%	18,8%	14,6%	18,8%	14,6%
	$k^F E_{t-1}$	74	21	308	45	382	66
	NVC	-325	-78	-1.633	-168	-1.959	-246
	Endwert NVC					-7.096	-8.378

Tabelle 18-4: Net Value Created 2000 und 2001

Während der Kapitaleinsatz der Altaktionäre in 2000 mit dem Marktwert des Eigenkapitals der Altaktien am Ende der Vorperiode beziffert werden kann, ist die Berechnung für die Neuaktionäre, also die Kreditinstitute, aufwendiger. Diese zeichnen 7,607 Mio. Neuaktien zu 85 €, setzen also 646,8 Mio. € ein. Sie zahlen für 93.170 Genussrechte 50 € pro Stück bar ein; dies entspricht 4,659 Mio. €. Sie tauschen schließlich Forderungen von je 4.200 € in Genussrechte und halten damit (Residual)Ansprüche in Höhe von 391,3 Mio. €. Umgerechnet in DM beträgt ihr Kapitaleinsatz nominal 2.039 Mio DM. Wendet man nun eine Recovery Rate i. H. v. 47,5 % auch auf das Wandelgenusskapital an, folgt der für den Kapitaleinsatz der Neugläubiger in 2000 genannte Wert von 1.633 Mio. DM (= 1.265 + 0,475 · 774). Für die Bewertung ihrer Position zum 31.12.2000 werden sie so behandelt, als hätten sie die Genussrechte in 50 Aktien zum rechnerischen Wert von 1 € gewandelt. Banken halten damit rechnerisch 7,607 Mio. Aktien aus der Kapitalerhöhung gegen Einlagen und 4,658 Mio. Aktien aus der unterstellten Wandlung. Durch den Sanierungsversuch wurde wiederum erheblich Wert vernichtet. Von 1987 bis 2001 beträgt die gesamte Wertvernichtung rund 8,4 Mrd. DM. Neben dem Vermögensverlust aus Aktien wären zusätzlich die – hier nicht quantifizierten – Ausfälle der Kreditgeber zu berücksichtigen. Tabelle 18-5 stellt die Reichtumsmehrungen bzw. -minderungen der Eigentümer (NVC) nach Halteperiode zusammen. Die schattierten Felder kennzeichnen Halteperioden, in denen Eigentümervermögen vernichtet wird. Bis auf die ersten Jahre ist dies die Regel.

	Kauf													
Verkauf	1987	1988	1989	1990	1991	1992	1993	1994	1995	1996	1997	1998	1999	2000
1988	487													
1989	1.924	1.392												
1990	1.826	1.235	-311											
1991	1.633	977	-742	-396										
1992	976	248	-1.655	-1.272	-833									
1993	1.485	681	-1.422	-999	-514	407								
1994	1.178	287	-2.046	-1.576	-1.039	-18	-469							
1995	-502	-1.487	-4.065	-3.546	-2.952	-1.823	-2.322	-1.804						
1996	-1.586	-2.705	-5.634	-5.044	-4.369	-3.087	-3.654	-3.065	-1.015					
1997	-1.562	-2.825	-6.132	-5.466	-4.704	-3.256	-3.896	-3.232	-918	228				
1998	-2.681	-4.068	-7.697	-6.967	-6.130	-4.541	-5.244	-4.514	-1.975	-716	-967			
1999	-4.323	-5.894	-10.005	-9.178	-8.230	-6.430	-7.226	-6.399	-3.523	-2.098	-2.381	-1.286		
2000	-7.096	-8.963	-13.849	-12.866	-11.739	-9.600	-10.546	-9.563	-6.145	-4.451	-4.788	-3.487	-1.959	
2001	-8.378	-10.516	-16.115	-14.989	-13.698	-11.247	-12.330	-11.205	-7.288	-5.347	-5.733	-4.242	-2.491	-246

Tabelle 18-5: Net Value Created in Mio. DM nach Halteperiode (jeweils Jahresende)

In der Literatur zum Thema Sanierung und Insolvenz werden regelmäßig drei Krisenstufen unterschieden: Strategische Krise, Erfolgskrise und Liquiditätskrise. Die Mehrzahl der sanierungsbedürftigen Unternehmen durchläuft alle Krisenstufen und zwar in der eben genannten Reihenfolge. Wollte man nun den Krisenstufen Erfolgsmaße zuordnen, bietet sich der Net Value Created als Maß für die strategische Krise an, da er die Veränderung des Unternehmenswerts unter Beachtung von weiteren Kapitalmaßnahmen, Dividenden und Kapitalkosten anzeigt. Damit werden Erwartungsänderungen über und Abweichungen von den geplanten Cashflows abgebildet. Wie Tabelle 18-5 zeigt, ist bereits ab den Einstiegszeitpunkten 1987 bis 1988 der Wertbeitrag – bezogen auf die Gesamtzahl der Holzmann-Aktien – für die Mehrzahl der Halteperioden und ab 1989 für alle Halteperioden negativ. Akzeptierte man Jahresüberschüsse als Erfolgskennzahlen, wird deutlich, dass Krisensignale in Form negativer Jahresüberschüsse erst deutlich später geliefert werden. Buchwertbasierte Residualgewinne zeigen die Erfolgskrise früher an. Die Liquiditätskrise gemessen durch operative Cashflows wird erst spät deutlich. Insofern bestätigt sich das eben angesprochene Muster.

18.4 Sanierungsmaßnahmen

18.4.1 Beseitigung der bilanziellen Überschuldung

Beginnend mit einem Eigenkapital der Ph. Holzmann AG Ende 1998 i. H. v. 1.147 Mio. DM kann man zum Ende November 1999 folgende Rechnung aufmachen (in Mio. DM):

Eigenkapital 31.12.1998	+ 1.147
Verlust 1999	- 2.415
Kapitalerhöhung	+ 1.265
Wandelgenussrechte	+ 774
= Eigenkapital nach Kapitalmaßnahmen	+ 771

Der Rangrücktritt (1.300 Mio. DM) war vermutlich so formuliert, dass diese Gläubigeransprüche nicht im Überschuldungsstatus aufgeführt werden mussten. Handelsbilanziell sind sie weiter als Verbindlichkeiten auszuweisen und wirken daher nicht eigenkapitalerhöhend. Abbildung 18-4 fasst die Entwicklung des handelsbilanziellen Eigenkapitals zusammen.

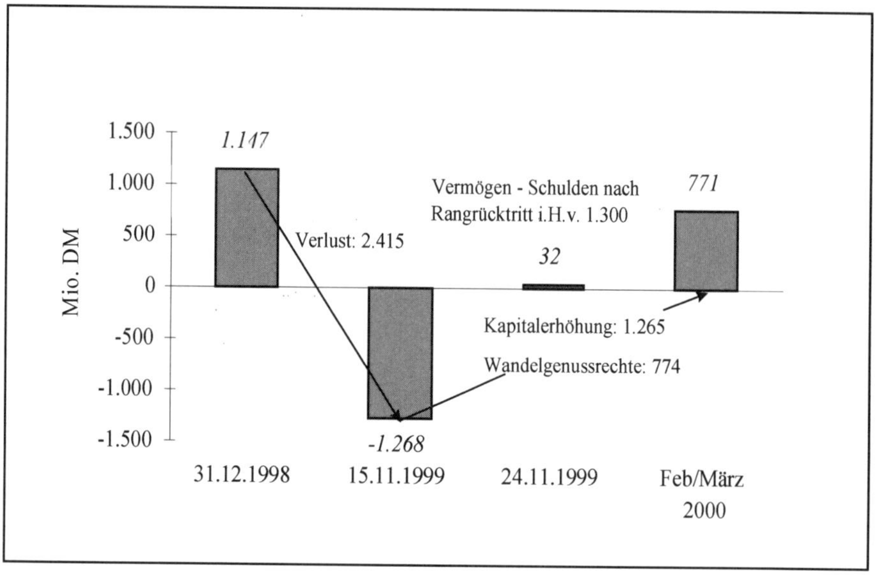

Abbildung 18-4: Entwicklung des Eigenkapitals (in Mio. DM)[2]

18.4.2 Wiederherstellen der Zahlungsfähigkeit

Tabelle 18-6 listet die liquiditätserhöhenden Sanierungsmaßnahmen auf. Zu beachten ist, dass die Liquidität durch den Konsortialkredit nur kurzfristig verbessert wird, da eine Tilgung dieses Kredits durch Immobilienverkäufe bis Ende November 2000 vorgesehen war. Aus den Informationen zur Kapitalherabsetzung lässt sich ableiten, dass der Nennwert pro Aktie 1 € beträgt. Für 7,6 Mio. € neues gezeichnetes Kapital sind demnach 7,609 Mio. Aktien auszugeben. Multipliziert man diese mit dem Bezugspreis 85 €, erhält man 646,8 Mio. € bzw. 1.265 Mio. DM. Bezugsrechte sind irrelevant, da der Bezugspreis weit über den Aktienkursen Ende 1999/Anfang 2000 liegt. Der Liquiditätsbeitrag des nachrangigen KfW-Darlehens steht unter dem Vorbehalt der Genehmigung durch die EU.

Auch der Arbeitnehmerbeitrag erhöht die Liquidität nur vorübergehend, da den Arbeitnehmern in der Folge ein bezahlter Freizeitausgleich zusteht. Es handelt sich also um einen Zahlungsaufschub. Als „bleibende“ Liquiditätsbeiträge sind daher vorrangig die Kapitalerhöhung, auf die in der Folge die Kapitalkosten verdient werden müssten, und die Erlöse aus Immobilienverkäufen nach Tilgung des Überbrückungskredits zu nennen.

[2] In Anlehnung an Philipp Holzmann (1999), S. 4.

Mio. DM	
Kurzfristiger Konsortialkredit	1.000
Kapitalerhöhung: Erhöhung Grundkapital um 7,6 Mio. € auf dann 13,3 Mio. €; Bezugsverhältnis 3:4; Ausgabebetrag 85 € für 7,6 Mio. Stück neue Aktien	1.265
Barkomponente Wandelgenussrechte: 93.170 · 50 € · 1,95583 DM/€	9,1
Immobilienverkäufe (mit dem die Tilgung des Konsortialkredits übersteigenden Betrag)	300
Bund: Nachrangiges Darlehen der Kreditanstalt für Wiederaufbau	150
Unbezahlte Mehrarbeit der Arbeitnehmer	245
Gehaltsverzicht des Managements	20
PSV deckt 50 % der Betriebsrenten ab, die Ph.H. aufgrund von unmittelbaren Versorgungszusagen und von Unterstützungskassenzusagen zu leisten verpflichtet ist	55,2
Weitere Kostensenkungen	n. b.

Tabelle 18-6: Liquiditätserhöhende Maßnahmen

18.5 Ausblick

Grundsätzlich wäre hier eine Entscheidung zwischen Fortführung und Liquidation zu treffen. Diese Frage ist (zumindest nicht zahlengestützt) nicht öffentlich diskutiert worden. Man kann den Versuch unternehmen, den Fortführungswert als Barwert künftiger Überschüsse zu schätzen. Der Liquidationswert als Summe der Restverkaufserlöse setzte sich zusammen aus den Erlösen durch Verkauf aller Vermögensgegenstände. Zudem wären z. B. die beim Verkauf von Tochterunternehmen oder Projektanteilen erzielbaren Einzahlungen heranzuziehen. Wie die Entscheidung ausfällt, hängt von den Annahmen des Fallbearbeiters ab. Wir wollen mit einigen kritischen Überlegungen zur Fortführungswürdigkeit des Unternehmens schließen:

- Weitere Liquiditätsbeiträge durch Anlagenabgänge sind vor dem Hintergrund der aus den Cashflow-Statements ablesbaren, langjährigen Nutzung dieser Finanzierungsquelle vermutlich – vorsichtig formuliert – nur noch begrenzt nutzbar. Zudem ist anzunehmen, dass z. B. Verkäufe von werthaltigen Tochterunternehmen zur Tilgung von Fremdkapital einzusetzen sind. Es läge somit eine Teilliquidation vor; die Fortführungschancen erhöhen sich dadurch nicht unbedingt.
- Die Verbindlichkeiten gegenüber Kreditinstituten betragen zum Jahresende 1999 (2000) 3,07 (1,75) Mrd. DM. Der Zinsaufwand gem. GuV des gleichen Jahres beträgt 184 (219) Mio. DM; darin enthalten ist auch die 3,25 %-Verzinsung der Wandelanleihe (500 Mio. DM), also 18,75 Mio. DM. Aus diesen Daten der beiden Jahre kann man einen durchschnittlichen Fremdkapitalzinssatz schätzen:

$$\frac{184+219-2\cdot 18{,}75}{1.754+3.069}=7{,}6\%$$

Die künftige Belastung mit Zinsaufwand wird sich ohne größere Tilgungen auf Beträge nicht unter 200 Mio. DM belaufen. Damit stellt sich die Frage, ob der operative Cashflow nach Steuern und nach Investitionen ausreicht, um das Fremdkapital bedienen zu können – ganz zu schweigen von der Erwirtschaftung von Überschüssen, die Alt- und Neuaktionäre nicht weiter entreichern.

- Zieht man die operativen Cashflows, die Residualgewinne, die Rentabilitätskennzahlen etc. zu Rate, erkennt man, dass die Sicherung der Zahlungs- und Ertragsfähigkeit aus dem operativen Geschäft fraglich ist. Zu groß ist der Abstand zu den Fortbestand sichernden Liquiditäts- und Rentabilitätsniveaus.

18.6 Literatur

Altman, E. I. (1968): Financial Ratios, Discriminant Analysis and the Prediction of Corporate Bankruptcy. In: Journal of Finance, Vol. 23, S. 589-609.

Baetge, J./Jerschensky, A. (1996): Beurteilung der wirtschaftlichen Lage von Unternehmen mit Hilfe der modernen Verfahren der Jahresabschlußanalyse: Bilanzbonitäts-Rating von Unternehmen mit Künstlichen Neuronalen Netzen. In: Der Betrieb, 49. Jg., S. 1581-1591.

Drukarczyk, J./Schüler, A. (1999): Kapitalvernichtung bei Holzmann hat Tradition: Eine lange Geschichte unzureichender Performance (1999). In: Börsen-Zeitung, 29.12.1999, S. 17.

Drukarczyk, J./Schüler, A. (2003): Der Fall Holzmann – ein Beispiel über den Nutzen einer kapitalgeberorientierten Performance-Messung. In: Finanzwirtschaft, Kapitalmarkt und Banken, Festschrift für Prof. Dr. Manfred Steiner, Rathgeber/ Tebroke/Wallmeier (Hrsg.), S. 85-104.

Drukarczyk, J./Schüler, A. (2007): Unternehmensbewertung, Kapitel 10, 5. A., München.

Hauschildt, J./Leker, J./Clausen, S. (1995): Auf dem Bau herrschen andere Gesetze.... In: Die Betriebswirtschaft, 55. Jg., S. 287-301.

O'Hanlon, J./Peasnell, K. (2002): Residual Income and Value Creation: The Missing Link. In: Review of Accounting Studies, Vol 7, S. 229-245.

Philipp Holzmann AG: Geschäftsberichte 1992-2000, Frankfurt a. M.

Philipp Holzmann AG (1999): Unternehmenspräsentation – Sanierungskonzept, Frankfurt a. M.

Schüler, A. (2000): Zum Befinden von Holzmann. In: Börsen-Zeitung, 16.02.2000, S. 23.

Schüler, A./Krotter, S. (2004): Zur Konzeption wertorientierter Steuerungsgrößen: Per-for-mance-Messung mit Discounted Cash Flows und Residualgewinnen ex ante und ex post. In: Finanz Betrieb, 6. Jg., S. 430-437.

Standard and Poor's (2001): Corporate Rating Criteria.

19. Continental Airlines

19.1 Vorbemerkung

Chapter 11 BC mit der Titelüberschrift „Reorganization“ ist Vorbild für das deutsche Insolvenzverfahren gemäß §§ 217 ff. InsO gewesen. Zweck dieser Fallstudie ist es, ausgewählte Problembereiche der Reorganisation im amerikanischen und deutschen Recht zu beleuchten. Die relevanten Daten entstammen der von Gilson vorgelegten Fallstudie[1] und den von Continental Airlines bei der Security and Exchange Commission eingereichten 10-k-Reports.[2] Diese Daten sind nicht hinreichend vollständig, um einen allen Aspekten genügenden Reorganisationsplan abzuleiten. Datenlücken werden daher bei Bedarf durch Annahmen geschlossen, auf die im Text hingewiesen wird. Behandelt werden das prinzipielle Bewertungsproblem, Probleme der Cramdown-Regelung gemäß Art. 1129 BC bzw. des Obstruktionsverbotes im Sinne von § 245 InsO, und die Frage, wann Alteigentümern bei Fortführung ein Wert zugewiesen wird und wann ihnen die Partizipation zu verweigern ist.[3]

19.2 Vorgeschichte und Daten

19.2.1 Vorgeschichte

Das Unternehmen Continental Airlines (im Folgenden CA) wurde 1934 gegründet. Die Gesellschaft baute ein dichtes Flugnetz vorrangig in den USA auf. 1980 übernahm Texas Air Corp. im Wege einer feindlichen Übernahme 51 % der Anteilsrechte. 1983 beantragte das Management die Eröffnung eines Verfahrens nach Chapter 11 BC und nutzte dies insbesondere, um die überdurchschnittlichen Lohn- und Gehaltszahlungen der Mitarbeiter zu reduzieren. CA verlässt Chapter 11 im Jahre 1986 und galt zunächst als erfolgreich: Die Umsatzerlöse stiegen von 1.400 Mio. $ auf 6.700 Mio. $ in 1990; die Bilanzsumme stieg von 1.300 Mio. $ auf 7.700 Mio. $. Ende 1990 ist CA die fünftgrößte US-Fluggesellschaft. Die Finanzierung erfolgt zu einem erheblichen Teil über Fremdkapital: Der Verschuldungsgrad zu Marktwerten liegt seit 1986 über 0,8, während der Branchendurchschnitt knapp 0,6 beträgt. Zugleich gilt CA als Fluggesellschaft mit attraktiver Kostenstruktur; die Kosten per „seat mile“ werden auf 8,6 Cent beziffert; der Branchendurchschnitt liegt bei 9,6 Cent. Die Heimatflughäfen von CA

---

[1] Vgl. Gilson, St. C. (2001), S. 83-109.

[2] Annual Reports pursuant to section 13 or 15 (d) of the Securities Exchange Act of 1934 von Continental Airlines für die Jahre 1992 und 1993.

[3] Der Sachverhalt Continental Airlines wurde in einem Beitrag in dem von Markus Heintzen und Lutz Kruschwitz herausgegebenen Band „Unternehmen in der Krise“ (2004) unter dem Titel „Probleme des Reorganisationsverfahrens: Bewertung, best interest test und Verlustvorträge“ behandelt. Wir danken den beiden Herausgebern für ihre freundliche Zustimmung zu diesem (modifizierten) Beitrag.

sind „low density airports“ (Newark, Houston, Denver); 82 % der Mitarbeiter sind nicht gewerkschaftlich organisiert.

Im Gefolge der Kuwait-Krise verdoppelten sich die Treibstoffkosten innerhalb weniger Monate. Der sogenannte Sitzladefaktor sank rapide; die Liquiditätsposition verschlechterte sich sehr schnell. Die Jahresfehlbeträge waren: 1989 -885,6 Mio. $; 1990 -2.343,9 Mio. $. Am 3. Dezember 1990 stellte das Management Antrag auf Eröffnung eines (zweiten) Reorganisationsverfahrens gemäß Chapter 11 BC.[4] Ein Versuch von Sanierungsverhandlungen außerhalb des Reorganisationsverfahrens (workout) war wegen der Komplexität der Finanzierungsverträge, die zahlreiche Covenants enthielten, und der großen Zahl von Gläubigern vom Management nicht gestartet worden. CA verfügte in 1990 über 319 Großraumflugzeuge und 85 Kurzstrecken-Maschinen. 74 % der Flugzeuge waren geleast. Das Durchschnittsalter der Flotte betrug ca. 14 Jahre; der Branchendurchschnitt lag bei 9,3 Jahren.[5]

Die kumulierten steuerlichen Verluste (net operating losses, NOL) betrugen (nach Nutzung aller Verlustrücktragsmöglichkeiten) ca. 1.900 Mio. $. Zum Zeitpunkt der Antragstellung hatte CA 38.300 Mitarbeiter.

19.2.2 Maßnahmen des Managements vor Erstellung des Reorganisationsplans (= Insolvenzplans)

Im US-amerikanischen Reorganisationsverfahren bleibt das Management des insolventen Unternehmens regelmäßig im Amt. Die Ernennung eines Verwalters (trustee) ist der Ausnahmefall. Die debtor-in-possession-Position (DiP) ist mit dem Vorrecht ausgestattet, das alleinige Entwicklungsrecht für einen Reorganisationsplan während 120 Tagen nach Eröffnung zu haben (§ 1121 (6) BC). Diese Frist wurde im vorliegenden Fall vom Gericht mehrfach verlängert.

Das Management von CA erreichte in Verhandlungen vor der Vorlage eines Reorganisationsplanes insbesondere die folgenden Vorteile bzw. Änderungen bestehender Verträge: Es gelang, einen DiP-Kredit, der mit einer sog. Superpriority im Sinne von § 364 BC ausgestattet ist, in Höhe von 120 Mio. $ auszuhandeln. Zinszahlungen und Zinslauf auf ungesicherte Gläubigeransprüche und Gläubigeransprüche, die durch die zugehörigen Sicherungsrechte nicht gedeckt sind, wurden ausgesetzt. Es gelang, die Leasingzahlungen an Leasinggeber stark zu reduzieren und zeitlich aufzuschieben. Nach § 365 BC hat der Leasingnehmer innerhalb von 60 Tagen nach Verfahrenseröffnung zu entscheiden, ob er den Vertrag erfüllt oder nicht. Lehnt er die Erfüllung ab, wird der Anspruch des Leasinggebers zu einem ungesicherten Anspruch. Andererseits kann der Leasinggeber nach § 1010 BC die Herausgabe von Flugzeugen verlangen, wenn der Leasingnehmer Zahlungsrückstände nicht innerhalb von 60 Tagen nach Verfahrenseröffnung begleicht. Es lässt sich aus den vorliegenden Unterlagen nicht verlässlich rekonstruieren, warum es CA gelang, wesentlich günstigere Zahlungsbedingungen

---

4 Der Eigenantrag des Managements der insolvenzbedrohten Airline stellt in den USA den Regelfall dar. Der Nachweis, dass ein Insolvenztatbestand vorliegt, muss nicht geführt werden. CA wies Total Assets im Wert von 4,8 Mrd. $ und Verbindlichkeiten von 5,9 Mrd. $ nach. Nach deutschem Recht wäre CA überschuldet im Sinne von § 19 InsO, wenn man zusätzlich drohende Zahlungsunfähigkeit unterstellt.

5 Zum Vergleich: Das Durchschnittsalter der Flotte der Lufthansa betrug in 1990 5,4 Jahre.

gegenüber den Leasinggebern durchzusetzen. Ein nicht unwichtiger Grund könnte darin bestehen, dass im Zeitraum 1990 - 1992 ca. 20 % der gesamten US-amerikanischen Flugkapazität von Gesellschaften gemanagt wurde, die insolvenznah waren oder bereits unter dem Schutzschirm von Chapter 11 BC operierten. Vor diesem Hintergrund war ein Rückzug eines Leasinggebers durch Herausgabeverlangen vermutlich nicht attraktiv, da die Alternative im Parken des Fluggerätes in der Wüste von Arizona bestanden haben könnte.[6]

19.2.3 Gebote von Investoren

Das Management von CA warb um neue Investoren, da der DiP-Kredit und das Zurückschneiden der Leasingverpflichtungen und der ungesicherten Forderungen nicht ausreichend erschien, um eine nicht insolvenzbedrohte Fortführung zu sichern. Details der abgegebenen Angebote werden hier nicht ausgebreitet, da sie nicht den Kern der folgenden Überlegungen berühren. Das vom Management favorisierte Gebot bestand im Angebot von „Air Partners“ und „Air Canada“, das – unter einer Reihe von Bedingungen[7] – die Bereitstellung von zunächst 310 Mio. $ Fremdkapital mit Besicherung und den Einschuss von rund 360 Mio. Eigenkapital gegen neue Aktien vorsah.[8]

19.2.4 Plandaten und Vorbereitung einer Lösung

Das Management von CA wollte im Rahmen der Reorganisation folgende Ziele erreichen:

- Verjüngung der Flotte,
- Modernisierung der Kollisionswarn- und Anti-Scherwind-Systeme,
- Erweiterung des Flugnetzes mit Unterstützung einer zweiten Fluggesellschaft,
- Nutzung der aufgelaufenen Verlustvorträge,
- Zurückschrauben der ungesicherten Ansprüche von Gläubigern und von Ansprüchen der Altaktionäre,
- Verminderung des Verschuldungsgrades der Gesellschaft.

Tabelle 19-1 stellt die Plandaten aus der Sicht des Managements dar.[9] Berechnet werden ausschüttungsfähige Beträge bzw. notwendige Kapitaleinlagen bei Eigenfinanzierung unter Beachtung eines zu Beginn der Periode 1993 bestehenden Verlustvortrages von 1.900 Mio. $. Berücksichtigt wird ausschließlich die Körperschaftsteuer in Höhe von $s_K = 0{,}34$. Einkommensteuern werden nicht beachtet. Die in Zeile (2) ausgewiesenen operativen Aufwendungen enthalten die Leasingraten für die in Vorverhand-

---

6 Außerdem hatte der Bankruptcy Court – das Verfahren ist in Delaware eröffnet worden – die in § 365 BC definierte Frist verlängert bis zum Zeitpunkt der Planbestätigung. Vgl. 10-k-Report 1992, S. 5.

7 Vgl. hierzu 10-k-Report 1992, S. 7.

8 Der Investor verlangte 10 von 16 Sitzen im Board. Er erhielt außerdem Warrants zum Bezug von 11 Mio. neuen Aktien. Die exakten Bezugsbedingungen konnten nicht ermittelt werden. Die Ausübung der Bezugsrechte ist in der oben genannten Summe unterstellt.

9 Vgl. Gilson, St. C. (2001), Anhänge 3.8 und 3.9, S. 105-106. Die Daten werden z. T. modifiziert und fortgeschrieben.

lungen modifizierten Altverträge und die geplanten im Wege des Leasing zu finanzierenden Neuanschaffungen von Fluggeräten.

Will man die Bewertung des Unternehmens mittels des APV-Ansatzes vornehmen[10] und somit im ersten Lösungsschritt den Wert bei ausschließlicher Eigenfinanzierung ermitteln, muss man die operativen Überschüsse von den impliziten, in Leasingraten enthaltenen Zinslasten befreien. Dies ist die Funktion von Zeile (3). Das in Zeile (4) ausgewiesene operative Ergebnis ist somit das GuV-Ergebnis vor Steuern bei Eigenfinanzierung, wenn man unterstellt, dass die Belastung mit den um den (impliziten) Zinsaufwand verkürzten Leasingraten der Belastung der Abschreibung bei Kauf der Flugzeuge entspräche. Die Steuerzahlungen werden unter Berücksichtigung des Verlustvortrages von 1.900 Mio. $ berechnet. Nach Addition der Abschreibungen und Abzug der Investitionen weist Zeile (12) die finanziellen Defizite bzw. Überschüsse aus. Die verfügbaren Daten lassen nicht erkennen, wie die Auszahlungen für Investitionen in Bodenanlagen und Fluggerät ab 1996 ff. aussehen könnten. Diese Wissenslücke wird durch die Annahme geschlossen, dass die Investitionsauszahlungen die Abschreibungen um 0,03 BS_{t-1}, also um 3 % der Bilanzsumme der Vorperiode übersteigen.[11]

Tabelle 19-2 erläutert die Entwicklung des Fremdkapitalbestandes im Zeitablauf und begründet die in Tabelle 19-1, Zeile (3) vorgenommene Korrektur des operativen Ergebnisses um die Zinsanteile, die in den von CA zu leistenden Leasingraten enthalten sind.

Der in den Reorganisationsplan aufzunehmende Fremdkapitalbestand[12] in 1992 setzt sich zusammen aus a) den gesicherten Ansprüchen von Altgläubigern (1.472 Mio. $), 120 Mio. $ DiP-Kredit, 8 Mio. $ Fremdkapitalaufnahme zur Finanzierung von Sachanlagevermögen und 131 Mio. $ von später zu tilgenden Leasingraten. Dieser Anfangsbestand erhöht sich um die Auszahlungen für Flugzeuge[13] (Zeile (2)), die Auszahlungen für Bodenanlagen (Zeile (3)), soweit sie durch Kredite finanziert werden[14] und durch Fremdfinanzierung, die der Neu-Investor bewirkt. Der Bestand sinkt um die geplanten Tilgungen.[15] Die zeitliche Entwicklung des Fremdkapitalbestandes wird nun benutzt, um die periodische Zinslast einschließlich der impliziten Zinsanteile in den Leasingraten zu schätzen. Die Verbindlichkeiten von CA sind mit B geratet. Der relevante Zinssatz für B-Verbindlichkeiten in 1992 beträgt etwa 10 %. Der periodische Zinsaufwand könnte somit gemäß $(F_{t-1} + F_t) \cdot 0{,}5 \cdot 0{,}10$ geschätzt werden. Zieht man

10 Vgl. zur Arbeitsweise des APV-Ansatzes im Rahmen verschiedener Steuerregime Drukarczyk, J./Schüler, A. (2007), S. 165-206.

11 Die Bilanzsumme der Planbilanz zum Ende der Periode 1995 beträgt ca. 5.447 Mio. $; 0,03 · 5.447 = 163,4.

12 Der Antrag auf Verfahrenseröffnung erfolgte am 3.12.1990. Die oben dargestellten Planungen erfolgen aus der Sicht am Ende der Periode 1992.

13 Die neuen Flugzeuge werden über Finanzierungsleasingverträge finanziert. Hier wird vereinfachend angenommen, dass die Finanzierungslast von CA den geplanten Investitionsauszahlungen entspricht.

14 Vgl. Gilson, St. C. (2001), Anhang 3.9.

15 Vgl. Gilson, St. C. (2001), Anhang 3.9.

von dieser Schätzung die in der Plan-GuV ausgewiesenen Zinsaufwendungen ab[16] – sie werden in Zeile (7) der Tabelle 19-2 ausgewiesen – erhält man eine überschlägige Schätzung der in den Leasingraten enthaltenen Zinsanteile. Die gesamte zu erwartende Zinslast wird in Zeile (9) ausgewiesen. Sie ist so dimensioniert, dass sie einem Zinssatz von 10 % auf den durchschnittlichen Fremdkapitalbestand entspricht.

Mio. $		1993	1994	1995	1996	1997
(1)	Operative Erträge	5.875,0	6.882,6	7.720,7	7.952,3	8.190,8
(2)	Operative Aufwendungen	5.727,7	6.543,3	7.149,7	7.364,2	7.585,1
(3)	Korrektur Zinsaufwand in Leasingraten[a]	31,8	128,2	265,4	265,4	265,4
(4)	Operatives Ergebnis: (1)-(2)+(3)	179,1	467,5	836,4	853,5	871,1
(5)	Sonstige betriebliche Erträge	29,6	45,5	65,8	67,8	69,8
(6)	Erfolg vor Zinsen und Steuern (EBIT)	208,7	513,0	902,2	921,3	940,9
(7)	Steuern ($s_K = 0{,}34$); NOL = 1.900	-	-	-	219,4[b]	319,9
(8)	Abschreibungen	199,0	233,6	256,5	n.b.	n.b.
(9)	Auszahlungen für Investitionen (ohne Flugzeuge)	271,2	264,1	221,7	163,4	168,3
(10)	Auszahlungen für Flugzeuge	383,4	1.352,4	1.403,5	-	-
(11)	Investitionen im UV	5,0	5,0	5,0	5,2	5,4
(12)	FCF: (6)-(7)+(8)-(9)-(10)-(11)	-251,9	-874,9	-471,5	533,3	447,3

a Vgl. Tabelle 19-2.

b $\left[921{,}3-(1.900-208{,}7-513{,}0-902{,}2)\right]0{,}34=219{,}4.$

Tabelle 19-1: Entwicklung der Free Cash Flows (FCF) bei Eigenfinanzierung unter Beachtung des Verlustvortrages

Auf Stufe 2 eines APV-Bewertungskalküls sind die steuerlichen Vorteile, die aus dem Einsatz verzinslichen Fremdkapitals resultieren, zu berechnen und zu bewerten. Tabelle 19-3 weist diese steuerlichen Vorteile in Zeile (5) unter der Annahme aus, dass

16 Vgl. Gilson, St. C. (2001), Anhang 3.8.

die prinzipiell zustandsabhängigen steuerlichen Bemessungsgrundlagen der Perioden 1996 ff. die steuerliche Abzugsfähigkeit der Zinsaufwendungen gestatten.[17]

Mio. $		1992	1993	1994	1995	1996	1997
(1)	Bestand Fremdkapital in 1992	1.731					
(2)	Auszahlungen für Flugzeuge	-	383,4	1.352,4	1.403,5	-	-
(3)	FK-finanzierte andere Investitionen	-	69,4	95,6	57,0	-	-
(4)	Tilgungen	-	96,0	343,6	278,8	278,8	278,8
(5)	Erhöhung Fremdkapital durch Neuinvestor	-	325,0	-	-	-	-
(6)	Bestand Fremdkapital: F_{t-1}+(2)+(3)-(4)+(5)	-	2.412,8	3.517,2	4.698,9	4.420,1	4.141,3
(7)	Explizite Zinsaufwendungen	-	175,4	168,3	145,4	190,5	162,7
(8)	Implizite Zinsen in Leasingraten	-	31,8[a]	128,2	265,4	265,4	265,4
(9)	Summe aus (7) + (8)	-	207,2	296,5	410,8	455,9	428,1

[a] $(1.731 + 2.412,8) \cdot 0,5 \cdot 0,10 = 207,2;\ 207,2 - 175,4 = 31,8.$

Tabelle 19-2: Entwicklung der Fremdkapitalbestände und implizite Zinslast

[17] Die Bewertung von CA im Rahmen der Reorganisation wirft die Frage auf, wie Finanzierungsleasingverträge zu behandeln und zu bewerten sind. Vgl. hierzu etwa Drukarczyk, J./ Schüler, A. (2007), S. 323-339. Die hier vorgenommene Behandlung der Finanzierungsleasingverträge, die ausschließlich versucht, die steuerlichen Vorteile auf die in Leasingraten enthaltenen Zinsanteile zu erfassen, ist ungenau, weil sie wertrelevante Abweichungen zwischen Leasing und Kauf, verknüpft mit einer alternativen Finanzierung, unbeachtet lässt. Genauere Rechnungen sind im hier vorliegenden Fall nicht möglich, da Leasingraten, Laufzeiten, Behandlung der Restverkaufserlöse und Abschreibungsmodalitäten der Flugzeuge nicht bekannt sind.

Mio. $	1992	1993	1994	1995	1996	1997	1998	1999
(1) Entwicklung von NOL bei Eigenfinanzierung	1.900	1.691,3	1.178,3	276,1	0	0	0	0
(2) Expliziter und impliziter Zinsaufwand	-	207,2	296,5	410,8	455,9	428,1	414,1[a]	414,1
(3) SBG_t bei Eigenfinanzierung nach Verrechnung NOL	0	0	0	0	645,2[b]	940,9	969,1	998,2
(4) Kumulierter, noch zu verrechnender Zinsaufwand	-	207,2	503,7	914,5	725,2	212,4	0	0
(5) Steuerliche Vorteile aus Verrechnung des Zinsaufwands	-	-	-	-	219,4	319,9	213,0[c]	140,8

[a] Das Fremdkapitalvolumen zum Ende von 1997 (4.141,3) wird beibehalten.
[b] $EBIT_{96}$ – nicht genutzter $NOL = 921{,}3 - 276{,}1 = 645{,}2$.
[c] Der kumulierte (noch nicht verrechnete) Zinsaufwand Ende 1997 ist 212,4. Wegen $EBIT_{98}$ = 969,1, beträgt der steuerliche Vorteil aus der Zinsverrechnung $0{,}34 \cdot (212{,}4 + 414{,}1) = 213$.

Tabelle 19-3: Berechnung der steuerlichen Vorteile, bedingt durch die Abzugsfähigkeit von expliziten und impliziten Zinsaufwendungen

19.3 Vorinsolvenzrechte, Anspruchszuordnung und Bewertung

Im Reorganisationsverfahren (Insolvenzverfahren) sind unter strikter Beachtung der Vorinsolvenzrechte Zahlungsansprüche den Anspruchsinhabern zuzuordnen. Verteilt werden Anteile an Barwerten. Dazu muss man zuerst ermitteln, was überhaupt zu verteilen ist. Das überhaupt zu Verteilende ist der Unternehmensgesamtwert bei Fortführung, falls er den Wert bei Liquidation übersteigt, der im Folgenden mit V^F bezeichnet wird. In Tabelle 19-4 und Tabelle 19-5 werden der Wert der Gesellschaft bei Eigenfinanzierung und der Wert der steuerlichen Vorteile aus dem Einsatz von verzinslichem Fremdkapital und Leasingverträgen unter alternativen Annahmekonstellationen ausgewiesen. Die risikolose Rendite i entspricht der Verzinsung einer US-amerikanischen Bundesanleihe mit 30-jähriger Laufzeit. Die Marktrisikoprämie (MRP) wird mit Werten zwischen 5% und 7% und damit im Vergleich zu Beispielen in amerikanischen Lehrbüchern vorsichtig angesetzt. β^E ist das um Finanzierungseinflüsse bereinigte Branchen-Beta. Gilson berichtet β^F-Werte für American Airlines von 1,45, Delta Airlines von 1,10; United Airlines von 1,25 und USAir Group von 1,65. Werden diese Werte um die Kapitalstruktureffekte bereinigt, erhält man den (erstaunlich niedrigen) Durchschnittswert von 0,74. Da Continental Airlines in einem Chapter 11-Verfahren steht, dürfte der faktische Wert höher liegen.

	Konstellation	1	2	3	4	5	6
(1)	Risikolose Rendite i	0,0769	0,0769	0,0769	0,0769	0,0769	0,0769
(2)	MRP	0,07	0,07	0,06	0,06	0,05	0,05
(3)	β^E	0,74	0,74	0,74	0,74	0,74	0,74
(4)	k	0,1287	0,1287	0,1213	0,1213	0,1139	0,1139
(5)	Wachstumsrate g ab 98 ff.	0,03	0,04	0,03	0,04	0,03	0,04
(6)	I_t - Ab_t ab 1996[a]	163,4[b]	272,4[c]	163,4	272,4	163,4	272,4
(7)	V^E; 93-97	-665,1	-795,0	-665,2	-799,1	-665,2	-803,0
(8)	V^E_{97}	4.667,9	3.896,2[d]	5.047,6	4.250,9	5.492,8	4.676,5
(9)	V^E_{93}	1.883,1	1.331,9	2.182,4	1.599,0	2.537,8	1.924,0

a Betrag wächst ab 1996 mit g.

b Entspricht $0,03 \cdot BS_{t-1} = 0,03 \cdot 5.447 = 163,4$.

c Entspricht $0,05 \cdot BS_{t-1} = 0,05 \cdot 5.447 = 272,4$.

d $(447,3 + 168,3 - 272,4 \cdot 1,04) \cdot 1,04 \cdot \frac{1}{0,1287 - 0,04} = 3.896,2$. Die Reinvestitionsrate des Jahres 1996 beträgt 5 % der Bilanzsumme. In diesem Betrag ist die Auszahlung für Investitionen (Zeile (9) in Tabelle 19-1) enthalten.

Tabelle 19-4: Berechnung des Wertes bei Eigenfinanzierung zum 01.01.1993 bei unterschiedlichen Parameterkonstellationen

Die Größe k (Zeile (4)) bezeichnet die geforderte Rendite der Eigentümer bei Eigenfinanzierung. Zeile (9) weist die zugehörigen Unternehmenswerte bei Eigenfinanzierung aus. Tabelle 19-4 belegt, dass relativ bescheiden erscheinende Parameteränderungen markante Wertänderungen bewirken.

Tabelle 19-5 fügt zum Wert der Eigenfinanzierung den Wert steuerlicher Vorteile (V^{St}) hinzu. Dieser berechnet sich als Barwert der in Tabelle 19-3, Zeile (5) ausgewiesenen Vorteile bei unterstelltem Nullwachstum der Steuervorteile. Als Diskontierungssatz wird $i_V = 0,10$, also der Fremdkapitalkostensatz, benutzt. V^{St} beträgt 1.263,5.

Angenommen, Konstellation 3 mit $V^F = 3.445,9$ gälte als besonders glaubwürdig. Gesicherten Altgläubigern stehen Ansprüche in Höhe von 1.731 zu; der Neu-Investor hält besicherte Ansprüche aus Kreditverträgen in Höhe von 325. Die Ansprüche ungesicherter Gläubiger betragen 3.484.[18] Die Ansprüche von Alteigentümern sind folglich erloschen, wenn die vertragliche bzw. gesetzliche Anspruchsrangfolge eingehalten wird. Nicht Alt- oder Neugläubigern zustehende Ansprüche sind aufzuteilen auf ungesicherte Gläubiger und den Eigenkapital von ca. 360 Mio. einschießenden Neu-Investor. Der Liquidationswert der Vermögensgegenstände des Unternehmens wird in Höhe von 2.355 Mio. $ vor Liquidationskosten veranschlagt.

---

18 Vgl. Gilson, St. C. (2001), Anhang 3.3. Die Kosten der Reorganisation in Höhe von 27,7 Mio. $ (1991) und 30 Mio. $ (1992) bleiben unberücksichtigt. Vgl. 10-k-Report (1992), S. 5.

Konstellation	1	2	3	4	5	6
(1) MRP	0,07	0,07	0,06	0,06	0,05	0,05
(2) k	0,1287	0,1287	0,1213	0,1213	0,1139	0,1139
(3) I_t - Ab_t in 1996	163,4	272,4	163,4	272,4	163,4	272,4
(4) g	0,03	0,04	0,03	0,04	0,03	0,04
(5) V^E	1.883,1	1.331,9	2.182,4	1.599,0	2.537,8	1.924,0
(6) V^{St}	1.263,5	1.263,5	1.263,5	1.263,5	1.263,5	1.263,5
(7) $V^F = V^E + V^{St}$	3.146,6	2.595,4	3.445,9	2.862,5	3.801,3	3.187,5
(8) $E^F = V^F$ - F^a	1.090,6	539,4	1.389,9	806,5	1.745,3	1.131,5

[a] $F_0 = 1.731 + 325 = 2.056$. F_0 ist das gemäß Plan berechtigte Fremdkapital.

Tabelle 19-5: Unternehmensgesamtwert (V^F) und Wert des Eigenkapitals (E^F) bei unterschiedlichen Parameterkonstellationen

Der Leser ist eingeladen, die oben skizzierte Lösung vor dem Hintergrund der Insolvenzordnung (InsO) zu beurteilen. Hierbei soll nicht der Bewertungsgang, dessen Kern in Tabelle 19-1, Tabelle 19-3 und Tabelle 19-5 zum Ausdruck kommt, im Zentrum stehen. Natürlich könnte ausführlich über die wertbestimmten Parameter MRP, β^E, g und die Reinvestitionsrate I_t diskutiert werden. Hier soll indessen die im Fall zur Durchsetzung kommende Verteilung von Ansprüchen, der Beleg für die Vorziehenswürdigkeit der Fortführung und der Ausschluss der Alteigentümer diskutiert werden. Relevant sind hierbei insbesondere die Vorschriften der §§ 243 - 252 InsO (Insolvenzplan, Abstimmungsregeln, Obstruktionsverbot und Minderheitenschutz) sowie einschlägige Kommentierungen. Die Frage der Behandlung der Alteigentümer gemäß deutschem Recht wird behandelt bei Eidenmüller (2001).

19.4 Literatur

Drukarczyk, J./Schüler, A. (2007): Unternehmensbewertung, 5. A., München

Eidenmüller, H. (2001): Gesellschafterstellung und Insolvenzplan. In: Zeitschrift für Unternehmens- und Gesellschaftsrecht, S. 680-711.

Gilson, St. C. (2001): Creating Value through Corporate Restructuring, Case Studies in Bankruptcies, Buyouts and Breakups, Boston.

20. Continental Airlines – Lösungsvorschlag

20.1 Problembehandlung

Einige Aspekte des skizzierten Verfahrens entsprechen der in der Literatur geäußerten Kritik am Verfahren nach Chapter 11: Das Verfahren dauert lange; die direkten Kosten der Insolvenz sind hoch; bezogen auf die konstellationsabhängigen Werte des Eigenkapitals betragen sie zwischen 3 und 8 %.[1] Die Debtor-in-possession-Position des Managements, verbunden mit dem alleinigen Vorlagerecht eines Reorganisationsplans, wird von Gerichten in der Regel großzügig ausgedehnt. Das Unternehmen verlässt das Verfahren häufig mit ungünstiger Kapitalstruktur. Das oben aufgespannte Bewertungskalkül macht eindringlich klar, welches Einspruchspotential sich nachrangigen Anspruchsinhabern bietet, um das Bewertungsergebnis hochzuhebeln, um so die eigene Position attraktiver zu gestalten.[2] Diese Aspekte sollen hier nicht im Vordergrund stehen. Behandelt werden sollen die Struktur des Obstruktionsverbotes, die Relevanz des Liquidationswertes und die Hürden, die der Ausbootung von Alteigentümern entgegenstehen.

20.2 Obstruktionsverbot

Der Bankruptcy Code enthält in § 1129 BC die sog. cram-down-Regeln („confirmation of plan") in Form vom 13 Bedingungen, die erfüllt sein müssen, damit das Gericht einen Gläubigern zur Abstimmung vorgelegten Plan bestätigen kann, und zwar auch dann, wenn eine oder mehrere Klassen (Gruppen) von Gläubigern dem Plan nicht zugestimmt haben. Es ist diese Regelung, die Vorbild für das „Obstruktionsverbot" des § 245 InsO war. Die Regelung definiert die Untergrenze des Anspruchs, den ein Plan mindestens erfüllen muss, die Obergrenze des Anspruchs, die wichtige Anspruchsrangfolge, die im wesentlichen die Vorinsolvenzrechte reflektiert und eine Gleichbehandlungsregel für Ansprüche mit gleichem Rang. Im Folgenden wird die deutsche Regelung dargestellt.

Zwei Eigenschaften fallen auf: (1) Ein wichtiger Bezugspunkt ist die Position, die Gläubiger bei Liquidation der Gesellschaft, also „ohne einen Plan" hätten; (2) das Verteilbare wird gemäß der Rangfolge der vertraglichen Rechte verteilt, bis das Verteilbare erschöpft ist. Es gilt auch hier die „absolute priority rule". Insofern ist das Nein eines Gläubigers bzw. einer Gläubigerklasse zu einem Plan dann unbeachtlich, wenn kein nachrangiger Positionsinhaber gemäß Plan einen wirtschaftlichen Wert erhält.[3]

---

1 Bezogen auf den Unternehmensgesamtwert betragen die direkten Kosten zwischen 1,5 und 2,1 %.

2 Vgl. zu Verbesserungsvorschlägen z. B. Bebchuk, L. A. (1988), (1998); Aghion, Ph./Hart, O. E./Moore, J. (1993), (1994).

Eigenschaft 1, die in der amerikanischen Literatur auch als „best interest test" bezeichnet wird, soll sicherstellen, dass kein Anspruchsinhaber zu Fortführungsopfern, zu der die Mehrheit einer Klasse (Gruppe) bereit sein könnte, gezwungen werden kann. Die InsO verankert dieses Prinzip in § 251 InsO als individuelles Gläubigerrecht: Die Bestätigung des Plans ist ausgeschlossen, wenn ein Gläubiger glaubhaft macht, dass er durch den Plan schlechter gestellt wird, als er „ohne Plan" stünde.

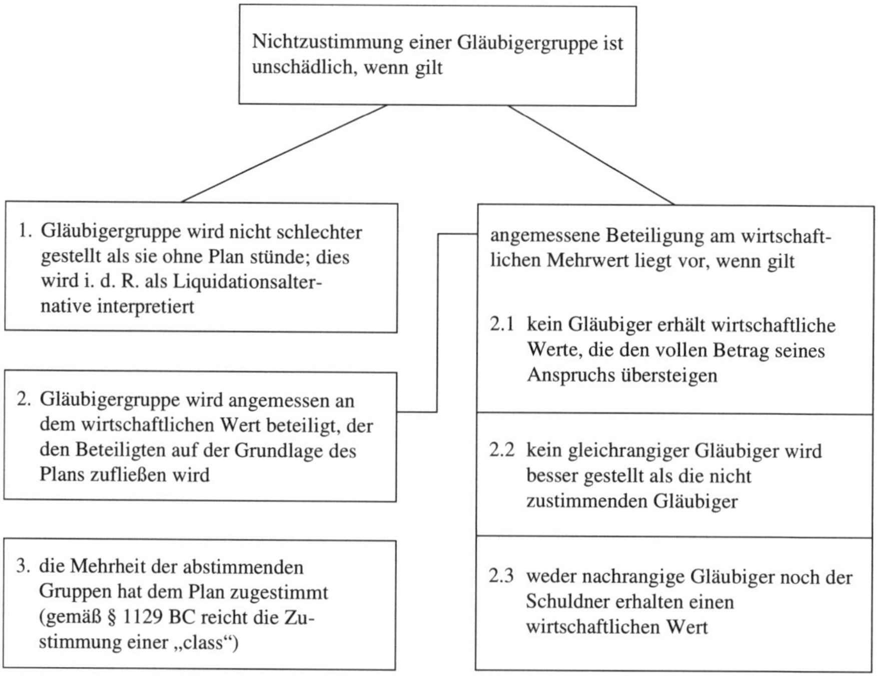

Tabelle 20-1: Struktur des Obstruktionsverbotes

Die Beachtung dieses Prinzips brächte den Reorganisationsplan weder nach deutschem noch nach US-amerikanischem Recht ins Wanken, wenn ungesicherte Gläubiger die Gesamtheit der neu auszugebenden Aktien erhielten, womit die Alteigentümer ausgeschieden wären. Tabelle 20-2 zeigt in Zeile (5) die Werte des Eigenkapitals, die für die unterschiedenen Parameterkonstellationen berechnet wurden. Sie übersteigen generell den Anteil am Liquidationserlös, mit dem ungesicherte Gläubiger rechnen könnten. Der Anteil ungesicherter Gläubiger berechnet sich aus dem erwarteten Bruttoliquidationswert nach Abzug von Verwertungskosten in Höhe von 165 und nach Abzug der Zugriffsrechte der gesicherten Gläubiger (1.731).

Die Lage ändert sich, weil den Neu-Investoren ein Teil der neu zu emittierenden Aktien übereignet werden muss. Der 10-k-Report von 1992 berichtet, dass die Neu-Investoren 54,4 % der neuen Aktien erhalten sollen. Damit sinkt der anteilige Wert der

[3] Und kein vorrangiger Gläubiger mehr erhält als ihm zusteht.

ungesicherten Gläubiger auf die in Zeile (7) ausgewiesenen Werte. Ihre Zustimmung i. S. d. „best interest test" hängt nun von der Konstellation ab, die die ungesicherten Gläubiger für relevant halten. Für die Konstellationen 2 und 4 kann ihre Zustimmung nicht erwartet werden.

	1	2	3	4	5	6
(1) Ansprüche gesicherter Gläubiger	2.056[a]	2.056	2.056	2.056	2.056	2.056
(2) Ansprüche ungesicherter Gläubiger	3.484	3.484	3.484	3.484	3.484	3.484
(3) Liquidationswert nach Verwertungskosten	2.190[b]	2.190	2.190	2.190	2.190	2.190
(4) Anteil ungesicherter Gläubiger am Liquidationswert	459[c]	459	459	459	459	459
(5) Wert des Eigenkapitals	1.090,6	539,4	1.389,9	806,5	1.745,3	1.131,5
(6) Anteil Neu-Investoren an (5)	593,3	293,4	758,4	438,7	951,5	615,5
(7) Anteil ungesicherter Gläubiger an (5)	497,3	246,0	635,7	367,8	797,6	516,0
(8) theoretisches Votum ungesicherter Gläubiger	+	-	+	-	+	+

[a] 1.731 + 325 = 2.056.
[b] 2.355 nach Verwertungskosten von 7 %. Zur Höhe von Verwertungskosten vgl. etwa Ang, J. S./Chua, J. H./McConnell, J. J. (1982), S. 219-226; Drukarczyk, J. (1995), S. 40-56.
[c] 2.190 - 1.731 = 459. Besicherte Neukredite in Höhe von 325 entstehen erst, wenn der Reorganisationsweg eingeschlagen wird.

Tabelle 20-2: Struktur des „best interest test" bzw. Prüfung nach § 245 Abs. 1, Ziff. 1

Tabelle 20-2 macht auf ein weiteres Problem aufmerksam: Wie wird die Äquivalenz zwischen Leistung von Neu-Investoren und übereignetem Gegenwert in Form von Aktien am reorganisierten Unternehmen geprüft? Und was könnten ungesicherte Gläubiger gegen potentielle Übervorteilungen, eingefädelt durch ein überlebenswilliges Management, das auf Einvernehmen mit Neu-Investoren angewiesen ist,[4] oder einen robusten Insolvenzverwalter tun? Nun ist der Anteil, den Neuinvestoren für einen gegebenen Eigenkapitalbetrag an den neu auszugebenden Aktien erhalten sollen, abhängig von dem zu erwartenden Wert des Eigenkapitals. Gälte z. B. Konstellation 1 als besonders vertrauenswürdig, dürfte Neuinvestoren ein Drittel der neuen Aktien zugestanden werden (360/1090). Ungesicherte Gläubiger müssten den Rest erhalten. Die Möglichkeiten, diese Lösung zu erzwingen, sind indessen sowohl nach § 1129 BC als auch nach § 245 InsO begrenzt. Ungesicherte Gläubiger können nur Lösungen verhindern, die ihre Position unter den Wert drücken, der ihnen „ohne Plan" zustünde. Das ist im vorliegenden Fall der Wert 459.

[4] Vgl. Gilson, St. C./Hotchkiss, E. S./Ruback, R. S. (2000), S. 43-74.

Eine alternative Verteidigungslinie könnte die Diskussion um die Bedingungen liefern, unter denen Alteigentümern die Teilnahme am reorganisierten Unternehmen gestattet werden kann. Dies soll jetzt diskutiert werden.

20.3 Anteil der Alteigentümer am Fortführungswert

Die amerikanische Diskussion findet statt unter dem Begriff „new value exception“.[5] Richtungsweisend ist eine Entscheidung des Supreme Court of the United States von 1999.[6] Kernaussage ist, dass der Versuch, Alteigentümern Eigentumsrechte gegen eine Leistung zu überlassen, gegen den Widerstand einer höherrangigen (nicht voll befriedigten) Klasse nicht durchgesetzt werden kann, wenn die Festlegung des Gegenwertes keine Form von Markttest bestanden hat. Nicht Insolvenzgerichte, sondern der Markt solle unter Wettbewerbsbedingungen entscheiden, ob der Wert der Leistung der Alteigentümer dem Marktwert der ihnen belassenen Eigentumsrechte entspricht. Diese Überlegung kann auf den Eintritt neuer Eigentümer und die Bewertung von deren Eintrittspreis übertragen werden. Die Klasse ungesicherter Gläubiger hätte somit vor dem Hintergrund alternativer Gebote, die unter Wettbewerbsbedingungen zustande kommen, über einen Plan zu entscheiden. Es sind die Rahmenbedingungen für ein Bieterverfahren zu schaffen. Ein Problem besteht darin, dass das Management die unternehmensbezogenen Informationen bereitstellt, auf deren Grundlage Bieter ihre Gebote formulieren. Wenn das Management bestimmte Lösungen präferiert, so kann es Ausgänge via Informationsbereitstellung beeinflussen.[7]

Die Lösung via Insolvenzplan wirft, wie zu erwarten ist, die gleiche Fragestellung auf: Wann wird den Alteigentümern, denen die Fortführung gestattet wird, ein wirtschaftlicher Wert zugewiesen? Die Bedeutung der Frage ist offensichtlich. Nicht voll befriedigte Gläubigergruppen könnten mit Hinweis auf die Wertzuweisung an Eigentümer jeden Plan zu Fall bringen, da gemäß der Konstruktion von § 245 InsO der Einwand nur dann als Obstruktion entlarvt werden kann, wenn der Wert der Zuweisung Null wäre. Dies mit einem Kalkül der oben unter 19.3 skizzierten Bauart zu belegen, kann wegen zahlreicher, nur in Spannweiten zu definierender Einflussfaktoren sehr zeit- und kostenaufwendig sein, ohne zu einem klaren Ergebnis zu führen. Der Rekurs des Supreme Court auf einen Markttest ist deshalb auf den ersten Blick sehr sinnvoll.

Die Diskussion in Deutschland sieht so aus: In der Begründung des RegE zur InsO heißt es, dass in der Fortführung durch den Schuldner nicht zwangsläufig die Zuwendung eines wirtschaftlichen Wertes an den Schuldner liege. Es käme darauf an, ob die Leistungen, die der Schuldner gemäß Plan zu erbringen habe, den noch vorhandenen Wert des Unternehmens aufwiegen. Wenn kein Dritter bereit sei, anstelle des Schuldners das Unternehmen zu den im Plan vorgesehenen Bedingungen fortzuführen, könne im Zweifel nicht angenommen werden, dass der Schuldner durch den Plan „einen wirtschaftlichen Wert erhält.[8]

---

[5] Vgl. z. B. Rusch, L. J. (1992), S. 1311-1336; Bailey, J. T. (1993), S. 50-77; Neville, D. (1995), S. 465-484.

[6] Bank of America National Trust and Savings Accociation v. 203 North LaSalle Street Partnership vom 3. Mai 1999.

[7] Dass dies eine empirisch relevante Strategie ist, belegen Gilson, St. C./Hotchkiss, E. S./ Ruback, R. S. (2000), S. 43-74.

Diese Begründung verkürzt die Problemlage. Ob Dritte bereit wären, das Unternehmen zu den im Plan gesetzten Bedingungen fortzuführen, lässt sich erst beantworten, wenn ein entsprechender Wettbewerb um die Fortführung des Unternehmens ausgelöst wird. Diesen Wettbewerb gibt es, folgt man den Regelungen der InsO, nur in Spurenelementen. Auf Empfehlung des Rechtsausschusses wurde der vom RegE intendierte Wettbewerb durch Vorlage konkurrierender Insolvenzpläne an einer entscheidenden Stelle beschnitten: Das Vorlagerecht für Insolvenzpläne für (mindestens fünf) Gläubiger wurde nicht übernommen. Werden Bieterprozesse nicht in Gang gesetzt, kann man auch nicht beantworten, was Dritte für die Option, das Unternehmen an Stelle der Alteigentümer fortzuführen, geboten hätten. Die Gegenüberstellung von Leistungen des Schuldners und des Wertes des für ihn bei Unternehmensfortführung zu Gewinnenden wirft auch die Frage auf, warum der Schuldner sich zu Leistungen verpflichten soll, die exakt dem Wert der Option entsprechen, die darin besteht, dass der Wert des Eigenkapitals wieder auflebt. Unter finanziellem Gesichtspunkt werden Schuldner sich an der Umsetzung von Insolvenzplänen nur dann beteiligen, wenn der Wert der Option des Wiederauflebens für sie *größer* ist, als der Wert der gemäß Plan zu erbringenden Schuldnerleistungen.

Man kann also folgern, dass ein Markttest in Deutschland nicht verlangt wird.[9] Damit werden die Spielräume für die Gestaltung von Insolvenzplänen größer, der Kontrolldruck nachrangiger Gläubigergruppen wird reduziert, das Prinzip der Haftungsverwirklichung wird geschwächt und der Einfluss des Insolvenzgerichts steigt. Die Position des Supreme Court scheint klarer: „under a plan granting an exclusive right (der Fortführung), making no provision for competing bids or competing plans, any determination that the price was top dollar would necessarily be made by a judge in bankruptcy court, whereas the best way to determine value is exposure to the market".

20.4 Zur Abdrängung der Alteigentümer

Der Fall Continental Airlines zeigt anschaulich, unter welchen Bedingungen Alteigentümer nach US-amerikanischer Regelung ausscheiden müssen. Zeigt eine Marktparameter beachtende Bewertung unter Beachtung der Anspruchsrangfolge, die gesetzlich oder vertraglich festgelegt ist, dass Alteigentümern unter keiner der als relevant erscheinenden Parameterkonstellation Residualwerte zugewiesen werden können, müssen sie ihre Partizipation am Unternehmenswert aufgeben. Zum gleichen Ergebnis führten die Lösungsansätze von Bebchuk (1988) bzw. Aghion/Hart/Moore (1993, 1994), die das Bewertungs- und Verteilungsproblem über optionsbasierte Zuzahlungen von Anspruchsinhabern lösen. Hier tritt Geldeinsatz an die Stelle gutachterlicher oder richterlicher Bewertung.[10] In Bebchuks Modell verlieren Alteigentümer alle Ansprüche, wenn sie nicht bereit bzw. nicht in der Lage sind, die Ausübungspreise für neue Eigentumsrechte zu bezahlen. Diese Ausübungspreise sind so bemessen, dass sie summiert ausreichen, die vertraglichen Ansprüche vorrangig platzierter Ansprüche vollständig zu decken. Bebchuk lässt keinen Zweifel an der Rechtsfolge: die (Alt)Eigentü-

---

8 RegE, BT-Drucksache 12/2443, S. 209.
9 Vgl. auch LG Traunstein (1999).
10 Bebchuk, L. A. (1988); Aghion, P./Hart, O./Moore, J. (1993, 1994).

mer sind endgültig ausgeschieden. Die ökonomische Begründung ist, dass die fehlende Zahlungsbereitschaft der über das gesamte Insiderwissen verfügenden Alteigentümer für die Anteilsrechte des (von allen Schulden befreiten) Unternehmens das unmissverständliche Signal ist, dass der Wert des Unternehmens geringer ist als die Summe der Ansprüche der Gläubiger zum Reorganisationszeitpunkt. Der Wert des Eigenkapitals ist Null; der Ausstieg der Eigentümer ist geboten.

Im deutschen Insolvenzplanverfahren könnte das Ausscheiden der Alteigentümer z. B. durch eine Kapitalherabsetzung auf den Betrag Null berücksichtigt werden. Altgläubiger könnten zu Eigentümern werden, indem sie ihre Forderungen als Sacheinlage einbringen, was die bekannten Probleme der Differenzhaftung auslöst, die aber bewältigbar sind. Alteigentümer könnten ihre Anteilsrechte auch entgeltfrei übertragen. Diese Lösungen setzen entsprechende Beschlüsse der Alteigentümer voraus. Die Realisierung stößt auf Hindernisse, weil Zwangseingriffe in die gesellschaftsrechtliche Stellung der Eigentümer aus dem Regelungsapparat der Insolvenzordnung nicht abgeleitet werden können.[11] Sie können zu bestimmten Sanierungsmaßnahmen wie z. B. zu Kapitalherabsetzungen, zur Schaffung der Voraussetzungen für eine Umwandlung von Gläubigeransprüchen in Eigenkapital oder zu Übertragungen von Anteilen (§ 254 (1) InsO) nicht gezwungen werden. Alteigentümer können deshalb werterhöhende Insolvenzpläne, die deutliche Veränderungen der Eigentümerstruktur erfordern, blockieren, auch wenn der ökonomische Wert ihrer Position bei Beachtung der Anspruchsreihenfolge Null ist. Dies wird in der Literatur als „kaum verständlich“ eingestuft. Es ist ein wichtiger Konstruktionsfehler in einer Ordnung, die Haftungsverwirklichung zum Ziel erklärt hat.[12]

Erweisen sich Bemühungen Alteigentümer zu freiwilligem Rückzug zu bewegen als nicht erfolgreich, könnten Gläubiger nur den Weg über § 245 (2) Nr. 2 InsO beschreiten: Eine nicht voll befriedigte Gläubigergruppe kann und wird argumentieren, dass dem Schuldner, ausgestattet mit den Fortführungsrechten, ein wirtschaftlicher Wert zugewendet wird und gestützt auf diesen Einwand den Plan ablehnen. Gemäß § 5 (1) InsO muss das Insolvenzgericht die relevanten „Umstände ermitteln“. Aus ökonomischer Sicht ist der Einwand der Gläubigergruppe begründet: Im Zeitpunkt der Eröffnung des Verfahrens liegt i. d. R. ökonomische Überschuldung vor. Gemäß Bebchuks Modell wären die Eigentümer nie bereit, die vorrangigen Ansprüche von Gläubigern durch Eigenkapitaleinsatz abzulösen. Solange sich die Rechtsprechung auf den Markttest nicht einlässt, ist die Strategie der Gläubiger vermutlich nicht erfolgreich.

20.5 Ergebnisse

Gegenstand dieser Fallstudie sind typische Probleme, die im Rahmen eines auf Fortführung zielenden Reorganisationsverfahrens bewältigt werden müssen. An erster Stelle steht das Bewertungsproblem: Da ein Großteil der Altfinanciers auch Financiers des reorganisierten Unternehmens sein wird, ist zunächst das Verteilbare zu quantifizieren. Erst wenn die Größe des Kuchens in Umrissen bekannt ist, kann an die Aufteilung an berechtigte Anspruchsinhaber gedacht werden. Wer berechtigt ist, wird nach

---

11 Vgl. hierzu insbesondere Eidenmüller, H. (2001), S. 680-688.
12 So z. B. Eidenmüller, H. (2001), S. 688; Braun, E. (2004), § 217, Rd. 10.

herrschender Auffassung durch die Struktur der Vorinsolvenzrechte entschieden. Es gilt mit anderen Worten die „absolute priority rule".

Sowohl die deutsche wie die US-amerikanische Insolvenzordnung postulieren, dass Gläubiger nicht in Pläne gezwungen werden können, die ihnen weniger bieten, als sie im Liquidationsfall bzw. „ohne Plan" erzielen könnten. Der „best interest test" bzw. die Hürde des § 251 InsO („Minderheitenschutz") sind vor dem Hintergrund einer für das Kollektiv der Anspruchsinhaber angestrebten, die Wohlfahrt fördernden Allokationsregel sinnvoll angelegt. Der Beispielfall belegt, wie umstritten es sein könnte, ob ein Plan diesen Test besteht oder daran scheitert.

Wenn Alteigentümer sich anschicken, Financiers und ggf. Manager des fortzuführenden Unternehmens zu bleiben, stellt sich die wichtige Frage, unter welchen Bedingungen ihnen dies gestattet werden soll. Die US-amerikanische Diskussion ist hier deutlich intensiver als die deutsche und die oben zitierte LaSalle-Entscheidung ist präziser als etwa die Entscheidung des LG Traunstein vom 27.08.1999 zum gleichen Sachverhalt. Im Fall Continental Airlines stellt sich die Frage der Beteiligung der Alteigentümer am Wert des reorganisierten Unternehmens nicht. Tabelle 20-2 zeigt, dass unter allen für möglich gehaltenen Parameterkonstellationen der fundamentale Wert des Unternehmens die summierten Ansprüche aller Gläubiger unterschreitet. Somit scheiden die Alteigentümer aus. Ungesicherte Gläubiger erhalten Aktien.

Die deutsche Position in der InsO ist viel weniger entschlossen. Zwar ist Haftungsverwirklichung intendiert, aber weder die Frage nach der Wertzuweisung an Alteigentümer, die an der Fortführung teilnehmen, noch die Frage, ob eine fehlende Werthaltigkeit der Eigentümerposition auch den Ausschluss der Alteigentümer nach sich zieht, wird eindeutig geklärt.

20.6 Literatur

Aghion, Ph./Hart, O. E./Moore, J. (1993): A Proposal for Bankruptcy Reform in the UK. In: Insolvency Law and Practice, Vol. 9, S.103-108.

Aghion, Ph./Hart, O. E./Moore, J. (1994): Improving Bankruptcy Procedure, Discussion Paper No. 142, Program in Law and Economics, Harvard Law School.

Ang, J. S./Chua, H. H./McConnell, J. J. (1982): The Administrative Costs of Corporate Finance: A Note. In: Journal of Finance, Bd. 37, S. 219-226.

Bailey, J. T. (1993): The New Value Exception in Single-Asset Reorganizations: A Commentary to the Bjolmes Auction Procedure and its Relationship to Chapter 11. In: Commercial Law Journal, Bd. 98, S. 50-77.

Bebchuk, L. A. (1988): A New Approach to Corporate Reorganizations. In: Harvard Law Review, Vol. 101, S. 775-804.

Bebchuk, L. A. (1998): Chapter 11. In: The New Palgrave Dictionary of Economics and the Law, S. 219-224.

Braun, E. (2004): Insolvenzordnung (InsO), Kommentar, 2. A., München.

Drukarczyk, J. (1995): Verwertungsformen und Kosten der Insolvenz. In: Betriebswirt-schaftliche Forschung und Praxis, 47. Jg., S. 40-58.

Drukarczyk, J./Schüler, A. (2007): Unternehmensbewertung, 5. A., München

Eidenmüller, H. (1999): Unternehmenssanierung zwischen Markt und Gesetz, Köln.

Eidenmüller, H. (2001): Gesellschafterstellung und Insolvenzplan. In: Zeitschrift für Unternehmens- und Gesellschaftsrecht, 5. Jg., S. 680-711.

Gilson, St. C. (1997): Transaction Costs and Capital Structure Choice: Evidence from Financially Distressed Firms. In: Journal of Finance, Bd. 52, S. 161-196.

Gilson, St. C. (2001): Creating Value through Corporate Restructuring, Case Studies in Bankruptcies, Buyouts and Breakups, Boston.

Gilson, St. C. (2001): Investing in Distressed Situations – A Market Survey. In: Creating Value through Corporate Restructuring, Case Studies in Bankruptcies, Buyouts and Breakups, Boston, S. 188-230.

Gilson, St. C./Hotchkiss, E. S./Ruback, R. S. (2000): Valuation of Bankrupt Firms. In: The Review of Financial Studies, Bd. 13, S. 43-74.

LG Traunstein (1999): Beschluss vom 27.8.1999 - 4 T 2966/77, NZi, 461.

Neville, D. (1995): The New Value Exception to the Chapter 11 Absolute Priority Rule. In: Missouri Law Review, Bd. 60, S. 465-484.

Rusch, L. J. (1992): The New Value Exception to the Absolute Priority Rule in Chapter 11 Reorganizations: What should the Rule be? In: Pepperdine Law Review, Bd. 19, S. 1311-1337.